脑科学与合成生物学
综合科学园区建设技术与管理

Construction Technology and Management of
Comprehensive Science Park of Brain Science and Synthetic Biology

万大勇 蒋 武 周杰刚 主编

中国建筑工业出版社

图书在版编目（CIP）数据

脑科学与合成生物学综合科学园区建设技术与管理 =
Construction Technology and Management of
Comprehensive Science Park of Brain Science and
Synthetic Biology/万大勇，蒋武，周杰刚主编. —
北京：中国建筑工业出版社，2022.12
　　ISBN 978-7-112-28309-5

　Ⅰ. ①脑…　Ⅱ. ①万…②蒋…③周…　Ⅲ. ①脑科学
—科学园—研究②生物合成—科学园—研究 Ⅳ.
①Q983②Q503

　　中国国家版本馆CIP数据核字（2023）第006945号

责任编辑：朱晓瑜
责任校对：李欣慰

脑科学与合成生物学
综合科学园区建设技术与管理
Construction Technology and Management of
Comprehensive Science Park of Brain Science and Synthetic Biology
万大勇　蒋　武　周杰刚　主编
*
中国建筑工业出版社 出版、发行（北京海淀三里河路9号）
各地新华书店、建筑书店经销
北京建筑工业印刷厂制版
北京建筑工业印刷厂印刷
*
开本：787毫米×1092毫米　1/16　印张：19　字数：347千字
2023年3月第一版　　2023年3月第一次印刷
定价：**72.00**元
ISBN 978 – 7 – 112 – 28309 – 5
　　　　（40717）

本书编委会

主　　编：万大勇　蒋　武　周杰刚

副 主 编：程　剑　姚　睿　李进红　梁　熊　许茂林
　　　　　王　韬　陈海波　张　俊

编　　委：杨　科　郭智杰　武国瑞　毕昕宇　郭林鹏
　　　　　吴诚云　王守国　何　钎　蔡文洲　秦卫华
　　　　　刘超启　李祥日　崔　宁　吴伟伟　王　娜
　　　　　周维翰　张艺才　石旭羽　吴家歆　姚大游
　　　　　赵恩堂　林金钧　张泽宇　赖　颁　帅　岗
　　　　　刘　畅　吴焕涛　徐　迁　郑文君　占　奕

编　　审：刘晓鸿　尹　奎　薛红霞　贺俊涛　梁永建
　　　　　郑大睿　李冬灵　文　刚　王洪林　王俞兵
　　　　　陈小林　孙建军　徐　军　江　霄　曹　翀
　　　　　谢沛霖　童建翔　杨天琦　韩　锐　吴善浒

审　　定：周杰刚　程　剑

参编单位：中建三局集团（深圳）有限公司
　　　　　中建三局集团有限公司
　　　　　中国建筑科学研究院有限公司
　　　　　中建三局安装工程有限公司
　　　　　中建三局第一建设安装有限公司
　　　　　中国电子系统工程第二建设有限公司
　　　　　上海开纯洁净室技术工程有限公司
　　　　　华海智汇技术有限公司

| 前　言 |

　　本书源自粤港澳大湾区综合性国家科学中心总承包工程。该综合性国家科学中心布局脑科学、合成生物学等细分领域，开展从微生物到灵长类再到人类生命的研究，形成全链条、全尺度的生命解析体系。大脑是人体中最复杂的器官，其究竟有何特别之处？为什么有些人更聪明？为什么有些人患抑郁症？未来能否模拟人脑？这些问题均与脑科学密切相关。脑科学研究不仅可以使我们理解脑功能原理，还能够对脑功能神经基础进行解析，对脑疾病的诊疗有重要临床意义，同时还能推动新一代人工智能的发展。合成生物学是继"DNA双螺旋发现"和"人类基因组测序计划"之后的第三次生物技术革命，有助于人类应对社会发展中面临的挑战，改变经济发展模式，促进社会的稳定、和谐发展。

　　脑科学与合成生物学综合科学园区作为集脑科学动物饲养与实验、脑解析与脑模拟实验、合成生物学实验于一体的科研建筑群，是相关科研与实验活动顺利实施的重要保障。科学园区的建设核心是多功能工艺空间，主要包括动物生存空间、脑解析脑模拟实验空间和各类合成生物空间等。脑科学与合成生物学实验空间特点可概括为以下方面：安全有序、稳定可靠、精密灵敏、特殊防护、合理高效、节能环保。不同的空间特点对具体工程建设提出了一定的建设要求与挑战。因此，必须基于特定的建设要求，采取一定的工程技术、管理手段等方法解决关键问题，高标准建设综合科学园区。

　　本书主体分为七章。"第一章　概述"是本书的背景，主要从脑科学与合成生物学的概况、综合科学园区建设概况及基本建设要求等方面阐述，让读者对本书内容有初步的了解。"第二章　基于科研实验的综合科学园区建设特点"从综合科学园区的建设特点出发，阐述不同功能空间的建设要求与重难点。"第三章　基于前沿科学技术的科研楼宇打造技术"是本书的重点，从科学合理的建筑结构设计、稳定精密的运行系统打造、节能环保技术三个方面系统性地对综合科学园区的关键打造技术进行阐述。第四章、第五章、第六章阐述脑科学与合成生物学综合科学园区的关键功能空间。"第四章 基于脑科学研究的动物精密生存空间打造技术"从温湿度、洁净环境、消毒灭菌、采光照明、隔音减震、饲养方式和动物福利等方面阐述大动物与小动物精密生存空间的建设要求与打造技术。"第五章 脑科学与合成生物学专项实验室的关键打造技术"从布局要求、温湿度要求、压力要求、防振要求、防磁要求、防核要求、隔声要求等出发,阐述脑科学与合成生物学实验室的打造技术。"第六章 智慧科学园区打造技术"从智能化平台与系统两个方面,阐述智慧科学园区的打造技术。"第七章 科学园区建设总承包管理"结合工程实例,阐述科学园区建设的总承包管理。

本书编写过程融合了中建三局集团(深圳)有限公司在科学园区类工程的建设经验。希望本书的出版,能为从事相关脑科学、合成生物学建设工程的设计、施工以及管理的人员提供一定的参考和帮助。本书的编辑出版得到了行业各位专家同仁的大力支持,在此表示衷心的感谢!由于本书内容较为广泛、编写时间仓促,难免出现一些疏漏,诚邀广大读者批评指正,并提供宝贵意见。

本书编委会

2022年12月

目 录

第一章

概　述

第一节 脑科学概况

一、脑科学的基本含义

脑科学有狭义和广义之分。狭义的脑科学一般指神经科学，是为了了解神经系统内分子水平、细胞水平、细胞间的变化过程，以及这些过程在中枢功能控制系统内的综合作用而进行的研究，主要包括神经发生、神经解剖学、神经生理学、神经通信与生物物理学、神经化学与神经内分泌学、神经药理学、记忆与行为、知觉和神经障碍等领域。

广义的脑科学是研究脑结构和脑功能的科学，主要包括脑形态及结构、脑部分区及功能、脑细胞及工作原理、脑神经与网络系统、脑的进化与发育等领域的研究，以及对脑生理机能的研究，如脑是如何产生感觉、意识、动机和情绪的，如何学习和记忆的，如何传递信息的，如何控制行为的，如何进行自我修复和功能代偿的。总的来说，广义脑科学是从生物脑的角度探索大脑的物理构成、生物机理和工作机能，是一个认识脑的过程（图1-1）。

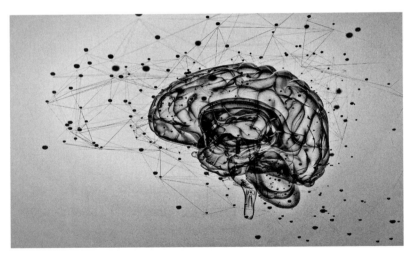

图1-1 脑科学

二、脑科学的发展概况

1. 脑科学的发展历程

自1906年西班牙神经组织学家拉蒙·伊·卡哈尔获诺贝尔奖以来，100多年中有120多项获诺贝尔奖的研究与脑科学有关，最近的一次诺贝尔生理学或医学奖于2021年颁给了在神经科学领域工作的美国加利福尼亚大学旧金山分校的戴维·朱利叶斯（David Julius）教授和美国斯克利普斯研究所的阿登·帕塔普蒂安（Ardem Patapoutian）教授，说明全球科学界对脑科学研究特别青睐。

脑科学的发展历程可划分为混沌阶段、萌芽阶段、开拓阶段、大发展阶段。

（1）混沌阶段（16世纪之前）

早在古希腊时期，著名医生阿尔克迈翁（Alcmaeon）发现眼睛后部与大脑相连，从而发现了视神经，但其对脑的认识仍以主观想象为主。另一位医生希波克拉底认为，人的情绪和感觉均源自大脑，大脑是人类神智的载体。与希波克拉底相反，亚里士多德则认为神智在心而不在脑。此后，关于神智、灵魂、精神及元气的争论长达数世纪之久，人们对脑的认知一直停留在感性层面。

（2）萌芽阶段（16世纪初至19世纪初）

文艺复兴时期，达·芬奇（L.da Vinci）通过人体解剖绘制出了大脑的4个脑室。1543年，维萨留斯（A.Vesalius）编著出版的《人体构造》对脑室进行了完整地描述。1664年，英国临床神经科学创始人托马斯·威利斯（Thomas Willis）出版了《脑的解剖学》，兼述神经及其功能，其中的插图与现代神经解剖学教科书上的脑解剖结构图基本相同。进入18世纪，生理学研究方法被应用到脑科学研究中，脑的兴奋性与肌肉反应之间的关系、信息传递工作原理成为研究热点。但在蒙昧、迷信的时代环境下，人们对脑的研究主要还是以零散的、偶然的发现为主，主动的、有意识的脑科学研究异常艰难，科学成果自然也寥寥无几。

（3）开拓阶段（19世纪初至20世纪60年代）

19世纪，脑科学进入快速发展阶段，取得了一系列开拓性成就，如生物电的发现、神经元学说的创立、脑功能的定位、神经网络学说的创立等。20世纪前后，人们对脑功能的研究取得突破性进展，尤其是乙酰胆碱的发现加快了脑信息传递机理研究的进程。英国分子生物学家查尔斯·斯科特·谢灵顿（Charles Scott Sherrington）将神经元之间的机能节点命名为"突触"，认为突触是神经元之间沟通信息的"纽带"，并于1932年获得诺贝尔生理学或医学奖；随后，约翰·艾克尔斯（John Eccle）与理查德·克里德（Richard Stephen Creed）证实了抑制性突触的存在。20世纪50～60年代，科学家发现大脑皮层内和皮层下的边缘系统组成了一个复杂的神经网络，以此来控制情绪的生成和表达，以及情绪记忆的形成、存贮和提取，从而建立起了相对完整的脑功能图谱。

（4）大发展阶段（20世纪60年代至今）

20世纪60年代，脑科学正式成为一门独立学科，其研究范围几乎涉及生命科学的所有领域。例如，1961年，贝克西（Békésy, Georgvon）因发现耳蜗内部刺激的物理机制而获得诺贝尔生理学或医学奖；1970年和1977年的诺贝尔生理学或医学奖分别颁给了脑信息传递功能与情绪产生机理的发现者和研究者，他们发现神经元之间并不直接接触，而是以电脉冲的方式进行信息传递。20世纪80～90年代，脑科学在微观领域的细胞分子学研究、宏观领域的大脑皮层功能研究成就卓然；1981年，美国科学家斯佩里（Roger W. Sperry）因证明大脑左右两半球的功能存在显著差异而获得诺贝尔生理学或医学奖；1986年，意大利科学家利瓦伊·蒙塔尔奇尼（Rita Levi Montalcini）因发现神经生长因子而获得诺贝尔生理学或医学奖；1991年，德国科学家内尔（Erwin Neher）因发现细胞内离子通道、发明膜片钳技术而获得诺贝尔生理学或医学奖，其在神经突触传递和可塑性领域也非常权威。此外，脑科学在视觉、听觉、嗅觉、脑损伤等方面的研究，以及在学习、记忆、语言、睡眠、觉醒等高级功能方面的研究，也取得较大进展。其中，瑞典科学家维瑟尔（Torsten N.Wiese）与美国科学家休伯尔（David H. Hubel）因阐明视觉系统形成的机理而共同获得1981年的诺贝尔生理学或医学奖。进入21世纪，脑科学研究呈现百花齐放、百家争鸣的局面。2014年，约翰·欧基夫（John O'Keefe）和迈-布里特·莫泽（May-Britt Moser）以及爱德华·莫泽（Edvard I. Moser）因发现构建大脑定位系统的细胞——GPS细胞而获得当年的诺贝尔生理学或医学奖。2017年诺贝尔生理学或医学奖得主为美国科学家杰弗里·C. 霍尔（Jeffrey C. Hall）、迈克尔·罗斯巴什（Michael Rosbash）和迈克尔·W. 扬（Michael W. Young），获奖理由为：奖励他们在有关生物钟分子机制方面的发现。2021年的诺贝尔生理学或医学奖颁发给了美国生理学家戴维·朱利叶斯（David Julius）与美国斯克利普斯研究所的阿登·帕塔普蒂安（Ardem Patapoutian）教授，以表彰他们发现了温度觉和触觉的受体。科学家们不但揭开了五觉（视觉、嗅觉、味觉、听觉、感觉）的工作原理、脑信息传递和优化处理的机制，揭示出精神疾病（如抑郁症、帕金森症、癫痫等）的产生机理，还在2022年成功绘制出人类整个生命周期的大脑发育标准参考图（图1-2），破译了人类大脑的两个组织轴，以及脑神经元网络结构适应环境的动态机制等。

当前，脑科学主要有三大研究方向：① 脑图谱技术。以脑认知原理（认识脑）为主体，阐述脑功能神经环路的构筑和运行原理，绘制人脑宏观神经网络、模式动物微观神经网络的结构性和功能性全景式图谱。② 脑诊断技术。促进智力发展、防治脑疾病和创伤（保护脑），围绕高发病率重大脑疾病的机理研究，揭示相关的遗传基础、信号途径和治疗新靶点，实现脑重大疾病的早期诊断和干预。③ 类脑智能技术。发展类脑计算理论，研发类脑智能系统（模仿脑），基于对脑认知功能的网络结构和工作原理的理解，研究更智能的机器和信息处理技术。

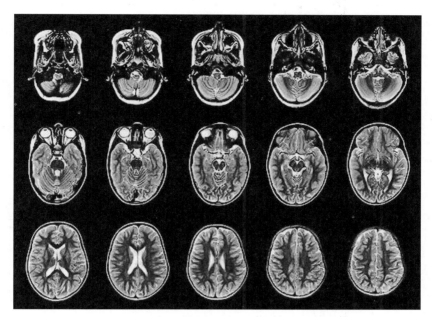

图1-2　人类整个生命周期的大脑发育标准参考图

2. 脑科学的研究计划

大脑是人类最重要的器官，理解大脑的结构与功能是神经科学领域长期以来最具挑战性的前沿科学问题。脑科学研究对脑疾病的诊断与治疗有重要的前瞻性意义，还可推动脑机接口、新一代人工智能技术及信息产业的发展。脑科学是生命科学最尖端、最前沿的领域，也是人类最难攻克的"科学堡垒"之一。近年来，世界上多个国家基于脑领域重大前沿难题，推出本国的脑科学研究计划（表1-1）。

世界各国脑科学研究计划　　　　　　　　　　　　　　表1-1

国家/地区	相关计划	布局重点
美国	"创新性神经技术大脑研究计划" Brain 1.0（2013年起）； Brain 2.0（2020~2026年）	重大脑疾病、大脑多样性、大脑多尺度影响、人类神经科学等
欧盟	人脑计划（HBP）（2013年起）	6大信息通信技术平台：神经信息平台、大脑模拟平台、高性能计算平台、医学信息平台、神经形态计算平台、神经机器人平台
英国	英国医学研究理事会（MRC）（2010~2015年）	基础神经科学、神经退行性疾病

续表

国家/地区	相关计划	布局重点
德国	建设Bernstein国家计算神经科学网络项目，2010年进入二期	计算神经科学
法国	2010年发布"神经系统科学、认知科学、神经学和精神病学主题研究所"发展战略	基础神经科学、神经退行性疾病
加拿大	提出"加拿大战略"（2017年至今）	核心脑原则、合作原则、核心社区原则
澳大利亚	2016年成立脑联盟，提出脑计划	健康、教育、新工业
日本	2014年出台为期10年的"Brain/MINDS计划"	3D狨猴大脑图谱、神经技术研究、建立脑疾病发生动物模型、脑机智能
韩国	"第二轮脑科学研究推进计划（2008～2017年）""韩国脑科学计划"（2017年至今）	大脑图谱、创新神经技术、AI研发、个性化医疗、信息技术融合、神经伦理学
中国	"中国脑计划（CBP）"（2016年起）	脑认知原理、重大脑疾病诊疗、脑机智能

（1）美国

美国于2013年公布"创新性神经技术大脑研究计划"，开启了"Brain 1.0"时代。该计划拟在10年时间内用30亿美元资助美国脑研究，通过绘制大脑工作状态下的神经细胞及神经网络的活动图谱，揭示脑的工作原理和脑疾病发生机制，发展人工智能，推动相关领域和产业的发展。2018年4月，美国国家卫生研究院（NIH）成立脑科学技术2.0工作组，并于2019年6月将《美国脑科学计划2.0》报告提交给美国国立卫生院咨询委员会，这标志着美国正式进入"Brain 2.0"时代。该计划致力于发现多样性、多尺度成像、活的大脑、证明因果关系以及确定基本原则五大领域的研究。

（2）日本

2014年，日本科学家发起神经科学研究计划，即日本脑计划（Brain Mapping by Integrated Neu-rotechnologies for Disease Studies，Brain/MINDS），旨在通过研究灵长类动物（狨猴）建立脑发育及疾病发生的动物模型（图1-3）。2018年，日本成功绘制出了狨猴大脑的3D图谱。同年9月，日本正式启动人脑计划，研究对象从狨猴大脑拓展到人类大脑，主攻以下5个方向：发现和干预初期的神经疾病，分析从健康状态到患病状态的大脑图像，开发基于人工智能的脑科学技术，比较研究人类和灵长类动物的神经环路，划分脑结构功能区域并开展同源性研究。2019年，日本通过对2973个个体进行分析发现，精神分裂症、躁郁症、自闭症谱系障碍、重度抑郁症患者的胼胝体白质结构存在相似变异，并且与正常个体差别显著。这为疾病分类提供了新的理论支持，在脑科学研究进程中具有重大意义。

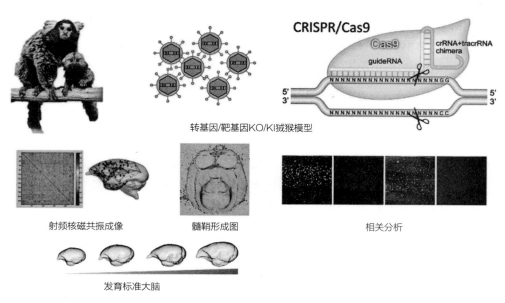

转基因/靶基因KO/KI狨猴模型

射频核磁共振成像　　　髓鞘形成图　　　　　相关分析

发育标准大脑

图1-3　日本脑计划

（3）欧盟

2013年，欧盟启动了为期10年的人脑计划（Human Brain Project，HBP），旨在通过计算机技术模拟大脑，建立一套全新的、革命性的生成、分析、整合、模拟数据的信息通信技术平台，并促进相应研究成果的应用性转化（图1-4）。

人脑工程时间线

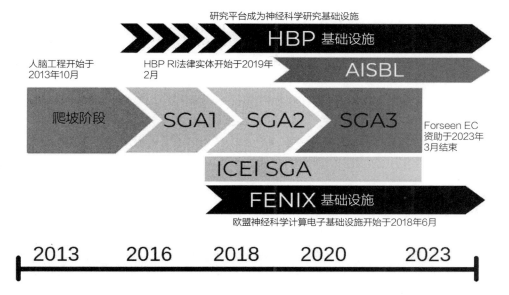

图1-4　欧盟人脑计划

在2015年，欧盟人脑计划放弃了在10年内实现人脑计算机仿真的研究目标，转而主攻认知神经科学和仿脑计算。该计划也进而转变成一个拥有六大信息及技术平台、12个子项目的国际组织。这六大信息及技术平台包括：① 神经信息平台，用于登记、搜索、分析神经科学数据；② 大脑模拟平台，用于重建并模拟大脑；③ 高性能计算平台，用计算和存储设备去运行复杂的仿真计算并分析大量数据集；④ 医学信息平台，用于搜索真实的病人数据，从而理解不同大脑疾病的异同；⑤ 神经形态计算平台，借助计算机系统，模仿大脑微回路并应用类似于大脑学习方式的原则；⑥ 神经机器人平台，通过将大脑模型与仿真机器人体和周围环境连接起来，并对其进行测试。

（4）中国

我国脑计划于2016年启动（图1-5），是在全球兴起的大型脑科学计划潮流中，继欧盟的人脑计划、美国的大脑研究计划以及日本的人脑计划后的又一重要脑计划项目，被称为"中国脑计划"（China Brain Project，CBP）。我国脑计划的核心为"一体两翼"："一体"即指人类认知的神经基础是主体和核心；"两翼"包括研发脑重大疾病诊治新手段和开发脑机智能技术。与其他国家的脑计划项目相比，我国脑计划在本质上更加广泛，它包括对于认知功能的神经基础进行探索的基础研究，也包括建立脑疾病诊断与干预方法的应用研究，还包括用脑科学来启发计算方法与设备的开发。中国脑计划旨在研究致病机制并为发展性（如自闭症和智力迟钝）、神经精神性（如抑郁症和成瘾症）和神经衰退性（如阿尔茨海默症和帕金森病）的脑科疾病开发出有效的诊断和治疗方法。

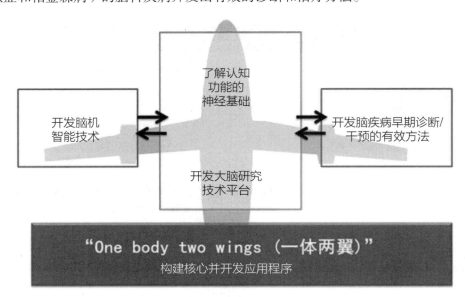

图1-5 我国脑科学计划

三、脑科学的研究意义

脑科学研究不仅可以使我们理解认知、思维、意识和语言等脑功能原理，对人类认识自身有重大科学意义，还能够对各种脑功能神经基础进行解析，对有效诊断和治疗脑疾病有重要临床意义。脑科学所启发的类脑研究也可以推动新一代人工智能和新型信息产业的发展。

第二节 合成生物学概况

一、合成生物学的基本含义

合成生物学是一门"汇聚"型新兴学科，它在系统生物学基础上，融汇工程科学原理，采用自下而上的策略，重编改造天然的或设计合成新的生物体系，以揭示生命规律和构筑新一代生物工程体系，被喻为认识生命的钥匙、改变未来的颠覆性技术，被我国科学家概括为"建物致知，建物致用"。合成生物学是继"DNA双螺旋发现"和"人类基因组测序计划"之后的第三次生物技术革命（图1-6）。

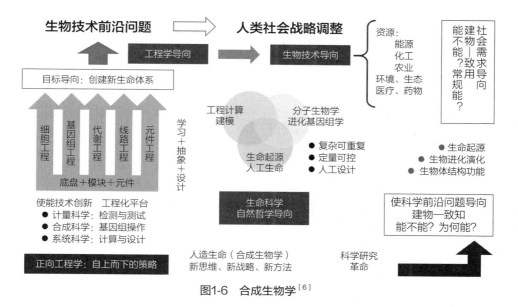

图1-6 合成生物学[6]

合成生物学主要应用在能源、化工、医药、环境、农业、国家安全和纳米技术等领域（表1-2）。

合成生物学的应用领域　　　　　　　　表1-2

应用领域	内容
能源	产氯微生物，第二代生物燃料，工业光合作用
化工	批量/精细化学品，专用化学品，塑料，纤维生产
医药	生物治疗，抗生素，疫苗，基因治疗，组织工程，诊断
环境	污染监测器，生物修复
农业	食品添加剂，非食品应用
国家安全	生物武器传感器
纳米技术	分子开关，生物纳米机器

二、合成生物学的发展概况

"合成生物学"的概念最早由法国物理化学家Stephane Leduc于1911年在其所著的 The Mechanism of Life 一书中首次提出。20世纪80年代，"合成生物学"这一名词出现在DNA重组技术的发展中，但直到2000年美国科学家E.Kool开发了遗传开关，重新将此定义为基于系统生物学的遗传工程，标志着合成生物学这一学科的正式出现。2004年，合成生物学被美国麻省理工学院出版的 Technology Review 评为"将改变世界的十大新技术之一"。

合成生物学经过20多年的发展，迎来了许多生物技术革新及具有里程碑意义的成就，其发展历程大致分为四个阶段：① 萌芽阶段（2005年以前），研究手段和理论基础的积淀。基因线路在代谢工程领域开始应用，典型成果是青蒿素前体在大肠杆菌中的合成。② 起步阶段（2005～2011年），领域扩大、工程技术进步。工程化理念日渐深入，使能技术平台得到重视，方法和工具不断积淀。③ 成长阶段（2011～2015年），新技术和工程手段涌现。基因组编辑的效率大幅提升，应用领域从生物基化学品、生物能源扩展至疾病诊断、药物和疫苗开发、作物育种、环境监测、生物新材料等诸多领域。④ 创新阶段（2015年至今），全面提升、展现出口。合成生物学的"设计—构建—测试—学习"等理念或学科相继提出，生物技术与信息技术融合发展的特点愈加明显。

1. 国外发展概况

从21世纪初起，世界各国纷纷制定合成生物学发展战略及规划，开展合成生物学研究，近年来也取得了一系列重大成果，包括病毒合成、人造细胞、低成本DNA合成、下一代测序、多路复用、基因组工程技术，以及大量基因组序列的提供，在支持生物研究方面发挥着越来越突出的作用。

2002年，纽约州立大学石溪市分校Wimmer团队通过化学合成病毒基因组获得了具有感染性的脊髓灰质炎病毒——人类历史上首个人工合成的生命体（Wimmer）。

2003年，美国Jay D. Keasling院士用人造酵母生产抗疟药物青蒿素，使用可控的100m³工业发酵罐，足以替代5万亩的传统农业种植，将药物成本从几美元降到几美分，是合成生物学产业应用的颠覆性案例。

2010年，美国Venter团队宣布成功制造出人造细胞，并命名为"Synthia"，这也是世界首例人造生命。

2014年，美国斯克利普斯研究所人工合成了第三对遗传密码——X-Y，并将它们整合到大肠杆菌基因组，这为合成生物学开启了一扇新的大门，使得在理论上，利用微生物合成多达172种氨基酸成为可能。

2016年，科学家Venter等人宣布合成出"迷你"细胞，这是合成生物学领域的一大突破，创造了当时已知拥有最小基因组的人造生物JCVI-syn3.0。

2021年，德国团队发现Hippea Maritima细菌的逆向三羧酸循环（TCA），这个过程使得细菌能够在充斥着CO_2气体的环境中茁壮成长，为物种起源提供了新的线索。

合成生物学工具在利用生物技术应对社会挑战方面的潜力不仅体现在基础科学研究中，在实际应用中也发挥着重要作用，如生产生物燃料、生物医药的合成/多功能材料，以及大规模生产化学品和食品成分等。此外，面对新冠肺炎疫情大流行对全球健康和安全的影响，合成生物学技术也显示出巨大的应用潜力，为病毒学研究和疫苗开发提供了前所未有的工具。

2. 国内发展概况

在全球合成生物学快速发展的背景下，我国相关研究也取得了大量突破。中国科学家曾在1965年和1981年首次实现人工合成蛋白质（牛胰岛素）和核糖核酸（酵母丙氨酸tRNA），近年来又在染色体合成与染色体工程、基因组编辑、生物底盘构建、定量工程生物学、生物元件工程和基因回路工程、天然活性物质和有机化工产品的人工合成代谢、计算机生物模拟等方面取得系列原始发现和创新成果。

2016年，北京大学医学部的研究人员通过将病毒复制基因的某个或部分编码密码子突变成终止密码子，使其在感染人体细胞后，不能进行完整的蛋白质翻译，从而获得了活病毒疫苗。此发现颠覆了病毒疫苗研发的理念，成为活病毒疫苗的重大突破。

2019年，中国科学院深圳先进技术研究院结合合成生物学与材料工程实现了蛋白表达、释放、分离与运输的一体化，对解决蛋白生产中的灵活性与机动性具有重要意义。

2021年9月，我国研究团队在人工合成淀粉方面取得重大突破性进展，首次在实验室实现了二氧化碳到淀粉的合成。2021年10月，中国农业科学院饲料研究所宣布在全球范围内首次实现从一氧化碳到蛋白质的合成，并已形成万吨级工业产能。这一科研成果突破了天然蛋白质植物合成的条件限制，弥补了我国农业的最大短板，同时对实现我国"双碳"目标具有战略性意义。我国逐渐成为国际合成生物学领域中的一支重要力量。

3. 研究方向

合成生物学领域近年来的技术创新研究主要聚焦在以下几个方面：① 基因与基因组的合成研究，让生物系统经重新组装后发挥新的功能，包括将生物系统精简成模块及其他部件，扩增、检测或克隆相关序列等；② 基因表达、基因治疗研究，包括基因修饰赋予新功能、抑制靶基因表达的技术等，主要对基因组进行操控和克隆；③ 基因调控网络构建，包括研究基因线路的各种逻辑关系与调控方法，以实现特定的功能、设计新的遗传线路，并利用基因重组等手段完成对现有系统的改造；④ 基因回路的相关研究，包括简单基因电路构建、基因波动开关和振荡器的设计等；⑤ 使能技术的发展，包括利用CRISPR/Cas系统进行多路基因组工程等；⑥ 相关开发平台和数据库的研发，包括蛋白质数据库的算法、基因数据库的构建、基因组功能鉴定方法的研究等。

三、合成生物学的研究意义

合成生物学旨在将工程学的思想用于生物学研究中，以设计自然界中原本不存在的生物或对现有生物进行改造，使其能够处理信息、加工化合物、制造材料、生产能源、提供食物、处理污染等，有助于人类应对社会发展中面临的严峻挑战，从而从根本上改变经济发展模式，在带来巨大社会财富的同时，促进社会的稳定、和谐发展。

第三节　综合科学园区建设概况

一、综合科学园区的定义

本节所述的综合科学园区研究内容不限于脑科学与合成生物学，而是涵盖了多个板块的重大科学难题与热点产业。综合科学园区是以高水平大学、科研院所和高新技术企业等深度融合为依托，布局建设一批重大科技基础设施、科教基础设施和前沿交叉研究平台，组织开展高水平交叉前沿性研究，产出重大原创科学成果和颠覆性产业技术。综合科学园区的关键是"综合"。与单个大科学装置的国家科学中心相比，综合科学园区强调多学科、多部门、多领域的基础科学的交叉融合，通过各类创新要素和创新主体的相互交织和耦合关联，促进实现知识创新、技术创新、管理创新和文化引领等复合功能。综合科学园区的定位在于"科学"。相较于科创中心，综合科学园区强调通过汇聚国家重大科技基础设施、新型研发机构等多种战略科技力量，吸引世界级科学家集体攻关，努力形成基础科学和原创能力的重大突破。

二、科研建筑的发展概况

1. 科研建筑的发展历程

综合科学园区通常由多个单体科研建筑构成。科研建筑随着科学技术的进步和发展，经历了多次更新迭代。此外，随着科研活动范式的不断转变，作为其物理空间载体的科研建筑设计也呈现出日新月异的发展趋势。科研建筑是推动科学技术发展不可缺少的物质和空间条件，是形成科技成果转化的重要基础，是培养专业人才的必需途径。科研建筑的发展与科学技术进步有着密切的联系，它是随着科学发展而逐步更新的建筑类型。

科研建筑的发展经历了漫长的历史进程。远在古代哲学科学统一时期，就已有简易的实验室雏形。当时所谓的实验室主要是房间，并在房间内放置一些简陋的实验设备，如炉子、盆钵、工作台子等。那时的哲学家（往往同时兼作自然科学家）在同一实验室内可进行各种简单的实验活动，包括炼金术士的点金炼丹活动等。这时的实验室属于初期或称低级的通用空间。

17世纪以后，文艺复兴席卷欧洲，近代科学打破了神学的枷锁，人类对于自然界的研究有了新的飞跃。哲学科学分化为物理、化学、数学、生物等几个基本学科，科学进入学科分类时期。为了与学科发展相适应，人们建立了进行各学科科学实验的专门实验室。实验室中布置了一系列用房，并开始按功能要求划分空间。例如，17世纪德国化学家安德烈亚斯·利巴维乌斯（Andreas-Libavius）建立了化学之家实验室，但是此时的实验室与家庭生活功能空间仍然混合在一栋楼中（图1-7）。

专门实验室发展到19世纪时已具相当规模，但大多分布在大学中，如伦敦大学学院的伯克贝克神经（Birkbeck）实验室（1846年），或者是分布在进行科学研究的个人实验室，但其规模及设备完善程度受较大限制。19世纪60年代，德国率先研究并建设规模宏大的新型实验大楼，逐渐形成了将实验台置于房间中心作为标准模式的实验室空间，如莱比锡实验室、格里夫斯瓦尔德大学实验室（1864年）（图1-8）。此后，西方国家纷纷效仿德国建造实验室。这个阶段的实验室的特点是：层高较高，宽阔而开放的空间兼容多种学科的实验内容，大玻璃窗为室内提供良好的采光（有时还有天窗采光）；科学家根据需要在内部进行自由、灵活的布局，但是房间几乎不能提供水、暖、电、风等设备系统，相对比较简陋。19世纪末期，居里夫人在巴黎索邦大学的实验室也保留了这种类型，窗前摆放的桌子上放置着各种测量放射性的仪器（图1-9）。

图1-7　化学之家实验室

图1-8　格里夫斯瓦尔德大学实验室

图1-9　居里夫人在巴黎索邦大学的实验室

　　第一次世界大战后，在发达的资本主义国家，科学实验在推动生产和商品竞争中发挥了重要作用。科研工作受到了有远见卓识的企业家的大力支持，发展迅速。实验室数量不断增加，如美国实验室的数量在1920年至1939年的20年间，由20个增加到2500个，实验室内的仪器设备及工程技术供应设施在此期间也日臻完善。该时期实验室的空间组合是各学科分别按其特定的实验工艺要求布置的，一般沿走廊两侧布置实验用房及辅助用房，在室内设置实验台以及排毒通风柜，管线敷设在墙内或地板内。这种组成机制，完全满足实验科目分类明确的"封闭型"科学发展的要求。20世纪30年代，国外在建筑设计方面开始了新的尝试，如在英国的实验室设计中，开始采用按工作人员计算的重复使用标准单元。有的实验室，还作了灵活布置的尝试，采用了活动隔断，将主要管线沿外墙布置，以使内部空间有较大灵活性。

　　第二次世界大战后，在资本主义世界，激烈的市场竞争逐步由商品生产转向对科学技术实力的角逐，知识作为生产力显示出举足轻重的作用。随着科研工作范围的扩大及其复杂性的增加，迫切需要成立专门进行科学研究的机构及建造相应的建筑物。在这种形势下，各国纷纷兴建研究所、科学院等新型科研建筑群，科研建筑发展成一个相对独立的建筑类型。20世纪50年代以来，科学技术以惊人的速度迅猛发展。它以高度分类深化、高度综合、相互渗透为主要特征，促使着新兴学科、交叉学科、边缘学科的研究如雨后春笋般层出不穷。实验室建筑的第一次重要变迁是20世纪60年代，萨尔克生物研究所（Salk Institute for Biological Studies）建筑夹层空间的出现将科研建筑分为"服务空间"和"被服务空间"，进而优化了实验室标准空间单元的设备管网系统（图1-10）。该实验操作所需的各种水、暖、电、风、气等工程管网，都是从其夹层空间引出并连接到实验台的。

图1-10　萨尔克生物研究所内部

20世纪90年代以来，中国经历了令人瞩目的科教园区、大学城、产业园区大规模建设的高峰期，而实验室标准单元并没有突破性进展。近年来，各类园区从大批量建设转型为高品质建设，从规模化到高品质、精制化、尖端科研场所的迭代重构，代表前沿科学的国家重点实验室、大科学装置、综合性国家科学中心应运而生。可以说，科研建筑在21世纪的时代意义可以与大教堂在13世纪和14世纪的意义相提并论，科学知识在很大程度上取代了作为理解生命和宇宙框架的神学和哲学思辨。在建设科教园区或科学城的过程中，作为生产知识的科研活动往往具有重要地位和话语权，其空间品质和建筑气质是必要的。

在当前新技术革命、信息革命形势下，科研工作发生了许多新变化：① 科研工作在推动科学技术发展的同时获得新技术的反馈，如实验工艺不断更新，新型实验仪器设备不断涌现，实验设备利用周期日益缩短；② 课题研究在竞争中节奏加速，并向综合性整体化发展；③ 一项科学研究，往往需要多种专业知识，采用综合性实验手段，并且有时需要跨学科专家的协作，才能获得重大的突破，取得高水平的科研成果；④ 现代实验技术的发展及实验条件的完善程度，促使科研成果运用于生产实践的距离日益缩短，甚至可直接在生产中推广采用；⑤ 精密实验设备的广泛采用，对实验环境也提出了更加严格的要求。科学研究工作出现的上述种种新特点，向科学实验建筑提出了新的要求，推动着科学实验建筑的发展和变化。

2. 科研建筑的发展特点

新时代背景下，科研建筑范式在广度和深度上都发生了演变：① 在功能上，科研建筑除了包含科学实验室外，还包括科研办公、科研教育、科研博览、科研试验、科研饲养等复合而独特的建筑功能；② 在类型上，科学研究领域的不断细分和交叉，催生了很多新型科研建筑；③ 在工艺上，科学研究复杂程度的提高及信息化水平的发展要求实验环境和仪器设备更加自动化、精细化、智能化；④ 在空间上，科学仪器的小型化和大科学装置的巨型化引导了建筑形态的演变。伴随着网络信息时代的实验技术发展和科学家"产—学—研"多重身份的转换需求，科研建筑作为"特殊"的建筑领域将发生更新迭代。"人—机""人—人""人—环境""物—物"及其复合空间模式的重新定义将使科研建筑这一"特殊"的建筑领域发生更新迭代。

（1）从注重功能到注重人文

继蒸汽技术、电力技术、计算机及信息技术三次工业革命之后，全世界在21世纪开启了以"智能化"为代表的第四次工业革命。这四次工业革命让各个领域的生产活动，从简单的"工业化、机械化"与注重"功能性、效能性"，逐渐向

"复合性、人文性"转化，进而关注于人、人才、人格、人性、人的行为和科学人文精神，科研建筑设计的本质是设计科研活动的物质空间、设计科学家的工作模式，进而关联到设计一种合理的科学形态。

建于20世纪80年代，位于中关村地区的中国科学院发育生物学研究所大楼，是当时我国较为先进的"里程碑"式的科研建筑（图1-11）。其布局紧凑，将实验室、辅助用房、科研办公室、学术活动用房、图书资料用房、行政后勤用房全部组织在一栋建筑中，利用走廊将各功能房间串联在一起，充分考虑实验室设计要求、建筑利用率及科研人员的工作效率，具有较高的使用系数。

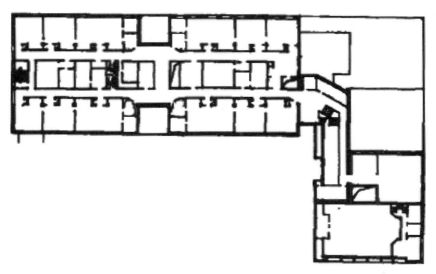

图1-11 中国科学院发育生物学研究所标准层平面图

无论是科研建筑单体还是科学园区的规划设计，需要考虑科研建筑如何以最大限度激发科研人员的潜能。离开实验台的科学家在走出实验室之后是一个基本的生物学人类个体，具有交流、交往、生活、休憩等基本需求。灵感是一种最佳的创造状态，通过创造性思想能力、创造性想象能力与记忆能力巧妙结合，使问题获得迅速解决。以人为本的空间能够启发人的思维和想象力。因此，科研建筑逐渐具有吸引人才的"魅力"，科研空间逐渐具有激发创造性的"想象力"，科研环境逐渐具有促进交流的"活力"生发地。例如：建设于20世纪末的马克斯·普朗克分子细胞生物学和基因学研究所（Max－Planck－Gesellschaft），其建筑中部设置了一个通高的中庭，为研究人员提供沟通与交流场所，是注重团队合作的新一代科研建筑不可或缺的重要空间组成部分。

（2）科学实验建筑呈集约组群型布局

第二次世界大战前，各国的科研机构都是零星分散布置在城市市区或郊区，

17

建设的园区或建筑往往自成体系。近年来，科学园区的兴盛代表了当代科学发展的必然趋势：从单一学科到多学科交叉，从科研实验到产、学、研复合系统，融合与聚集在一定规模的范畴之内带来效率的提升，进而形成科研机构、高等学校、企业三者之间集约组群的布局。

在20世纪50年代，美国斯坦福大学首先邀请知名企业到校园组建研究中心，建立了最早的"研究公园"。这种做法给学校和企业都带来了明显的利益。学校通过出租相对过剩的建筑物和地皮获得收益，同时又避免了学校中的一些知名教授、技术力量外流。因为他们在学校任教的同时，还可以在企业研究机构的兼职中获得收入。企业则可以利用学校的智力资源及实验设施。目前斯坦福大学附近已发展成为世界闻名的硅谷，成为人才荟萃的高技术智密区。又如英国剑桥科学公园是以世界著名高等学府——剑桥大学为依托发展起来的欧洲最重要的高技术科研中心之一。日本筑波科学城是在"技术立国"政策下，由政府巨额投资建设起来的新兴科学城市。在俄罗斯，新西伯利亚科学城等科研区也得到了很大发展。

我国科学城建设发展起步相对较晚，直到2010年，北京、上海、合肥和粤港澳大湾区等地区陆续开展科学城的规划建设。在国家政策的支持下，目前我国陆续在建及规划科学城数目达十余座。

现代科学发展和各学科之间横向、纵向联系加强，相互交往日益密切，集约组群型的综合科学园区必然是未来推动基础创新、突破重大科学难题和前沿科技瓶颈的重要载体。

（3）从水平展开到立体集成

学科的发展和科研活动的推进，会不断对空间提出增量的要求，而大城市的国土空间规划则提出存量，甚至是减量发展的导则。我国初期科研院所比较普遍的布局方式是沿水平方向展开的、散点式布局的多层建筑，园区空间较为疏朗，如20世纪的中国科学院中关村基础科学园区（图1-12）。

近年来，随着城市化进程的加快和土地空间资源的紧缺，科研建筑逐渐转向探讨高层建筑的空间集约性和功能混合性。在这种导向之下，新建建筑开始变得越来越竖向发展，将多种功能立体集成在一栋建筑物中。如中国科学院计算所科研综合楼基于对科研、办公、教学、研讨、会议、展览等多种功能的理性解析，平面的模块化功能单元，纵向的逻辑功能分区，将这个单栋建筑打造成为"立体园区"，功能的分层和切片，最终以物化的切片把功能块"焊接"为高效率的"芯片"。

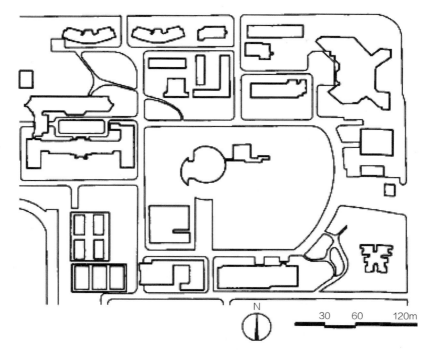

图1-12 中国科学院中关村基础科学园区总体布局图

（4）装饰装修从功能要求到人本思想

近几个世纪，世界各地科研建筑建设发生了翻天覆地的变化，作为其中重要组成部分的建筑装饰装修也随着历史的潮流而不断变迁。装饰装修的发展带动了装饰装修材料行业的快速发展，新材料的研发和使用也促进了装饰装修行业的进步。

最初的科研建筑大多以实现科研功能为主要目的，基本没有注重建筑的装饰装修。满足基本科研功能需求的装饰装修通常是在建筑整体设计及土建施工中完成，且没有专门从事建筑装饰设计的技术人才，也没有专门从事建筑装饰施工的企业。此外，由于当时还没有空调等设备设施，大部分功能室不设吊顶。

在我国20世纪50～70年代，人民大会堂、民族文化宫等项目反映了我国建筑和建筑装饰设计的最高水平，突出了建筑装饰设计的地位，初步改变了建筑装饰设计仅是建筑设计的一部分的局面，对建筑装饰设计尤其是室内装修设计成为独立的学科和专业具有标志意义。此后，随着装饰装修材料和技术的发展，一些中高层科研建筑采用玻璃幕墙进行装饰，或以铝合金板、铝塑复合板等外墙面板与局部玻璃幕墙相组合，且玻璃的颜色通常以深蓝绿色为主。进入21世纪之后，随着装饰装修行业标准的完善和工艺技术、材料、信息化水平的进步，建筑装饰的形式也更加丰富多彩。

当前及未来，科研建筑装饰装修不再仅仅注重于外观或功能的实现，而是向人本、绿色环保、多功能方面发展。在人性化方面，更加注重使用者的灵感、交流合作及工作生活的便利性与健康性；在绿色环保方面，更加注重对污染物的控制、兼顾节能降耗及与周围环境的融合；在多功能方面，更加注重装饰装修项目的一专多能，提高品质与利用率（图1-13）。

图1-13　光明科学城装饰装修

（5）从机械化到智能化

传统的科研实验大多依赖于人工和简单的机械操作，具有工作效率低、重复性高、精密度低、资源耗费多等特点，随着信息时代的到来，更多信息化、通信及人工智能等技术融入科研建筑的设计和建设，形成了智能化科研建筑，从而高效、科学、合理地提高建筑及科研实验质量。智能化科研建筑是指应用信息和通信技术，通过信息管理系统等对科研实验活动进行智能化管理的建筑。

传统的科研建筑中的实验室环境，如温湿度、压力梯度、通风照明、消防系统常依靠人工或者较为粗糙的仪器进行监测与调节，存在一定的局限性与不安全性。随着科技的进步与信息化水平的提升，传统的科研实验室向智能化实验室转型和发展。① 实验室的通风系统应用智能控制。智能通风系统可以对整栋科研楼进行风力控制。中央面板采用智能连接，可以在中控室开启或关闭通风柜，快捷设置通风柜的风量、风速以及工作时间等，并可外加设置自动报警参数。② 空调系统采用智能控制系统。暖通系统的智能判断可以根据室外温度自动调节，将空气洁净度、室温、湿度等数据收集分析后进行判断，对实验楼的不同区域进行智能恒温、恒湿管控（图1-14），从而保证实验结果的正确性与可靠性。

③ 智能化信息管理系统。以实验室为中心，将人员、仪器、试剂、实验方法、环境、文件等影响分析数据的因素有机结合起来，可以依托该系统进行实验室的高效管理。此外，实验仪器可以设置自动开启或关闭设施，科研人员通过远程即可完成相应实验，实现在特殊情况下的无人实验室，增加实验室的安全系数与工作效率。

　　未来实验室智能化的终极目标，就是创造出具有自我学习和探索能力，可以自己设计、执行、修改实验方案，并最终获得结果的实验室大脑，或者说是机器人科学家。

图1-14　恒温恒湿实验室

　　（6）从手动到自动化

　　随着科学技术与信息化水平的不断提高，传统科研建筑逐渐向自动化方向发展。科研建筑自动化的典型代表是实验室自动化，主要应用于实验设备的测量自动化、大规模实验室设施的自动化、质量管理的分析与试验及生物医学等领域。实验室自动化技术始于20世纪80年代的日本。Masahide Sasaki博士首先提出了系统化的概念用以描述新一代实验室分析仪器的特点，并于1981年在日本高知（Kochi）医学院应用标本传送系统和自动控制技术建立了第一个实验室自动化系统，检验人员只需将处理后的标本放入传送带，分析仪器就可根据检测项目自动从传送带上取到待测样品进行检测。

　　实验室自动化的发展可分为三个阶段：① 无自动化。该阶段的仪器设备是独立存在的，基本不存在互联。② 部分自动化。该阶段的实验仪器与工作站互联并部分集成。③ 全自动化。该阶段实现了实验前和实验后的步骤可在与实验仪器设备物理连接的工作站上自动执行，并由软件程序有效地管理。

　　未来实验室正在向高通量、规模化、全面整体自动化方向飞速发展，同时实验室自动化、信息化将推动实验室向智能化方向高速发展（图1-15）。

图1-15　自动化实验室

　　科技发展带来科研内容、科研方法的不断演变，进而使科研建筑的空间、形态及各种属性发生更新迭代，推动了建筑的进步，成就了新一代的科研实验建筑。随着第四次科技革命所带来的社会和生活的彻底革新，新一代科研活动整体表现出了前所未有的特征，"人—机""人—人""人—环境""物—物"及其复合空间模式的重新定义将使科研建筑这一"特殊"的建筑发生更新迭代。当代科研建筑发展呈现出以下趋势：其设计从注重功效到注重人性化设计，其功能从单一学科属性到多学科融合，其方式从独立科研到资源共享，其空间从封闭走向开放，其水平从机械化到智能化，其装饰从功能到人本，其过程从手动到自动化，其布局从水平展开到立体集成。

三、综合科学园区的发展概况

　　纵观全球发展史，科学发明和经济发展一直是创新型国家建设的永恒主题。世界创新中心的几度迁移，关键是科学技术这个主轴在旋转和发力。历史上，美国、英国、德国、日本的国家创新实力变迁和硅谷、伦敦科技城、慕尼黑科学园、筑波科学城等全球科学中心的兴衰紧密相关。

1. 国外发展概况

（1）美国硅谷

美国旧金山湾区硅谷地区是世界高新技术创新和发展的开创者和中心，是世界电子工业和计算机业的王国，拥有英特尔、苹果公司、谷歌、脸书、雅虎等高科技公司的总部。硅谷的主要区位特点是拥有附近一些具有雄厚科研力量的美国顶尖大学作为依托，主要包括斯坦福大学（Stanford University）和加州大学伯克利分校（UC Berkeley）。

（2）日本筑波科学城

受美国硅谷启发，20世纪60年代，日本科技战略逐步从"吸收型"向"自主研究和创造型"转型，经济战略逐步从"贸易立国"向"技术立国"转型，政府从政策、计划、财政、金融等方面，对发展应用技术、基础研究，尤其是对高技术大力引导和支持，并着手实施筑波科学城计划。日本筑波科学城定位为科学技术的中枢城市，围绕电子学、生物工程技术、纳米和半导体、机电一体化、新材料、信息工学、宇宙科学、环境科学、新能源、现代农业等优势领域进行建设。筑波科学城每年会产生大量具有国际先进水平的科技成果，同时依托每年举办的国际科技博览会、成果展示会和科学技术周，向日本大企业集中展示和转移转化最前沿的科技成果，保持日本科技创新的领先地位。

（3）俄罗斯新西伯利亚科学城

俄罗斯新西伯利亚科学城始建于1957年，是世界著名高科技园区之一，在数学、物理、生物、化学等基础领域及能源综合利用、环境保护、核技术、生物技术和航天科技等应用领域的研究水平居国际领先地位，是俄罗斯重要的科研中心之一，发展至今，被确认为科学的发展模式（图1-16）。

（4）法国格勒诺布尔科学中心

法国格勒诺布尔科学中心是欧洲在微电子、计算机科学、流体力学、材料科学、化学、造纸工程和核研究等领域中最重要的科学和技术中心之一，拥有世界上最大的纳米技术园区，被誉为"欧洲的硅谷"。格勒诺布尔是法国外省科研机构最密集的城市，拥有众多世界知名的研究所、实验室及跨国公司的研发中心（图1-17）。经过70余年发展，格勒诺布尔通过大装置产业化路径带动当地经济蓬勃发展，其中的先进技术创新园每年贡献的相关经济效益高达41亿欧元，占格勒诺布尔-阿尔卑斯地区整体经济产出的四分之一。

（5）英国哈维尔科学城

哈维尔科学城是英国国家级科学创新中心（图1-18），占地面积达300hm²。该科学城拥有超过10亿英镑投资的钻石光源（Diamond）、脉冲散裂中子源（ISIS）、中心激光设施（CLF）、计算数据存储等大科学装置，是国际著名的大型核物理、同步辐射光源、散裂中子源、空间科学、粒子天体物理、信息技术、大功率激光等多学科应用研究中心，逐步形成了健康科技、能源科技和航空三大产业集群。科学城还广泛吸引新建企业、中小企业、大型跨国企业和包括牛津大学、剑桥大学、伦敦大学学院、皇家理工大学、曼彻斯特大学等在内的大学群。

图1-16　俄罗斯新西伯利亚科学城

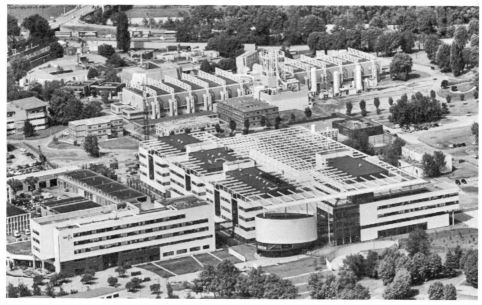

图1-17　法国格勒诺布尔微纳米技术创新园区
（图片来源：GIANT Campus官网）

图1-18 英国哈维尔科学城
（图片来源：Harwell Science and Innovation Campus官网）

2. 国内发展概况

我国科学城建设发展起步相对较晚，20世纪80年代末以来我国陆续建成了一系列重大科技基础设施，但彼时尚未形成"科学城"的概念。2010年开始，北京、上海、合肥和粤港澳大湾区等地区陆续开展科学城的规划建设。2021年3月，《中华人民共和国国民经济和社会发展第十四个五年规划和2035年远景目标纲要》发布，支持北京、上海、粤港澳大湾区形成国际科技创新中心，建设上海张江、安徽合肥、北京怀柔、粤港澳大湾区综合性国家科学中心，支持有条件的地方建设区域科技创新中心。2021年5月，习近平总书记在中国科学院第二十次院士大会、中国工程院第十五次院士大会、中国科协第十次全国代表大会上发表重要讲话时指出："要支持有条件的地方建设综合性国家科学中心或区域科技创新中心，使之成为世界科学前沿领域和新兴产业技术创新、全球科技创新要素的汇聚地"[①]。这充分揭示了综合性国家科学中心在新发展阶段重大的科技使命与突出的战略地位。"十四五"时期，我国迎来科学城集中建设期，多个城市明确提出积极推进科学城建设，科学城的建设发展已成为重塑城市发展动力的创新引擎。据不完全统计，目前我国陆续在建及规划科学城数目达十余座。

（1）北京怀柔科学城

北京怀柔科学城位于北京东北部（图1-19），距离中心城区大约50km，处于

---

① 来自人民网：习近平：在中国科学院第二十次院士大会、中国工程院第十五次院士大会、中国科协第十次全国代表大会上的讲话［EB/OL］.［2021-5-28］. http://dangshi.people.com.cn/n1/2021/0528/c436975-32116545.html.

怀柔区、密云区的核心地带，规划面积100.9km²，其中：怀柔区域68.4km²，密云区域32.5km²。

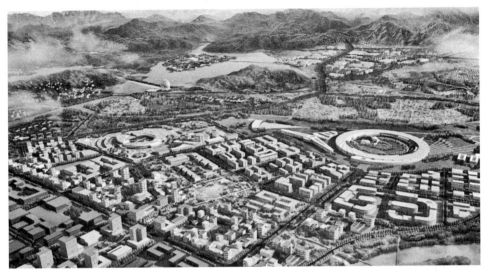

图1-19　北京怀柔科学城

北京怀柔科学城围绕物质、空间、地球系统、生命、智能等五大科学方向的成果孵化，着力培育科技服务业、新材料、生命健康、智能信息与精密仪器、太空与地球探测、节能环保等高精尖产业，构建"基础设施—基础研究—应用研究—技术开发—成果转化—高精尖产业"的创新链。

北京怀柔科学城战略定位是：世界级原始创新承载区、综合性国家科学中心核心承载区、生态宜居创新示范区。原始创新是怀柔科学城的显著特色和明显标志，主要围绕物质科学、空间科学、地球系统科学、生命科学和智能科学五大科学方向，重点推进"五个一批"，也就是：建成一批国家重大科技基础设施和交叉研究平台；吸引一批科学家、科技领军人才、青年科技人才和创新创业团队；集聚一批高水平的科研院所、高等学校、创新型企业；开展一批基础研究、前沿交叉、战略高技术和颠覆性技术等科技创新活动；产出一批具有世界领先水平的科技成果，提高我国在基础前沿和交叉科学领域的原始创新能力和科技综合实力。

（2）上海张江科学城

上海张江科学城的前身是张江高科技园区，1992年7月，张江高科技园区开园，成为第一批国家级新区，面积17km²。1999年，上海启动"聚焦张江"战略，张江高科技园区进入了快速发展阶段。2000年，上海市、浦东新区共同成立张江高科技园区领导小组和办公室，园区规划面积调整为25.9km²。2007年5月，张江高科技园区管理委员会成立，调整为区政府派出机构。2011～2012年，上海市政府先后同意将张江高科技园区、康桥工业区、国际医学园区、周浦繁荣工业区纳入张江核心园区范围，园区面积达79.7km²。2014年12月，中国（上海）自贸区扩区，张江高科技园区37.2km²纳入其中；2016年2月，国家发展改革委、科技部批复同意建设张江综合性国家科学中心；2017年7月，上海市政府正式批复原则同意《张江科学城建设规划》，总面积约95km²。

上海张江科学城位于上海市中心城东南部，浦东新区的中心位置，坚持面向经济主战场，把握数字经济重大趋势，依托张江科学城基础研究和战略科技优势，构建集成电路、生物医药、人工智能等具有全球竞争力的硬核主导产业集群，持续推动"固链补链强链"，充分发挥张江科学城对全市高端产业的引领功能，打造世界级产业集群的引擎，到2030年，发展成为全球规模最大、种类最全、综合能力最强的光子大科学设施集聚地（图1-20）。

图1-20 上海张江科学城

（3）合肥综合性国家科学中心

合肥综合性国家科学中心的建设主要依托中国科学院合肥物质科学研究院和中国科学技术大学，聚焦能源、信息、生命、环境四大领域，解决重大科学问题、提升原始创新能力、催生变革性技术，在2030年成为国际一流水平、面向国内外开放的综合性国家科学中心，为我国科技长远发展和创新型国家建设提供有力支撑（图1-21）。

图1-21　合肥综合性国家科学中心

合肥综合性国家科学中心包括四个层级：① 核心层是建设科学中心的核心力量和基础支撑，主要是服务于国家重大战略需求，新建一批大科学装置，提升现有大科学装置性能和开放度。② 中间层主要是充分发挥地方政府的积极性，依托中国科学技术大学、中国科学院合肥物质科学研究院，建设世界一流的创新型大学和研发机构。提升现有公共技术研发平台的创新能力，支持新建一批共性技术研发平台，开展多学科交叉前沿研究。③ 外围层是科学中心建设的重要外延，主要面向地方经济社会发展重大需求，围绕产业链部署创新链，依托中国科学技术大学先进技术研究院、中国科学院合肥技术创新工程院等高端创新平台，突破一批具有全局性、前瞻性、带动性的关键共性技术，形成较强国际竞争力的产业集群。④ 第四个层级是组织实施大型科技行动计划。以大科学装置为基础，汇聚国际一流科技人才，统筹基础研究、前沿高新技术、战略性工程技术，积极承担国家重大科技任务，将核心层、中间层、外围层紧密联系，并实现与全国大科学装置的协同、创新资源的协同、学科建设的协同、人才建设的协同。

（4）深圳光明科学城

深圳光明科学城位于深圳市光明区东北部（图1-22）。北起深莞边界，东部和南部以光明辖区为界。作为大湾区综合性国家科学中心先行启动区，光明科学城立足全球视野，服务国家战略，依托世界级重大科技基础设施集群，聚焦信息、生命和新材料领域，围绕产业链部署创新链、围绕创新链布局产业链，高质量打造战略性新兴产业集群，努力为先行示范区建设提供新发展动能。到2025年，初步形成世界级科学城的核心功能，重大科技基础设施集群初具雏形，国际一流大学和一流科研机构建设加快推进，培养出一批具有国际竞争力的创新型企业；到2035年，基本建成高度国际化的综合性国家科学中心核心承载区。

图1-22　深圳光明科学城

主要科学技术领域具体布局内容如下：① 信息领域，以缩小"摩尔定律时代"技术差距、加快培育自主创新生态为目标，重点发展集成电路、超级计算、网络通信、人工智能等细分领域，推进新一代信息技术突破应用、融合发展，形成安全可控、互相适配的信息技术创新体系。② 生命领域，重点发展合成生物学、脑与认知科学、精准医学等细分领域，开展从微生物到灵长类再到人类生命的研究，形成全链条、全尺度的生命解析体系。③ 新材料领域，适应材料研究从经验摸索到人工设计调控转变的趋势，重点发展贯穿制备、表征、计算和服役的全流程研发和应用，形成新材料发展创新体系。

四、建设综合科学园区的意义

建设综合科学园区是抢抓新一轮科技革命的历史性机遇，推动创新型国家建设的重大战略决策，有助于汇聚世界一流科学家，突破一批重大科学难题和前沿科技瓶颈，显著提升国家基础研究水平，强化原始创新能力，增强国家科技竞争力，为构建新发展格局提供战略支点，为推动高质量发展提供动力源泉。

第四节　脑科学与合成生物学综合科学园区的基本建设要求

脑科学与合成生物学综合科学园区作为脑科学动物饲养与实验、合成生物学实验的空间载体，是相关科研与实验活动顺利实施的重要保障之一，因此，应满足脑科学与合成生物学实验楼宇的相关建设要求，主要包括：总体布局要求、建筑布局要求、实验室环境要求、建筑设施要求、饲养环境要求。

一、选址要求

脑科学与合成生物学综合科学园区涉及脑科学、合成生物学的相关实验，其选址和布局应能保证相关科研实验的有效开展。

（1）科学园区的选址应符合当地城市规划和环境保护的要求，应节约用地，不占或少占良田。

（2）科学园区的选址宜靠近当地高等教育、高新技术产业集聚区，并同时兼顾科学交流、科学普及、科学教育等相关活动的开展。

（3）科学园区应避开噪声、振动、电磁干扰和其他污染源。或采取有效保护措施。对科学实验工作自身产生的上述危害，亦应采取环境保护措施，减少对周围环境的影响。

（4）科学园区应远离易燃、易爆物品的生产和储存区，并远离高压线路及其设施。

（5）科学园区宜选在环境空气质量及自然环境条件好的区域，同时应避开自然疫源地。

（6）实验动物繁育、生产和实验等设施应与生活区保持大于50m的距离。

二、建筑布局要求

脑科学与合成生物学实验室的建筑布局和功能设计对实验流程的便利性、实验操作的安全性、不同流线的交互性等均会产生一定的影响，故其应满足相应标准规范的要求，从而保证科研实验成果的质量。

1. 脑科学实验室

（1）具有相同或相似功能要求的实验区域应在同一层或上下层彼此邻近。

（2）实验区内的人流线、物流线和动物流线之间应相互区分，避免交叉感染，保证实验区的高效运行。

（3）负压环境设施应设置无害化处理设施或设备。废弃物品、笼具、动物尸体应经无害化处理后方能运出实验区。

（4）实验区和饲养区内应设置检疫室或隔离观察室，或两者均设置。

（5）具有大型仪器设备的实验室应尽量在建筑物底层布置，降低外界环境对仪器设备精密性所产生的影响。

2. 合成生物学实验室

（1）合成生物学实验室宜采用模块化布局的实验室设计。

（2）不同类别和专业实验室宜独立设置，合理分区布局。

（3）人流物流通道应尽量分开。人员进出通道和物品通道分开，洁净物品与污染物品通道分开。

（4）实验室流向应满足从安全低毒实验室向高毒高感染性实验室过渡，且高毒高感染性实验室应设在建筑物末端，远离人员活动频繁的区域。

三、实验室环境要求

脑科学与合成生物学实验室环境应保证安全无隐患，使实验动物和实验人员处于良好的身心状态，其主要通过装饰装修来实现。

1. 脑科学实验室

（1）所有装饰装修和围护结构材料均应无毒无害、无放射性；

（2）内墙表面应光滑平整、无眩光、不起尘、不积尘，阴阳角均为圆弧形，易于清洗、消毒；

（3）墙面应采用不易脱落、耐腐蚀、无反光、耐冲击的材料；

（4）地面应防滑、耐腐蚀、耐磨、无渗漏；

（5）吊顶应耐水、耐腐蚀。

2. 合成生物学实验室

（1）合成生物学实验室整体装修材料应选择表面光滑、耐磨不产尘、易于清洁、不锈蚀、不吸水的材料，如墙面可选择彩钢板、玻璃、不锈钢＋玻璃等材质，吊顶选择装配式彩钢板，地面选择无缝拼接的PVC卷材地板。

（2）墙面与墙面、地面与墙面、墙面与吊顶之间均采用弧形铝型材密闭收口，易于卫生清洁，玻璃、不锈钢、装配式彩钢板尽可能采用弧形收口。

（3）吊顶照明、灭菌、供气管道安装完毕后，所有缝隙需用硅胶密封。

四、建筑设施要求

脑科学与合成生物学实验室内的设施应能为实验室的安全、稳定、高效、低噪、低振运行提供保障，同时保证各类实验的正常开展。

1. 脑科学实验室

（1）实验室门、窗等设施应有良好的密封性。

（2）动物繁育、生产及实验室通风空调系统保持正压操作，应合理组织气流并布置送排风口的位置，避免死角，避免断流，避免短路。

（3）各类环境控制设备应定期维修保养。动物繁育、生产及实验室的电力负荷等级，应根据工艺要求确定，且应备有应急电源。

（4）室内的配电设备，应选择不易积尘的设备，并应暗装。

（5）电力管线应暗敷。由非洁净区进入洁净区的电气管线管口，应采取可靠的密封措施。

（6）实验室内应有隔声减震、弱化辐射效果等措施。

（7）应有防止昆虫、野鼠等动物进入和实验动物外逃的措施。

2. 合成生物学实验室

（1）必须为合成生物学实验室安全运行、清洁和维护提供足够的空间。

（2）实验室墙壁、吊顶和地板应当光滑、易清洁、防渗漏并耐化学品和消毒剂的腐蚀。

（3）实验室台面应是防水的，并具有耐消毒剂、酸、碱、有机溶剂和中等热度的作用。

（4）应保证实验室内所有活动的照明，避免不必要的反光和闪光。

（5）实验室器具应当坚固耐用，在实验台、生物安全柜和其他设备之间及其下面要保证有足够的空间以便进行清洁。

（6）应当有足够的储存空间来摆放随时使用的物品。

（7）应当为安全操作及储存溶剂、放射性物质、压缩气体和液化气提供足够的空间和设施。

（8）每个实验室都应有洗手池，且最好安装在出口处，尽可能用自来水。

（9）实验室的门应有可视窗，并达到适当的防火等级，最好能自动关闭。

五、饲养环境设施要求

科研实验的结果与实验动物的状态息息相关，而实验动物的状态与其生存环境密切相关。因此，为保证科研实验结果的正确性和有效性，需以严格的标准打造实验动物生存环境。实验动物生存环境要求主要包括：温湿度、洁净环境、消毒灭菌、采光照明、隔声减震、饲养方式等。

（1）不同级别的、不同种类的、发出较大噪声的和对噪声敏感的脑科学实验动物宜设置在不同的饲养区。

（2）饲养区内所有围护结构材料均应保证无毒、无放射性。

（3）实验动物饲养间整体环境应无菌无毒，温湿度应处于一定的范围，光照强度不宜过高或过低，光照时间不宜过长或过短，噪声和振动幅度应能不影响实验动物生理和心理状态。

（4）应设有便于实验动物表达天性行为的相关设施和娱乐设备。

（5）废物处理：废弃物均应作无害化处理，且应达到"三废"排放标准。

（6）饲料和饮水：普通实验动物应饲喂符合相关标准要求的饲料和生活饮用水。清洁级以上的动物，需饮用灭菌水或酸化灭菌水（pH为2.5～2.8），其饲料应分级别进行消毒或灭菌。

（7）垫料：应使用无异味、无油脂、吸湿性强、粉尘少的材料，且应经消毒或灭菌后方可使用。

（8）笼器具：应选用无毒、耐腐蚀、耐高温、耐冲击的笼器具，并应符合动物生理生态及防逃逸的要求。

第二章

基于科研实验的综合科学园区建设特点

　　基于脑科学、合成生物学的综合科学园区，其建设目的是加强基础科学研究，提升源头创新，建设成为具有卓越竞争力和影响力的综合性科学中心。其建设核心是多功能工艺空间，包括动物生存空间、脑解析脑模拟实验空间、各类合成生物空间等。为满足各类科研实验的需求，实现综合科学园区的高效运行，需将上述空间安全、有机地融合到一个整体系统。综合科学园区作为集聚国际一流研究型大学和科研院所，是吸引世界顶尖科研人员及科技创新人才的重要科研场所，还需搭配高品质生活、高标准生态、高度融合的科研科贸等辅助功能空间，最终形成高端科研、高等院校、高尚社区、高新产业、高端人才集聚的科技创新高地。

　　要打造标准、合格的脑科学与合成生物学实验空间，关键是实现与其空间特点相关的建设要求。脑科学与合成生物学实验空间特点可概括为以下方面：安全有序、稳定可靠、精密灵敏、特殊防护、合理高效、节能环保。

　　安全有序是指脑科学与合成生物学实验空间系统内部的诸要素在规定的条件下安全有规则地运行，主要体现在：动物饲养安全、生物实验安全、内外环境安全、废物排放安全，且须有相应的冗余和应急措施。

　　稳定可靠是指整个脑科学与合成生物学实验空间系统如果受到内外界环境干扰时，仍能在规定的条件下以高精度、高标准的状态持续工作运行，主要体现在：多样环境稳定、能源供应稳定、系统工作稳定、设备运行稳定。

　　精密灵敏是指整个脑科学与合成生物学实验空间系统处于精致细密的工作状态，且能对内部运行环境变化高效感知与精准调控，主要体现在：环境要求精密、环境运行精准、环境变化调整灵敏，特别是对温湿度、内外压差、空气尘埃、含菌浓度、光照强度、有害气体等的控制。

　　特殊防护是指为降低脑科学与合成生物学实验空间中的特殊设备、特殊系统等对外界和外界对其的影响，针对不同影响因素与类型进行的特定保护，主要包括防磁、防辐、防振、防噪等。

　　合理高效是指脑科学与合成生物学实验空间的部分与整体、人文福利合乎一定的标准与规律，并能相互高效协同工作，主要体现在：空间布局合理、动物福利合理、流线（人流线、物流线、动物流线）高效。

　　节能环保是指脑科学与合成生物学实验空间系统运行过程中节约能源消耗量，同时协调系统内外部生态环境的关系，实现可持续发展，主要体现在：建筑节能、机电节能、特殊设备节能、生态环境友好。

第一节　科研建筑稳定节能

随着信息时代的发展，科研设施也完成了从"科研楼"向"科学园区"的转变，园区的发展逻辑也从"人才跟着产业走"演变成"产业跟着人才走"。要吸引人才，形成产业化发展，既要有稳定安全的科研空间，还需要配置交流共享、人文起居等特殊空间。考虑到整个科学园区的持久运营，须在各个环节设置完备的节能措施，践行可持续发展理念。

1. 稳定安全的科研空间

随着科学技术的不断发展，单一方向的实验研究难以满足科学进步的发展要求，多学科、全过程的实验研究扮演着越来越重要的角色。在科学园区的规划建设中，应考虑从基础研究到实验检测、数据分析、成果转化的全过程研究，并依据相应的功能配置完善齐备的实验设备。不同类型的科学实验具有不同的特点，因此，所需的科研实验空间环境也有所不同。科研空间最基本的要求是稳定安全，因此，如何打造稳定安全的科研空间，让科研人员更舒适更安心更高效地开展科研工作，是建设科学园区的重点和难点。

2. 多种功能的科研空间

科学园区需要提供面向科学家、高级技术人才、各层级访客等不同群体的品质居住空间、商业购物空间、教育空间、文体休闲空间等，营造全球化的生活场景。科学园区的风格应注重景观和生物的多样性，构建多类型、多层次、多功能的空间环境。科学园区内应配置餐厅、宿舍、咖啡厅等食宿场所以及篮球、台球、健身房等运动娱乐空间。

3. 节能环保的科研空间

脑科学与合成生物学实验空间设备多，机电系统复杂，且需常年保持不间断运行，因而整体空间运行的能耗较普通实验室和办公楼更大。有研究表明，一座典型的实验室每平方米能耗和用水比一座典型办公楼多五倍。因此，需采取措施切实降低实验空间的能源消耗，使资源可以长久持续循环利用。

综上所述，科学园区在设计和建设时应充分考虑多种建筑功能与特点，综合打造稳定节能的科研建筑，从而推动前沿科学技术的进步与可持续发展。

第二节　实验空间交互合理

新时代的科研建筑除了科学实验外，还包括科研办公、科研教育、科研博览、科研试验、科研饲养等综合性的建筑功能。随着科研建筑向高层空间集约型和功能混合型转变，多种功能区集成在同一栋建筑与同一个楼层内。因此，同一实验区的平面楼层内需要对不同模块化的功能单元进行合理分区、布局，保证实验安全，提质增效。本小节主要对动物实验区的功能交互进行阐述。

1. 动物实验室功能区

动物实验室的建设应当在充分了解使用方的科研任务、功能要求、交流需求、规模等级、人员配置、设备要求等基础上进行。动物实验室的布局应合理高效，符合饲育及科研等实验流程，便于实验人员的使用和维护管理。不同功能的动物实验空间一般包括：动物实验室、动物饲养间、动物检疫室、准备室、手术室、洗消室、洁污专用电梯、动物尸体间、污物暂存室、更衣室、风淋室、缓冲间、办公区、研讨区、参观交流区等。

2. 不同交互场景

在由不同功能单元构成的实验区内，实验人员、实验动物、实验物品等均存在进出不同功能区的不同交互场景，尤其是对于洁净度要求较高的实验区，屏障区与非屏障区之间的交互场景主要包括：① 人员的交互，屏障区进入非屏障区、非屏障区进入屏障区；② 动物的交互，外来动物进入屏障区、动物尸体离开屏障区；③ 物品的交互，非屏障区进入屏障区、屏障区进入非屏障区。

不同人员、实验动物及物品的交互，则是基于不同的实验功能、实验流线而形成的场景，不同的交互场景也有与之对应的消毒、灭菌等安全性卫生要求。后文将作进一步详细阐述。

3. 复杂的流线

动物实验室的流线较其他实验室更为复杂，一般分为三类完全独立的流线，即：实验人员流线、实验动物流线、实验物品流线。① 实验人员流线一般按照以下原则设置：公共区、缓冲、换鞋、更衣、风淋/淋浴、缓冲、洁净走廊、饲养/实验室、污物走廊、缓冲、更衣、隔离门、公共区；② 实验动物流线一般按照以下原则设置：动物运输专用电梯、前室、走廊、动物接收室、动物传递窗（小动物）、动物检疫室、洁净走廊、缓冲、实验室、饲养间、污物走廊、尸体（暂存）室、冰柜冷藏、污物走廊、前室、污梯、尸体处理；③ 实验物品流线一般按照以下原则设置：公共区、物品传递、物品传递窗、物品接收、洁净走廊、实验室、饲养间、前室、洁净走廊、缓冲、污物走廊、污物暂存区、污梯运至指定处理室。

4. 安全便利的实验区

实验室的不同功能区可组成多种平面布局方式，应根据实验需求选择最合理、高效的布局形式，同时还应考虑不同区域间的安全性，保证科研人员实验、娱乐、学术交流、商务谈判等业务安全便利开展。

第三节 动物生存空间精密灵敏

脑科学实验动物是脑科学研究重要的综合支撑条件，故其品质是研究结果科学性、真实性、一致性、可靠性和可重复性的重要保障。脑科学实验动物的品质受多种因素影响，主要包括：环境因素（温度、湿度、洁净环境、光照、噪声、振动、笼具等）和营养因素（营养需求与饲料平衡、饲料卫生与储存、饲喂方式等）。多种类影响因素对实验动物生存空间提出了特定的要求。因此，打造基于特定要求的实验动物精密生存空间，可以有效降低环境和营养因素的影响，从而为获得高质量的实验动物及相关科研成果提供保障。

不同类型的脑科学实验动物，其生存空间要求既有不同点也有共同点，如在普通环境下，猴等大型动物生存空间内的温度范围要求为16～28℃，而鼠等小型动物生存空间温度范围要求为18～29℃；在隔离和屏障环境下，猴等大型动物和鼠等小型动物生存空间的温度范围要求均为20～26℃。此外，具有特定要求的实验动物精密生存空间对工程建设也提出了一定的挑战。因此，必须基于不同种类的实验动物和不同种类的生存空间要求，采用一定的工程技术和管理方法等化解重难点，从而更好地建设精密的实验动物生存空间。

1. 温湿度

实验动物生存空间内温湿度控制主要在于如何精准调控其范围。对于温度控制，猴等大型动物和鼠等小型动物的生存空间可采用特殊的空调机组；对于湿度控制，猴等大型动物生存空间可采用特殊空调机组，而鼠等小型动物则可以采用不同形式的除湿机组。温湿度控制的重难点在于空调机组和除湿机组的选型、安装和调试需要各专业密切配合，才能发挥相应设备对温湿度的调控作用。

2. 洁净环境

洁净环境的实现在于控制生存空间内空气尘埃、含菌浓度、有害气体等的浓度，使其处于标准范围。猴等大型动物生存空间洁净环境可通过空调机组和装饰装修来实现，其难点在于如何精细化安装和调试空调机组，以及如何保证吊顶、地面、墙面、门窗等的装饰装修满足洁净环境要求。鼠等小型动物对生存空间洁净环境程度较为敏感，因此其建设难点在于如何高精度地调控其生存空间环境。

3. 消毒灭菌

消毒灭菌的实现在于控制生存空间内病原微生物、颗粒物等的浓度，使其处于稳定水平。猴等大型动物与鼠等小型动物生存空间消毒灭菌打造技术基本一致，均可采用排风口、排风罩、消毒灭菌设施设备，其难点在于病原微生物、颗粒物和氨气处理系统的安装与调试。

4. 光照

生存空间内光照的控制在于光照强度和时间。猴等大型动物与鼠等小型动物生存空间光照打造技术可通过灯具、智能控制等来实现，其难点在于如何精准控制实验动物所需的光照强度，以及如何保证光照系统的智能化水平。

5. 噪声与振动

低噪声与低振的实现在于降低噪声与振动的频率和幅度。猴等大型动物和鼠等小型动物生存空间的噪声与振动控制技术基本一致，均可通过采用消声器、吸声板、柔性软接口、减振器、减振垫等措施实现，其难点在于减振降噪设备的安装以及效果的调试与评价。

6. 饲养方式

饲养方式包括饲养形式、饮水、喂食、排水排便、垃圾处理等。猴等大型动物与鼠等小型动物饲养特点在于如何打造适合实验动物生存的定制化笼具；其饮水系统的建设难点在于如何针对不同类型的实验动物设置低成本、无污染、高质量、高效率的饮水设备；其喂食系统建设特点在于控制饲料的营养、卫生、数量、频率等因素；其排水排便、垃圾处理方式的特点在于需设置专门的排水与污物处理通道。

7. 动物福利

猴等大型动物生存空间内通常需配备相应的动物福利，而如何实现其生理福利、环境福利、卫生福利、心理福利和行为福利是一大难点。鼠等小型动物通常不考虑多余的动物福利。

综上，基于特定要求的实验动物生存空间打造在温湿度、洁净环境、消毒灭菌、采光照明等方面均存在一定的困难与挑战。因此，突破前述难题是打造精密生存空间的关键。唯有如此，才能保证脑科学实验动物处于良好的心理和生理状态，进而为脑科学实验研究的可靠性和成果水平提供有力保障。

第四节　实验环境稳定可靠

脑科学与合成生物学实验室是相关实验开展的重要载体，其环境品质直接关系到科研实验的效果。脑科学与合成生物学实验室的各类硬件设施繁多，如建筑结构、供水、供电、供气、实验设备等，均对实验室空间环境提出了特定的要求。其特定要求可分为一般要求和特殊要求。一般要求包括：布局要求、洁净要求、温湿度要求、耐腐蚀要求、隔声要求、压力要求等。特殊要求包括：防振要求、防磁要求、防辐射要求等。以布局要求为例，实验室立面需按具有相同或相似功能要求的实验区域在同一层彼此邻近，层与层之间按功能体系划分与排布，不同功能的实验室彼此互不干扰等原则布局；实验室平面尺寸需满足基本功能和安全要求，不造成浪费，且应满足基本的流程，以及保证操作便捷性等原则布局。基于特定要求的实验室打造可以有效保证实验设备的操作运行、实验效果、工作舒适度等，从而提高科学实验的质量。

脑科学实验室主要包括高清晰磁兼容PET成像实验室、电镜组织分析实验室、介观脑解析实验室和脑编辑实验室。其中，高清晰磁兼容PET成像实验室、电镜组织分析实验室为设备实验室，存在噪声、振动、磁辐射、核辐射等特点及要求，因此如何通过工程建设、设备安装等措施实现磁屏蔽、核屏蔽、隔声减振等是打造设备实验室的重难点；介观脑解析实验室和脑编辑实验室为普通洁净实验室，其特点是具有洁净环境要求，如何通过装饰装修、空间布局等措施实现防滑、易清洁、耐腐蚀、防水防潮等功能特点是打造相应实验室的重难点。

合成生物学实验室包括微生物发酵实验室、仪器分析实验室、生物安全实验室、细胞实验室、开放式实验区、自动化合成生物实验室。合成生物学实验室在整体空间布局、建筑围护结构、通风与气压、气流组织等方面具有特殊的要求，如何通过相应的布局设计、结构预留、压差、换气等措施实现上述要点是打造合成生物学实验室的重难点。

综上所述，基于相应要求的脑科学与合成生物学实验室打造在整体设计、工程建设、设备安装、装饰装修等方面存在一定的难点。如何通过相应的措施破解前述难题是打造脑科学与合成生物学实验室的重点任务与目标。唯有如此，方能为脑科学实验提供标准合格的条件，从而保障科研实验的高效开展。

基于前沿科学技术的科研楼宇打造技术

科研楼宇作为科学园区的核心区域，是整个园区建设的中心点。首先要保证的是实验室各设备、各系统稳定流畅地运行，为科研人员提供优质的工作空间；其次是在工作之余，园区需要为科研人员提供优质的生活休闲空间，全方位地满足其衣食住行等生活需求，缓解精神压力，让科研人员每一天都能怀着愉悦的心情开展工作；最后是科研楼宇耗水、耗电量巨大，若要长期运行，那么必须全方位采用节能环保技术，减少园区运维成本，实现可持续发展。基于以上特点，本章将从科学合理的建筑结构设计、稳定精密的运行系统、节能环保技术三个方面对科研楼宇关键打造技术进行阐述。

第一节　科学合理的建筑结构设计

随着信息时代的发展，科研设施也完成了从"科研楼"向"科学园区"的转变。想要吸引人才，除了园区本身科研装置的硬件配备外，还需要提高科学园区的"软实力"。在保证科研空间安全的基础上，还要为在园区内工作的人员配备良好的交流共享空间与人文起居工作生活空间。良好的交流共享空间可以活跃科研人员的大脑，激发人的思维。完善的人文起居工作生活空间可以保证科研人员在工作之余的生活舒适度，缓解疲劳，保证其身心健康。软硬兼备的科研空间才能为科研成果提供有效保障，推动脑科学与合成生物学的发展（图3-1）。

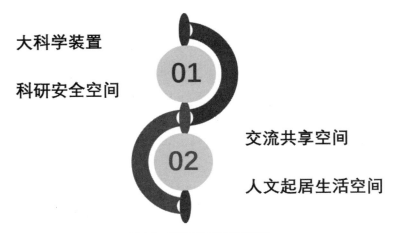

大科学装置

科研安全空间

01

02

交流共享空间

人文起居生活空间

图3-1　科学园区的空间打造

一、实验室建筑布局与流线设计

实验室通常具有多种形式与功能。不同功能的实验室可形成多种平面布局方式，如何根据实验需求选择最合理、最高效的布局形式，并方便科研人员实验、工作和学术交流是实验室建设的关键。

在由不同功能单元构成的实验区内，实验人员、实验动物、实验物品等均存在进出不同功能区的不同交互场景。各交互场景应有与之对应的消毒、灭菌等措施。同时，考虑到安全与便利性，实验区不同功能区域间有不同的流线，如人流线、动物流线、物流线，各个流线应相互区分，保证实验区的高效运行。

本节基于某工程实例阐述说明如何实现上述功能布局及流线特点。

1. 功能区的划分与布局

（1）功能区划分

对实验室不同功能区域进行合理划分是保证实验室正常有序运转的前提。根据《实验动物 环境及设施》GB 14925—2010，动物实验室按照其使用功能可划分为三个区域：前区、辅助区、饲育实验区（图3-2）。

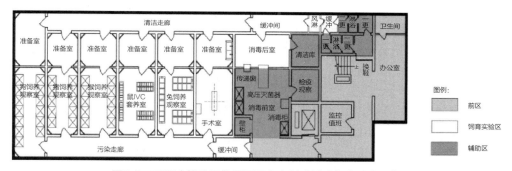

图3-2 不同功能分区的平面示意案例（某动物实验中心）

1）前区：包括办公室、维修室、库房、饲料室、一般走廊。

动物实验室的前区为非洁净的公共区，主要包括整个楼层实验的办公室、教学室、环境调控设施、卫生设施、设备间与机房等。

2）辅助区：包括仓库、洗漱间、废弃物品存放处理间（设备）、密闭式实验动物尸体冷藏存放间（设备）、机械设备室、淋浴间、工作人员休息室。

辅助区是实验得以顺利完成的保障及后勤区域。清洗消毒间、污物暂存区等辅助用房的面积不宜过小，应与动物实验设施的面积相适应。

3）饲育实验区：包含饲育区和实验区。其中，饲育区指繁育、生产区：包括隔离检疫室、缓冲间、育种室、扩大群饲育室、生产群饲育室、待发室、清洁物品贮藏室、清洁走廊、污物走廊；实验区：包括缓冲间、实验饲育间、清洁物品贮藏室、清洁走廊、污物走廊。其中，饲育区和实验区为动物实验室的核心功能区域。动物实验区的功能较为完备，各功能用房种类及要求较为齐全，满足日常实验需要。

（2）功能区布局

通过对科研建筑的布局分析，可将实验楼层分为三种空间：实验空间（饲育区、实验区）、研究空间（前区）、辅助空间（辅助区），三种空间可形成多种组合模式。

某工程的实验室功能区布局模式采用了"平行并置＋混合"模式（图3-3）。在该模式下，功能分区明确，各个空间之间均有充分的连接界面，运行合理高效，且缩短流线，灵活自由，方便科研人员工作及学术交流。

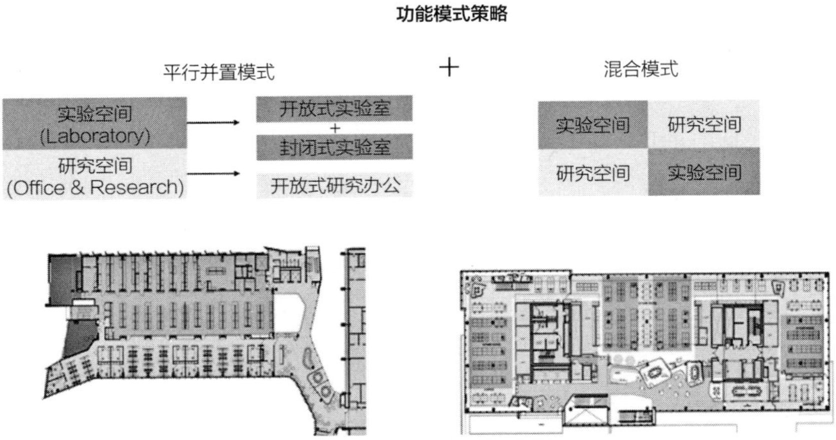

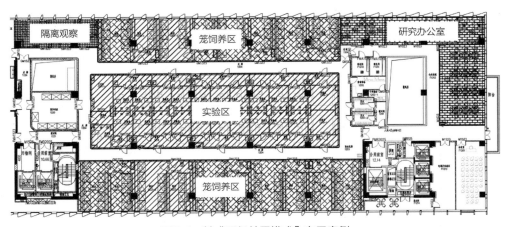

图3-3　某工程的实验室功能布局模式

1）平行并置模式布局案例，如图3-4所示。

图3-4　某"平行并置模式"布局案例

2）混合模式布局案例，如图3-5所示。

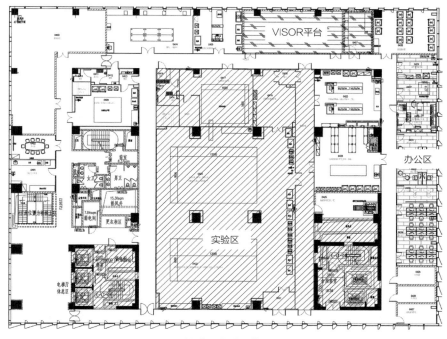

图3-5 某"混合模式"布局案例

2. 功能区布局的便利性

（1）各功能区衔接融合

某工程动物实验室布局的典型特点是各功能区的紧密衔接与融合，如图3-6所示。饲养区紧邻实验区/手术室，研究/办公区与饲育实验区通过辅助区相连通，有效缩短实验人员饲育、实验及研究的整体流线，同时在楼层角落位置设置公共卫生区，减少其对整体楼层的实验大环境的影响。

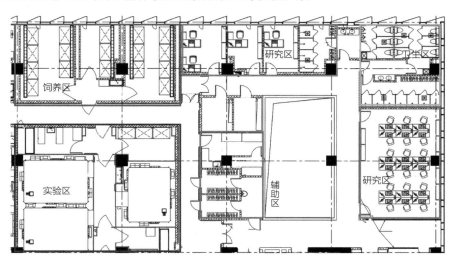

图3-6 某工程动物实验室各功能区关系

（2）大动物饲育实验区流线与布局

某工程动物实验室设有猴房单元。猴房因采光需求，相关房间均靠楼层外侧布置（外墙为玻璃幕墙）。实验室紧邻猴房，可缩短运输距离，且各层公共区域设开放办公空间及研讨室，方便实验、办公与交流（图3-7）。

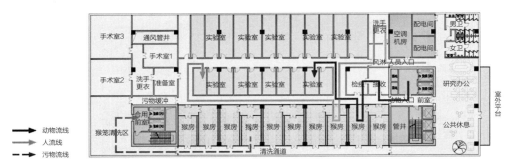

图3-7　某工程大动物实验室流线与布局

（3）小动物饲育实验区流线与布局

某工程动物实验室饲养区有小动物。该区域对洁净度要求高，因此需增大标准层面积，提高每层饲养数量，扩大洁净区，集中饲养。在实验区穿插设置辅助用房，实现集中共用，提高使用效率（图3-8）。

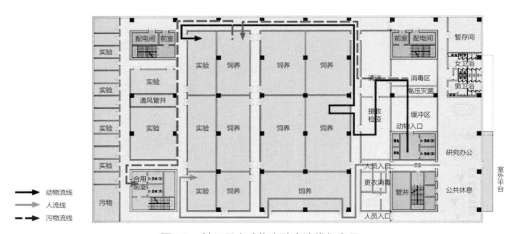

图3-8　某工程小动物实验室流线与布局

（4）合成生物实验室

某工程设置有合成生物科研平台。合成生物实验室以机械臂操作为主，需要大开间实验空间。实验功能紧邻实验室布置，并设置设备进接口，利于操作与观察实验情况，同时设置参观走廊，布置开放式研究区，增强科学家交流的便利性（图3-9）。

（5）PI实验室布置

在脑研究实验室楼层设置集中的大空间PI实验区，可根据使用方灵活划分为开放、半开放、封闭实验区，满足多样化需求。独立办公室为PI教授提供安静的办公环境。此外，开放的实验室和研究室可网约或对外租用，提高使用效率（图3-10）。

图3-9　某工程合成生物实验室流线与布局

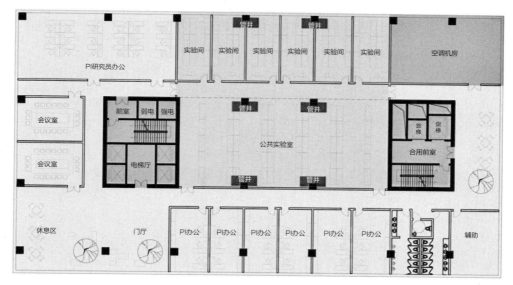

图3-10　某工程PI实验室功能区布局

（6）洁污分离的垂直交通

1）楼层的四个核心筒分布于建筑的四个角落，可最大化利用实验室建筑面积，如图3-11所示。

2）洁梯、污梯、客梯在建筑平面上进行分离布置，可减少交叉污染风险，如图3-11所示。

3）根据不同的实验功能及饲养动物类型，各电梯分层停靠，可确保大小动物区互不干扰，如图3-11所示。

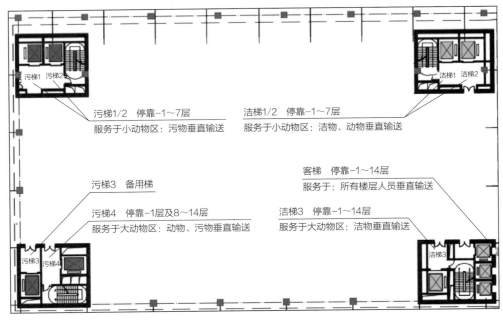

图3-11　某工程动物实验室核心筒平面布局

（7）其他便利性考虑

1）饲养间门开启方向

对于动物实验室，尤其是大动物的饲养，其饲养间的门扇通常设为向房间内开启，以便于笼具向饲养房间进行运输。

2）洁净走廊的宽度

按《实验动物　环境及设施》GB 14925—2010要求，走廊净宽一般不小于1.5m，但考虑到大动物实验饲养区搬运动物笼具及大型仪器设备等便利性，洁净走廊净宽大于1.8m。

3. 不同功能区的交互场景分析

在普通动物实验室（如犬类、灵长类等大动物）的功能分区中，实验及饲养环境的洁净度要求较低，一般不需进行特别的屏障隔离措施，仅需通过简单的更衣、换鞋等操作，并加强管理，从而达到饲育区和实验区的独立。

在屏障动物实验室（如白鼠等小动物）的功能分区中，由于对实验室内环境的洁净度提出了相应要求，因此，对功能区的划分更为严格，无论实验人员、工作人员、实验动物，还是实验器材、笼具、物料等物品，均需要通过进行消毒灭菌等保护措施后能进入屏障区。

（1）人的交互场景

1）场景一：非屏障区进入屏障区

实验人员或饲养人员在进入动物实验室的屏障区时，通常要求进行更换鞋子、更换外衣、更换无菌服、风淋等。卫生与洁净度保障主要包括一更与二更，各动物实验室还需根据自身的需要选择设置风淋间、淋浴间等。

现代动物实验室对洁净度要求较高，一般设有通过式风淋间，实验人员二次更衣后经过风淋间30s再进入洁净区，对于有生物安全要求的特殊实验区通常会设置淋浴间，最大限度地降低人员将细菌带入屏障环境的可能性，以确保实验室的洁净度，对实验区内的饲养动物及实验形成有效保护。

2）场景二：屏障区进入非屏障区

在单走廊的屏障动物实验室中，实验人员在完成动物实验之后，退出时由走廊经缓冲间退出，再返回更衣室更换外衣后离开。另一种洁污走廊分离的情况是实验人员在实验完成、工作人员在维护及管理完毕后，经过污物走廊及缓冲间离开屏障环境，进入更衣室脱掉无菌服更换外衣后离开。

对于生物安全要求较高的实验室，实验人员或工作人员在做完实验进入污物走廊后，再前往消毒处理间进行全面消毒，此后方可进入缓冲间及更衣间更换衣服，并离开屏障区。

（2）动物的交互场景

1）场景一：外来动物进入屏障区

在动物实验室中，外来的实验动物需从动物入口进入接收室，再统一运放至检疫室进行检疫，经过检疫合格后的动物方可经过走廊进入饲养间或实验室。

对于有较高洁净环境要求的实验室，实验动物经检疫室检疫合格后还需进入消毒室进行灭菌处理，再由传递窗进入屏障环境，通过洁净走廊进入饲养间、实验室或手术室。

2）场景二：动物尸体离开屏障区

经过解剖实验或因其他原因死亡的动物尸体，应由尸体暂存室或者冷柜运出，并经过污物走廊及缓冲间离开屏障环境（必要的话可进行消毒灭菌处理），最后由污梯运至指定的尸体处理间处理。

（3）物的交互场景

1）场景一：非屏障区进入屏障区

对于动物饲料、笼盒、小型实验器械等物品，在由非屏障区进入屏障区时，应经过严格的消毒灭菌，通常在消毒间设置有高压灭菌器、紫外线传递窗、灭菌渡槽等消毒设施。

对于耐高温的物品，如饲料、垫料、动物笼具、无菌实验服等，经高压灭菌器灭菌后送入消毒后室；对于不耐高温的物品，如塑料动物笼盒等可经灭菌渡槽灭菌后进入消毒后室；对于既不耐高温高压又不能通过渡槽消毒的物品，可经氩光传递窗进行紫外线照射消毒后送入消毒后室。经过消毒后的物品分类整理后，通过洁净走廊运至各个饲养间、实验室或洁库等房间。

2）场景二：屏障区进入非屏障区

实验后的垃圾、污物、动物粪便、废弃物等物品经过污物走廊，进入缓冲间后离开屏障环境，并将污物打包后送入污物暂存间，经污梯送至指定楼层的污物处理间统一处理。

对于使用过的小型实验器械以及饲养间的动物笼具等污染物品，可在经过消毒灭菌程序后进入屏障环境。

4．功能区交互的安全性保证

（1）交互区间的消毒措施

1）风淋

对于有洁净度要求的实验室，风淋室是实验人员进入洁净室所必需的通道，如图3-12所示。其通常设置于更鞋、更衣区后的缓冲间内，与洁净区相连通，风淋消毒可减少进出洁净室所带来的污染问题。

风淋室是一种通用性较强的局部净化设备，安装于洁净区与非洁净区之间（图3-12）。当人与货物要进入洁净区时需经风淋室吹淋，其吹出的洁净空气可去除实验人员身上所携带的尘埃和部分细菌，能有效阻断或减少尘源进入洁净区。风淋室的前后两道门为电子互锁，可起到气闸的作用，阻止未净化的空气进入洁净区。

图3-12　风淋室平面布置及实物图

因风淋室安装于洁净室入口，其与洁净室墙板之间不可有空隙。在二次结构施工时，应根据风淋室尺寸，提前做好相关洞口预留，严格把关安装质量，避免在使用阶段造成空气泄漏。若发现空气泄漏现象时应以填缝剂修边处理。

2）淋浴

根据不同的生物安全及环境洁净度要求，实验室可选择设置淋浴间。在实验人员经过一更后，为对屏障环境形成保护，需进入淋浴间进行淋浴。人员经过淋浴后进入二更，换上实验室专用洁净服装进入洁净区，如图3-13所示。

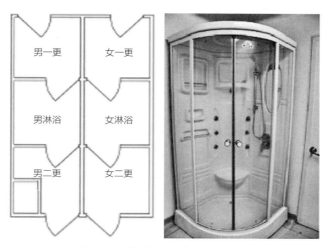

图3-13 淋浴间平面布置及实物图

3）氙光传递窗

由于实验室对洁净度的要求较高，因此，实验物品（如塑料制品、刀具、饲料、笼盒等）进入房间之前，必须先经过消毒。考虑到实验室工程高标准、高要求的特点，相比传统紫外灯传递窗，可采用氙光传递窗进行实验物品消毒与传递，如图3-14所示。其主要优点包括：脉冲氙光技术、3min内完成物料杀菌、360°无死角杀菌、电子互锁、触屏操作、通电雾化玻璃等。

图3-14 氙光传递窗

4）高压灭菌器

进入饲育实验区的耐高温物品（如动物饲料、动物笼具、垫材、动物水瓶、无菌工作服等）需要由高压灭菌器进行灭菌（通常不少于30min）后才能进入屏障区域内，动物实验室通常选用双扉脉动真空灭菌器或双扉高压蒸汽灭菌器。双扉式灭菌器外侧为消毒前室，内侧为消毒后室连通洁净区。

生物安全实验室中的高压灭菌器的主要特点是设置穿墙密封。其位于洁净区域与污染区之间，主要用于对进出实验室的危险性物品进行消毒灭菌，保障两个区域之间的安全隔离，在设计与施工深化时应重点考虑。围护结构通常采用混凝土墙或不锈钢金属墙板，为了隔离可靠，一般在墙体预留不锈钢金属框，并与灭菌器四周的法兰固定。为了加强密封性，可通过橡胶密封圈使墙面框架与灭菌器连接，通过气密性密封可有效阻止病菌、微生物等渗透。

5）灭菌渡槽

部分不耐高温高压的物品，如塑料箱等，可采用灭菌渡槽消毒。在实验区内把物品从渡槽中取出之后，需要先用无菌水冲洗以去除消毒后遗留的消毒药物，并放在实验区内的洁净储物室备用。

（2）空气压力梯度设置

对于洁净度要求较高的动物（如小白鼠）饲育实验区，为了避免人员或空气中的细菌等有害物质进入饲养间，在建筑及暖通设计时应根据不同功能房间设置不同的空气压力，形成压力梯度。

如图3-15所示，空气压力梯度为：动物饲养间+35Pa＞前室+25Pa＞洁净走廊+15Pa＞更衣室/缓冲间+5Pa。整个空气气流由内（饲养区）向外（公共区）流动，可有效降低细菌等通过空气进入饲养区的可能性，保护动物的健康安全。

（3）功能房密闭性保证

为保证各实验功能区房间内的洁净度、压力梯度等，防止门缝不严实，降低臭气味的外漏及外部细菌进入饲养间的可能性，应在设计、深化设计时充分考虑，并在施工时把关隔离门的安装质量（图3-16）。保证门的密闭性措施主要有：

1）在门扇顶部增加闭门器，作为外力抵消房间内外的空气压差；

2）在门扇内侧安装三面凹嵌式密封条，保证门侧边的密闭性；

3）在门扇底部设有暗藏式下闸型密封装置，确保门底部的密闭。

（4）缓冲间的设置

缓冲间作为饲育实验区与其他公共区域之间的屏障设施房，主要用于特殊仪器、设备的通过，也用于实验后物品、动物的运出，或用于饲育区、实验区与走廊之间，起到缓冲作用，维持实验动物设施环境的相对稳定，不致发生突然的强烈变化，从而破坏饲育实验区的环境。缓冲间两侧的门不可同时打开。

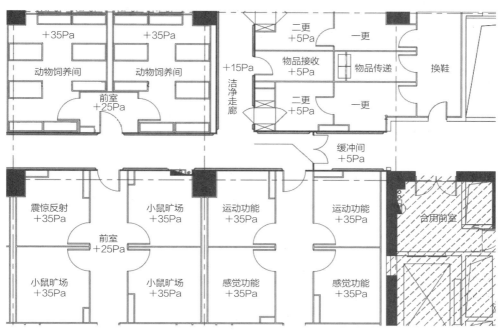

图3-15 某项目小动物实验室压差平面图

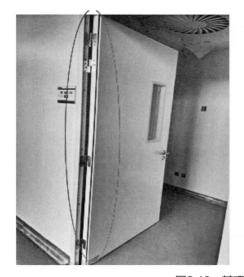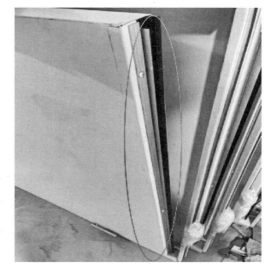

图3-16 某项目隔离门的密闭措施

5. 实验室流线设计

流线包括建筑/场地中不同性质的人流、物流等，指的是人员、动物、物品等在使用该建筑/场地时经过的路径。不同的流线通常需要加以区分，比如人与物分流、普通人员与工作人员分流等。

以现代动物实验室为例，其功能与流线较为复杂，主要包括人员流线（实验及参观人员）、物料流线（洁物及污物）、动物流线。动物实验室的流线工艺设计应符合实验工艺流程的要求，流线设计遵循"单向流动"原则，合理组织各流线互不交叉，避免相互污染。本节主要介绍有洁净度要求的动物实验室流线。

（1）人流线

1）普通饲养区

① 流线分析

该流线主要为实验人员由公共区进入普通饲养间的人员工艺流线。流线经过的具体功能区顺序为：公共走廊→缓冲间→更衣→洁净走廊→前室→饲养间（图3-17）。

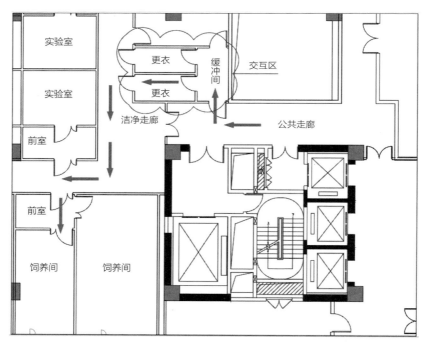

图3-17　普通饲养区人流线图

② 流线特点

公共区与实验区主要通过更衣室及缓冲间进行分隔，人员进出方式主要为卫生通过，即更换鞋、更换统一洁净服装；实验人员退出洁净区时由原路返回至更衣室更换衣物后由缓冲间退出。

2）屏障饲养区

① 流线分析

该流线主要为实验人员由公共区进入屏障饲养间的人员工艺流线。流线经过的具体功能区顺序为：办公区/公共走廊→换鞋→一更→二更→缓冲间→风淋→洁净走廊→前室→饲养间（图3-18）。

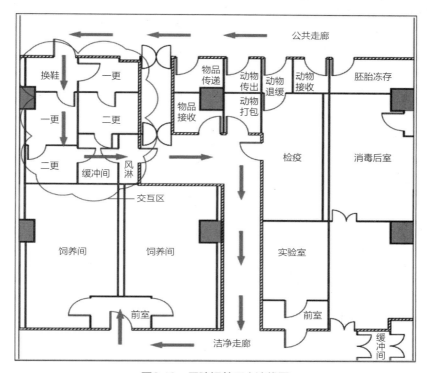

图3-18　屏障饲养区人流线图

② 流线特点

因屏障饲养区洁净度要求较高，需设计多重缓冲或卫生处理空间；实验人员均设置专用通道，形成一定的安全隔离空间；各功能区内空气压力呈梯度设置，即饲养间＞洁净走廊＞缓冲间＞公共走廊，以确保人员或空气中携带的细菌等有害物质不进入屏障饲养区，达到保护动物的效果。

（2）动物流线

1）动物接收饲养

① 流线分析

该流线主要为外来实验动物由公共区进入屏障饲养间的动物工艺流线。流线经过的具体功能区顺序为：洁梯→前室→公共走廊→动物接收→动物检疫→洁净走廊→前室→饲养间（图3-19）。

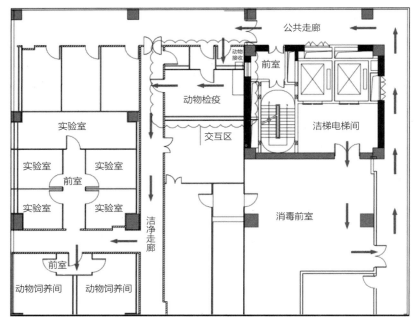

图3-19　动物接收饲养流线图

② 流线特点

白鼠等小动物在经过动物接收室时，一般通过动物传递窗（笼盒包裹好）消毒后进入检疫室及动物接收室，再进入洁净走廊；所有外来进入实验区的动物必须经过检疫室进行检疫，检疫合格方可进入；动物饲养间的房门通常向内开启，以方便动物笼具等运输至饲养间。

2）动物尸体存放

① 流线分析

该流线主要为动物的尸体由实验室/饲养间离开洁净区进行尸体存放的动物工艺流线。流线经过的具体功能区顺序为：实验室/饲养间→前室→洁净走廊→缓冲间→污物走廊→尸体暂存室→冰柜冷藏（图3-20）。

② 流线特点

动物尸体设专门存放间，并设冰柜用于存放动物尸体以便后期集中处理；死亡动物须经污物走廊、缓冲间离开屏障环境。

3）动物尸体处理

① 流线分析

该流线主要为动物的尸体由尸体存放间运离处理的动物工艺流线。流线经过的具体功能区顺序为：冰柜冷藏→污物走廊→污梯前室→污梯→尸体处理（图3-21）。

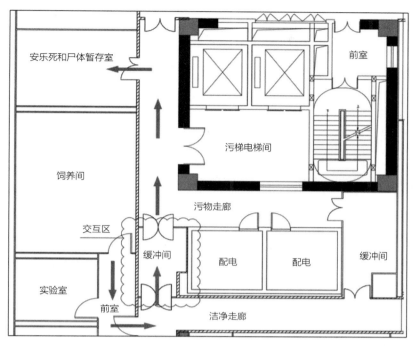

图3-20 动物尸体存放流线图

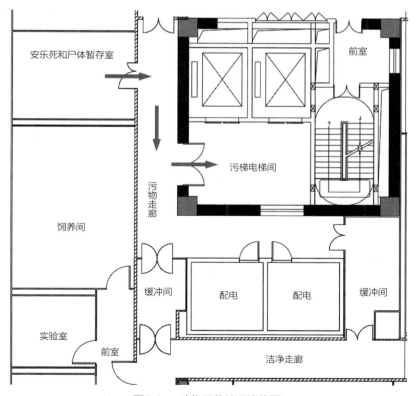

图3-21 动物尸体处理流线图

② 流线特点

动物尸体有专门的存放间并设冷藏冰柜，通常靠近污梯方便运离处理；包装动物尸体应采用专用垃圾袋，避免在运输过程中污物漏出。

（3）洁物流线

1）普通物品进入

① 流线分析

该流线主要为普通实验室用品/实验人员随身物品等由公共区域进入洁净区域的物品工艺流线。流线经过的具体功能区顺序为：公共区→物品传递→传递窗→物品接收→洁净走廊→实验室（图3-22）。

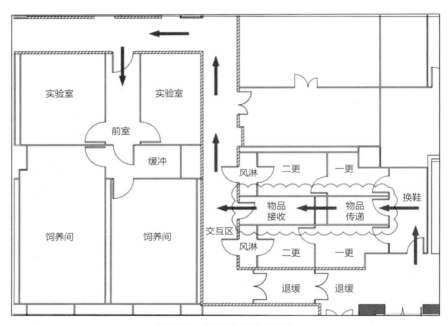

图3-22　普通物品进入流线

② 流线特点

物品进入物品传递室，由物品传递窗灭菌消毒后进入物品接收室；物品传递室通常设置于人员更衣室旁，方便人员进入时带入物品；实验人员从物品接收室取出物品后，再带入实验室等使用区域；各类物品运输及使用流线应遵循"单向流动"原则。

2）洁净物品进入

① 流线分析

该流线主要为动物饲料/笼盒等洁净物品由公共区进入洁净区域的物品工艺流线。流线经过的具体功能区顺序为：洁梯→洁梯前室→消毒前室→常温消毒/

灭菌器→消毒后室→洁净走廊→饲养间（图3-23）。

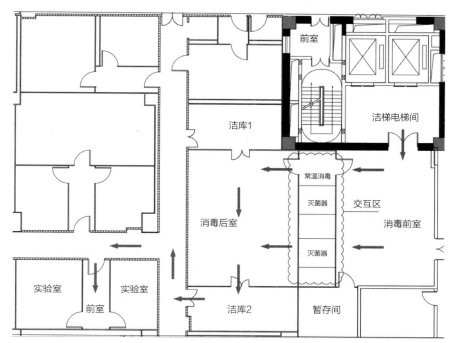

图3-23 洁净物品进入流线图

② 流线特点

物品进入洁净环境前须先经过消毒室进行灭菌处理，主要包括高压灭菌器、氙光传递窗、灭菌渡槽等消毒方式；消毒前室与消毒后室通过消毒灭菌装置与设备进行分隔与连通，物品通过消毒前室经消毒后进入消毒后室；建筑设计及施工时应充分提前考虑各类消毒装置的尺寸，做好相关预留。

（4）污物流线

① 流线分析

该流线主要为实验废弃物、动物粪便、脏笼具等污染物品由实验室/饲养间运出处理的污物工艺流线。流线经过的具体功能区顺序为：实验室/饲养间→前室→洁净走廊→缓冲间→污物走廊→污物暂存区→污梯（图3-24）。

② 流线特点

实验使用过的废弃物或动物粪便由缓冲间经污物走廊统一通过污梯运离；可重复使用的笼具和实验器械运至消毒间清洗消毒后送入存放间待用。

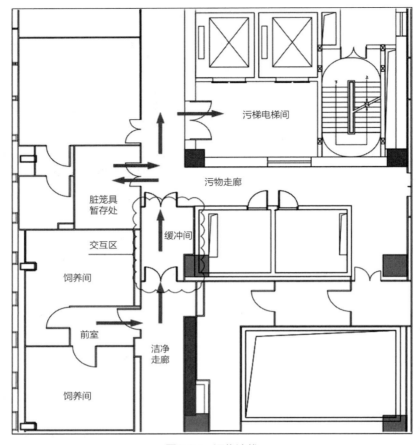

图3-24　污物流线

二、稳定可靠的结构空间

1. 实验室结构设计

实验室的结构设计有如下两个特点：

（1）抗震要求高，预留荷载大

实验室项目需全天候运行，抗震要求通常为特别设防类，在地震时可以不中断或可以快速恢复运行。而且实验项目房间内设备多，整体的使用荷载大，常规综合体项目房间的使用预留荷载在2.5kN/m³左右，实验室的使用预留荷载可达5kN/m³左右，是常规综合体项目的2倍左右。因此，实验室钢筋含量大、分布密集，宜采用劲性结构。

（2）管线量大，楼层结构高度高，夹层分布多

实验室项目本身结构安全要求高，而且机电系统复杂，管线量也远大于普通

项目，为保证足够的管线安装空间与使用空间，其每层的结构高度通常也偏大，可达到5～7m。同时，因为建筑功能区分类多，要求不一，需要配备很多小夹层放置零散设备，对结构施工影响较大。

2. 实验室装饰装修

实验室内空间打造的侧重点是其功能性。实验区域宜选择简洁大气的装饰风格，采用轻质材料与装配式构件，具有良好的观察条件，内隔墙整体应具备牢固、保温、防火、防潮及表面光滑平整的特性；涉及放射性、污染性和导致人身危害等特殊要求的实验用房，需要考虑专业防护措施，如磁屏蔽防护、核防护等。需要定期清洗、消毒或有洁净要求的实验室，其地面、墙面和顶棚应为整体的防水防尘构造。室内应减少或避免突出的建筑构配件与明露管道，如必须露出宜选择不锈钢材质管材。墙面与墙面之间、墙面与地面之间、墙面与顶棚之间宜做成不小于0.05m的半圆角，用于减少细菌的积累。

（1）窗

设置采暖及空气调节的实验建筑，在满足采光要求的前提下，应减少外窗面积。设置空气调节的实验室外窗应具有良好的密闭性及隔热性，且宜设置不少于窗面积1/3的可开启窗扇。实验室窗包括：固定窗、可开关的窗、双层窗、密闭窗、屏蔽窗、隔声窗。可根据不同的需求选用。

（2）门

由1/2个标准单元组成的实验室的门洞宽度不宜小于1m，高度不宜小于2.1m。由一个及以上标准单元组成的实验室的门洞宽度不宜小于1.2m，高度不宜小于2.1m。在爆炸危险的房间内应设置外开门，在有隔声、保温、屏蔽需求的实验室可选用具备相应功能的门，还可视需求选用弹簧门、推拉门或自动门。

（3）墙面

实验室墙面总体要求为方便清洁，不得采用带有强反光性质的饰面材料。对于冷藏室墙面要求隔热；有些实验室在实验时有酸碱气体逸出，要求设计耐酸碱的涂层墙面；对于会产生噪声的实验室，墙面应布置吸声材料；有抗电磁波干扰的房间，墙面需做屏蔽处理。实验室墙裙高度应离地面1.2～1.5m，便于清洁，如瓷砖墙裙、油漆墙裙等。

（4）地面

实验室地面应坚实耐磨、不起尘、不积尘，并能够防水、防滑、防放射性沾染、防静电。实验室防振应考虑实验本身或精密仪器本身的防振要求，以及实验所产生的振动。使用强酸强碱的实验室，所布置地面应具有耐腐蚀性。用水量较多的实验室地面应设地漏。

（5）顶棚

除了有严格防尘需求的实验室以外，实验室不宜设置吊顶，对于某些具有吊顶需求且无严格密封要求的空间，可采用活动板块式吊顶。

（6）走道

走道应直接通向出口的方向，以便危险发生时人员的安全撤离，因此应避免设计成无规则的形状。走道地面有高差时，当高差不足二级踏步时，不得设置台阶，应设坡道，其坡度不宜大于1∶8。实验室宜设置缓坡坡道供货运车辆通行。应根据使用过程中的具体情况来确定走道的宽度和高度设计，同时应特别注意回转余量，双面布房的走道宽度不宜小于1.8m，单面布房的走道宽度不宜小于1.5m。

3. 减振降噪

在科学园区的建设规划中应充分考虑振动噪声对科研实验的影响。振动和噪声的主要来源：一是各类系统设备机房的机组运行；二是周边城市设施对该项目产生的振动影响。主要影响可分为三个方面：① 振动噪声会对科研设备的运行产生影响；② 振动噪声会对正在进行的实验造成影响，特别是动物实验，可能会导致数据偏差；③ 振动噪声会对科研人员的操作乃至工作心情造成影响。

减振降噪措施主要从四个角度入手：① 项目选址时要评估周边市政基础设施的影响；② 选择噪声振动小的机组设备；③ 合理规划设备机组位置；④ 增加减振降噪的构配件（图3-25）。

图3-25 减振降噪措施

（1）项目选址

科学园区规划时，要对周边已建成或规划建设的基础设施项目进行影响评估，如高速公路、地铁、高铁等。已建成的项目如对科学园区有影响，应重新规划选址。规划建设的基础设施应优化设计，采取增加隔声屏障、调整线路、改为下穿地面等措施（图3-26）。

图3-26　隔声屏障

（2）机组设备选型

水系统设备噪声的来源主要包括：叶轮和蜗壳的尺寸配合不精确、泵轴与电机轴不同心、转子不平衡、泵的设计高度太高等。采用低噪声高效率环保型产品，如变频泵组根据性能要求选用稳压罐，消防泵选用水泵特性曲线较平缓的专用水泵等，能有效减少水系统设备运行时产生的噪声。

通风系统噪声主要来源于风机高速运转和高速气流所产生的噪声。在设备设计和选型阶段，风机应尽量选择大容量设备，如离心风机可以利用其在1500r/min左右的速度运行时能获得较高的风压和风速的优势，有效减少由于过大运行转速而导致设备产生的噪声。

（3）机组设备位置

隔绝噪声可以从噪声源头和传播途径考虑。设备设施已能通过本身的设计制造工艺减少噪声的产生，但因其自身的工作原理，以目前的科技水平来说完全避免噪声的产生是不可能的，因此只能改变噪声的传播途径（图3-27）。

图3-27　装有隔声饰面板的机房

设备设施放置的环境一般分为室内和室外。室内放置区域一般为地下室等建筑特殊楼层，室外放置区域一般为建筑顶层或其余室外区域。室内放置相关设备时，房间内设置吸声材料；室外放置相关设备时，需减少不利影响。

关于实验室机房，特别是空调机房，一般要求布置在靠近送风量大的洁净室，力求风管的线路最短。但从防止噪声和振动的角度来看，又要求把洁净室与机房隔开。综合考虑前述两个方面的内容，可得隔开方式如下：

1）构造分离方式，主要包括：

① 沉降缝隔开式。使沉降缝在洁净室与机房之间通过，起分割作用。

② 夹壁墙隔开式。如果机房紧靠洁净室，不是共用一面墙作隔墙，而是各自有各自的隔墙，而两面隔墙之间留有一定宽度的夹缝。

③ 辅助室隔开式。在洁净室与机房之间设辅助室，起缓冲作用。

以某工程为例，该项目空调机房采用夹壁墙和辅助室隔开式布局，实现了两种功能房的高效协调。

2）分散方式：目前一般采用把机房设在顶层屋面上的做法，使之远离下面的洁净室，但屋面下一层一般设置辅助室或管理室，或者作为技术夹层。

3）地下分散式：把机房设于地下室。

4）独立建筑方式：在洁净室建筑外单独设立机房，但其离洁净室很近。机房要注意隔振、隔声问题，地面应全部做防水处理，并有排水措施。

（4）增加减振降噪的构配件

水系统的水泵安装时应设置隔振垫或减振器（图3-28），水泵安装就位后，水泵连接进出水管上装设软性衔接装置。安装可曲绕橡胶接头（异径接头、弯头）；安装时，每端面的螺栓，应按对角位置逐步均匀加压拧紧，所有螺栓松紧度应保持一致，要求较高时，螺母处应添加弹簧垫圈，以防止螺母松动。水泵出水管止回阀采用静音式止回阀，减少噪声和防止水锤。

图3-28　减振垫

暖通系统风机在运转过程中产生的较大振动是引起高频噪声的重要因素。在排除风机自身运行异常的情况下，主要是设备安装过程中存在的问题。现场技术管理人员须明确风机设备安装标准，且须对已安装风机进行全面检查，确保各项安装指标偏差在规定范围内。

振源的风机、电机、水泵、底座应做防振处理，也可将设备安装在混凝土板块上，再用防振材料支撑该板块。该板块的重量应为设备总重量的2～3倍。

通风系统一般采用管式消声器，有利于降低中高频空气动力型噪声。而排油烟系统考虑介质的油污特性，宜选双微孔板阻抗消声器。因机房内本身噪声较大，如若将消声器放置机房内，其噪声也可通过其他隔墙风管直接传播，消声效果大大降低，所以消声器应尽可能设置在机房外，可更有效地发挥作用（图3-29）。

图3-29　管式消声器

　　除去系统上安装消声器外，大型机房可考虑在墙壁上贴附有一定吸声性能的材料，同时要安装隔声门，禁止在洁净区的隔墙上开门。

　　风机设备与软连接之间，振动的设备相连接时，应设置长度为50～250mm的柔性短管；柔性短管应采用不燃材料制作，接口为法兰连接，具有优良的补偿能力，能够吸收管道产生的振动，降低机械噪声。

　　对于屋顶安装的管道，因条件限制，露空处只能落地安装，需安装落地减振器或减振垫，使管道与楼板隔离，可有效减少因振动引起的噪声传播。需要穿墙体或楼板的管道（风管、水管、桥架等），按照防火、减振的要求，管道在穿越墙体时应增设套管，套管与管道之间填充不燃吸声棉，阻断管道振动的传播途径。

4．技术夹层综合布设

　　实验楼宇因涉及洁净实验室，对空气净化、送风量及温湿度有着严格的要求，这就要求各专业系统中的设备设施较常规建筑有着更多的工艺及数量要求。所涉及的管线也相对较为复杂，复杂的设备管线检修难度也会更大，为了保证机电系统稳定，充分利用建筑空间，宜设置专用的管线设备夹层，用空间马道连通，方便检修。

　　（1）夹层BIM排布要点：

　　1）动物实验室涉及的专业复杂、管线众多，对管线综合的要求较高。为了确保施工的有序进行，避免管线重叠、施工面交叉，在管线排布时，我们充分考虑了各专业管线的施工顺序以及后期的检修需求。团队在经过图纸梳理与现场勘察后，根据管线排布的基本原则，制定了管线排布方案。

　　2）为了满足夹层各类设备的维护与检修，夹层设有检修马道。在管线排布前期，我们收集了相关的设备资料，明确设备的安装方式、外形参数、检修空间。将维护需求较高的设备设置在马道附近，方便设备的维护与检修。同时，考虑到马道的覆盖范围依然有限，我们在管线排布时，合理预留了吊顶上方的作业净空，方便施工以及后期的维护检修（图3-30）。

图3-30　夹层管线图

3）为了保证检修马道人员的正常通行和检修，我们对相关管道的路由进行了优化调整，避免大管道穿越马道造成的净高不足。同时，在合理范围内，对一些难以调整路由的管道采取翻弯、变径等措施，严格控制了检修马道的整体净高。

（2）马道与管线排布设置原则（图3-31）：

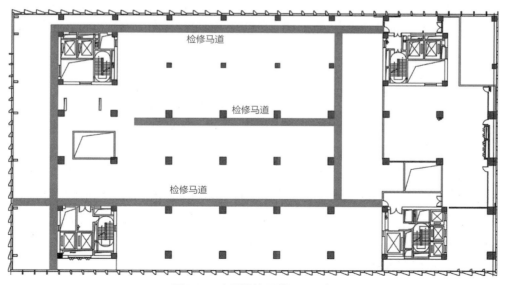

图3-31　夹层检修马道平面示意

1）实验室楼层内所有高效过滤箱、重要的风阀均贴临马道两边进行设置，极大地方便检修人员的运维及检修工作。

2）马道的宽度应能保证维修人员可以左右手同时拎着大件部品行走，马道的高度应能保证维修人员可以站立行走。

3）楼层上方各类机电综合管线均需避开检修马道布置。

4）马道通常在平面上呈闭环回路设计，减少管线检修的范围盲区。

5）马道的具体安装位置和走向应和现场的管道、设备及现场的允许空间相协调，在设计及管线深化时应充分并提前考虑，避免后期返工。

三、交流共享空间

科学园区的交流共享空间依托于其使用需求进行塑造，主要有表3-1所列的几类。

交流共享空间功能及内容   表3-1

序号	功能需求	配套打造内容
1	参观视察	入口设计、专项参观区域、参观路线
2	学习交流	学术报告厅、阅览室、教室
3	访问会谈	会客厅

1. 参观视察空间

现代的科学园区需要面向政府、企业或供应链中各方进行一定程度地展示，吸引上下游的产业投资，推动科研成果转化。为满足参观视察的功能需求，需考虑以下几点：

（1）整个园区规划应设置一条或多条参观流线；

（2）围绕大科学装置，针对其特点选择合适的场景展示；

（3）针对不同层级、不同身份、不同场景的访客设置不同的会客场所。

2. 学习交流空间

现代的科学园区在学习交流方面的需求包括学术讲座、会议报告、交流讨论、书籍阅览等。目前国内的科研建设项目大多数为政府投资，因此除了服务于科研本身外，还需要具备培养后备人才的功能。因此，科学园区项目需要设置教室、阅览室、学术报告厅等学习交流空间。

3. 访问会谈空间

无论是在参观视察还是学习交流的过程中，都需要接待介绍、总结交流、自由讨论等正式抑或是非正式的环节，因此，科学园区应设置用于正式接待的会客厅与非正式接待的交流室。

4．项目实例

以某科学园区为例，该项目依托参观流线沿途完善配备各类交流共享空间。将报告厅、餐厅、共享交流空间有机融合。根据脑研究与合成生物两个大科学装置的特点，分别选择动物脑所顶层的饲养阳光房与合成生物四层的合成生物流水线作为主要参观点，利用空中悬挑空间与高层景观打造视野开阔、环境优良的共享交流空间。学术研究方面设置了600人的学术报告厅，各类教研区环绕实验区布置，还别具一格地设计了楼梯阅览室，打破传统严肃枯燥的环境，享受沉浸式阅读体验。针对重要客户设置了高档的VIP接待厅，针对非正式会谈在共享空间设置集研讨、喝咖啡等多种功能为一体的休闲会谈场所（图3-32、图3-33）。

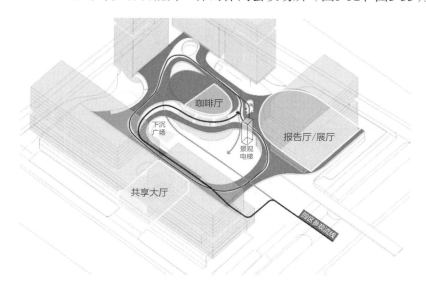

图3-32　项目主流线图

（a）VIP接待厅　　　　　　　　　　（b）休闲会谈场所

图3-33　工作交流场所（一）

<table>
<tr><td>（c）学术报告厅</td><td>（d）楼梯阅览室</td></tr>
</table>

图3-33　工作交流场所（二）

四、人文起居工作生活空间

打造高品质的科学园区，既需要高品质的设施，也需要高品质的工作生活空间，这样才能留住高品质的人才。人文起居工作生活空间的需求与打造内容如表3-2所示。

人文起居工作生活空间　　　　　　　　　　　　表3-2

序号	功能需求	配套打造内容
1	便利的生活条件	餐厅、宿舍、咖啡厅等
2	健康的生活方式	运动空间
3	轻松愉悦的工作环境	室外景观、娱乐空间、工作空间美化

1. 便利的生活条件

衣食住行是一个人最基本的生活需求。因此，要打造高品质的科学园区，良好的生活环境是必须考虑的因素。科学园区的生活环境打造应考虑如下几点：

（1）生活配套功能要同时考虑国内外人员的生活饮食习惯；

（2）科学园区的住宿主要面向专家、教授、学生、学者及临时宾客，要针对不同的人员搭配不同类型的房间；

（3）生活空间与工作空间的布置要合理，功能上要有明确的分隔，且距离不宜过远。各空间的机电系统功能也应分离，互不影响。

2. 健康的生活方式

现如今，社会节奏越来越快，人的精神压力也越来越大。对于主要面向脑力工作的高品质科学园区，适量的运动既能够放松身体，又可以有效地释放精神压力。因此，提供适当的运动空间已成为健康生活中必不可少的要素。

科学园区配备的运动空间一般为健身房、室外跑道、各类球场等。

3. 轻松愉悦的工作环境

受制于功能需求的影响，实验室通常为三面板材封闭的空间。然而，一项复杂科研课题周期可能长达数年甚至数十年，再加上科研工作本身就较为枯燥繁琐，若科学家长期在此类环境中工作，精神压力会更大。因此，除了在工作之余进行运动娱乐活动外，还需要塑造贴近自然的整体景观，以及通过鲜艳活泼的颜色图案对不同的工作环境进行区分。

4. 项目实例

以某项目为例，该项目中央设置了三层餐厅：一层为中餐厅，二层为西餐厅，三层为咖啡厅、简餐厅。餐厅外部通过1～3层的空中连廊与项目五栋主体直接相连，餐厅内部在入口门厅设置了两层的挑高空间，便于人们直观方便地选择不同类型的用餐区（图3-34）。

图3-34 餐厅位置

住宿空间按照硕/博学生、专家、学者等客群进行分类，并依据常住与临时住宿设计了不同的装修风格与房间布置（图3-35）。学生公寓主体风格为年轻简约，专家公寓的风格为稳重亲和，公寓高层还设置了用于公共活动的走道式悬挑空间（图3-36）。该项目将咖啡厅、健身房、阅览室等有机地组合起来，并在L形空间转折处设置了接待休息区，有效衔接两栋建筑，同时将活动区域进行动静分隔。L形转角一侧为健身娱乐以及党建活动室，另一侧为咖啡餐饮区以及阅读书吧区。该布局风格给枯燥的科研工作提供了一些趣味，展现出了环境的多元化，更为不同层级的科研人员提供了茶余饭后的良好生活交互空间。

除了在室内设置若干健身场所外，在室外设置了内部人员专用的篮球场。在屋面交通空间，设计了一条长350m的特色环形跑道串联空间，跑道周围形成休憩花园，绿化区沿着跑道与楼梯形成一条螺旋上升的特色飘带，打造出别具一格的慢跑空间。科研人员可以在感受自然的同时放松身体（图3-37）。

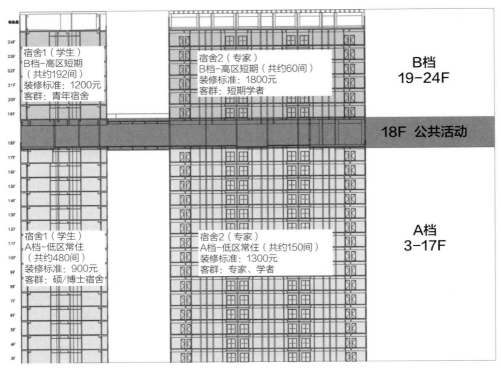

图3-35 宿舍分区示意

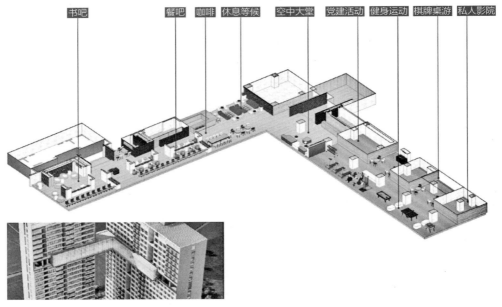

图3-36 走道式悬挑空间——公共连廊

图3-37 项目现场图

该项目的主题是脑科学与合成生物学科学园区，因此整个项目的景观设计从模拟神经网络与DNA螺旋的角度出发，设计了大量由不规则流线形成的立体弧线造型，并将其充分应用在中庭及1～3层的公共连廊中（图3-38）。

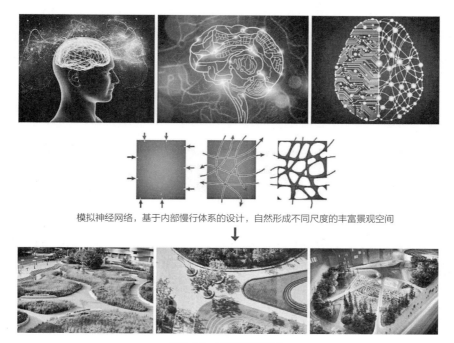

模拟神经网络，基于内部慢行体系的设计，自然形成不同尺度的丰富景观空间

图3-38 项目设计理念

该项目核心实验区采用分层、分块、分区域、分色彩的原则进行布局，如图3-39所示。

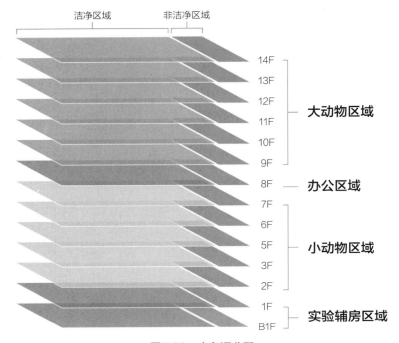

图3-39　主色调分配

在色彩搭配的基础上，园区内部的通道出入口、电梯、走廊等区域设置与颜色搭配的图形。如在电梯间、双开门、单开门区域，依据本楼层的色彩设置插画，不仅起到美化空间的作用，而且可以提高对楼层的记忆。此外，走廊区与门的色彩相互结合，形成了一个有机的整体（图3-40）。

图3-40　墙面走廊色彩（一）

图3-40 墙面走廊色彩（二）

五、科研安全保障空间

很多科研实验涉及辐射射线、细菌病毒感染、爆炸腐蚀等安全隐患，存在一定的危险性。近年来，因实验造成人员伤亡的事件时有发生。科研安全核心在于保护科研人员的安全，为此在实验室项目的设计与建设中，应充分考虑如下五点安全保证措施：物理危害防护措施、化学危害防护措施、生物危害防护措施、危险品级废弃物的储存和处理措施、安全标识。

1. 物理危害防护

科研人员在工作场所所接触的物理因素，包括：超高频辐射、高频电磁场、工频电场、激光辐射（包括紫外线、可见光、红外线、远红外线）、微波辐射、紫外辐射、高温作业、噪声和手传振动等。设计和规划时应对危害类型进行识别，按照相关的规范要求设置防护措施。

2. 化学危害防护

使用强酸、强碱、有化学品烧伤危险的实验室，就近设置应急喷淋器及应急眼睛冲洗器。需进行易挥发气体、有害气体实验的区域应设置通风装置。相关的材料应设置单独的储藏区，并有足够的通风能力。

3. 生物危害防护

生物危害存在于生物安全实验室，主要包括进行微生物实验和动物实验的实验室。应根据实验室所处理对象的生物危害程度进行识别分类，按照规范要求对建筑布局、机电系统等进行专项设计，避免病原体泄漏或交叉感染。

4. 危险品级废弃物的储存和处理

科学园区应设置专门的收集区来储存处理前的实验废弃物，并配置完善的废水、废气、固体废弃物处理装置。

5. 安全标识

实验空间应根据活动类型设置明确、明显、醒目的安全标志，主要包括通用安全标志、消防标志、化学品作业场所安全警示标志、工业管道标志、气瓶标志、设备标志等。对影响结果质量或防止污染、个人防护等有特殊要求的区域，应有进入和使用的控制要求以及标识系统。

第二节　稳定精密的运行系统打造

科学园区打造的主要目的是确保实验室的稳定精密运行。要实现该目标，实验室的建设应从建筑结构布局、稳定供电系统、专用实验室给水排水系统、适配的送排风系统、完备消防系统、减振降噪措施等方面综合考虑。

一、稳定的电力供应系统

1. 电气系统整体概述

科学园区是集科研、展览、办公、生活等功能于一体的大型建筑群，其内部的各类建筑一般属于一类高层民用建筑，功能和结构复杂，对电能供给的稳定性和可靠性有较高的要求，且后期实验室的划分及使用功能往往需要根据需求而变更调整。因此，电气系统的设计既要满足使用方进行科学实验供电的容量及可靠性需求，又要留有一定余量，方便未来使用功能及布局的调整，满足未来发展的需要。

科学园区电气系统一般包括：供配电系统、继电保护系统、照明及检修系统、防雷与接地系统。其中，供配电系统是至关重要的一环。科学园区的用电负荷等级较高。除常用一级负荷外，还有重要实验设备及实验数据中心等一级负荷中的特别重要负荷。此类区域供电可靠性需大于99.9999%。为保证此类区域供电的可靠性，除常用市政电外，一般还需根据实际用电特点及分布，设置以柴油发电机组为主的备用电源。

科学园区的供电系统如图3-41所示。

在园区供电的各个环节上，应采取相应的措施保证科学园区供电的稳定性：

（1）市政供电采取双路供电，并在园区内设置专用开关站；

（2）设置柴油发电机组、UPS、EPS等备用电源；

（3）供配电系统应采取一定的稳定性保证措施，如继电保护、功率因数补偿、谐波治理等。

2. 双路供电

科学园区类项目配电情况复杂，供电可靠性要求高，宜采用双路供电的形式进行供电。双路供电系统中，每个供电区域的电源进线是双路的。电能需从双路

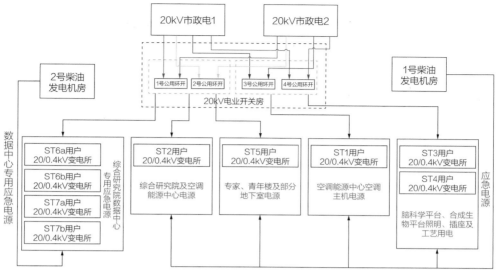

图3-41 供电系统图

供电的双方各取一组，一组为常用，另一组为备用。这种供电方式有利于线路安全稳定地供电，减少线路故障的概率。双路供电的技术要点如下：

（1）计算负荷：双路供电设计时应按照每个回路以100%运行负荷考虑（一级、二级负荷）；

（2）回路之间要设置自动切换装置；

（3）双路电源进线最好不要同路径，防止同时出现故障；

（4）双路电源的零线需处理好，尤其是低压双电源，防止零线出现环流。

3. 柴油发电机组、UPS、EPS

供电级别较高的科研建筑，必须满足以下要求：在正常情况下要能够提供充足的电源，在出现故障时要有足够的备用电源。科学园区实验室一旦出现断电情况，将会导致实验数据出错，甚至造成危害品泄漏，因此科学园区必须设置备用电源，如柴油发电机组，重要区域还需设置UPS（不间断电源）、EPS（应急电源）等。

（1）柴油发电机组

一个完整的柴油发电机组主要包括：柴油发电机组、开关柜、发电机组并机柜、储油设施。柴油发电机组的功率与数量需根据园区的用电量进行选择，且应放置于柴发机房中（图3-42），并在机房周边设置密闭的日用储油间，每个储油间的燃油储量不大于$1m^3$。柴油发电机组日用油箱还应设置通向室外的通气管，并在通气管上设置高出地面4.0m以上的带阻火器呼吸阀。油箱下部应设置厚度约为10cm的细砂，防止油品疏散。

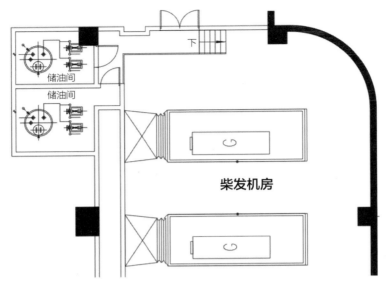

图3-42　某项目柴发机房布置图

储油设施通常设置于室外，其容量需按照发电机组连续满负荷运行12h的耗油量计算。储油设施包括以下三个部分：室外油罐房结构、油泵房、埋地油罐。室外油罐房通常设置于场地周边，埋地油罐房间内需全部填砂，且其上方需预留孔洞用于检修和加油（图3-43）。

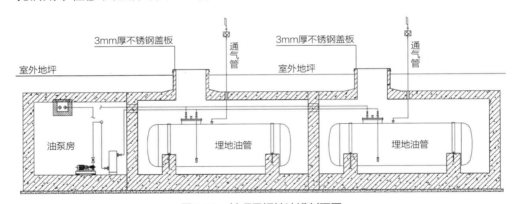

图3-43　某项目埋地油罐剖面图

（2）UPS、EPS

常见的应急电源包括：UPS（Uninterruptible Power System，不间断电源）与EPS（Emergency Power Supply，应急电源）。

UPS是一种含有储能装置，以逆变器为主要组成部分的恒压、恒频的不间断电源。其主要作用是通过UPS系统，对计算机网络系统或其他电力电子设备可靠而不间断地供电，因而整个网络数据不会因断电事故导致数据丢失。

UPS主要应用于：数据中心、园区核心机房、关键实验区等特别重要负荷的地方。

UPS由于其设备结构复杂，自身容易发生故障。采用设备冗余等措施可以提高UPS的可用性。设备冗余的分类主要有：N系统、N＋X并联冗余系统、2N系统。科学园区内的重要区域通常采用2N系统。

UPS型号需根据设备的计算负荷容量进行选择，且其负载率宜控制在0.6～0.8。大型UPS设备需配置UPS输入配电柜和UPS输出配电柜。输入配电柜由主路输入开关和旁路输入开关组成，输出配电柜由输出开关和维修旁路开关组成。UPS系统的运行监控及UPS所在房间的环境监控均应纳入园区的智能化集中监控平台中。UPS所有房间的结构在设计时也应预留足够的均布活荷载，通常在1.5kN/m²左右。

EPS是一种允许短时电源中断的应急电源装置，主要应用于城市中高层建筑中的应急照明、消防疏散等。科学园区内的实验室、饲养间等区域的应急照明持续时间需在90min以上，消防疏散持续时间需在180min以上（图3-44）。

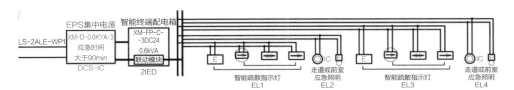

图3-44　典型智能疏散与应急照明末端配电系统图

4. 供配电系统稳定性保证措施

科学园区的供配电流程为：市电→开关站→变电所→用电负荷（图3-45）。

除了从供电源头保证供电稳定外，还应在供电的各个环节设置专项措施。

（1）增设开关站：为保证科学园区的供电稳定，宜设置专项开关站，与园区内的所有变压器相接，对市政供电电源分配控制。

（2）变电所稳定性保证措施：

1）变电所的主接线与低压系统宜采用单母线分段，并设母联开关的方式连接。变电所配合两路市政供电，日常运行时各带50%负荷。当一路故障或检修时，另一路电源不应同时故障或检修，保证正常运行。

2）根据被保护设备或线路的重要程度以及工作状态，选择合适的继电保护方式，如差动保护、过电流保护、速断保护、过负荷保护、单相接地保护、变压器高温报警保护和超高温跳闸保护等。

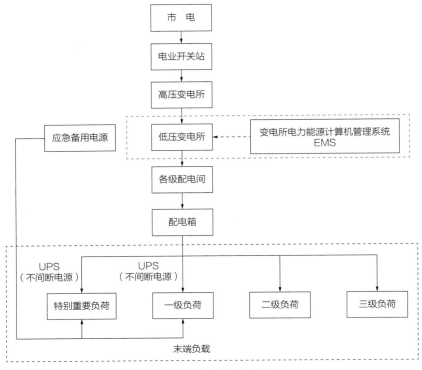

图3-45 低压配电负载图

3）采用更为先进的微机保护装置。微机继电保护的硬件设施是计算机，主要由硬件、软件组成。同时，微机继电保护装置具有自我诊断功能，可对各部分硬件和存放在EPROM中的程序不断进行自动检测，一旦发现异常就会报警。通常只要接通电源后没有报警，就可确认装置是完好的，从而大幅减少运行维护的工作量。

4）设置有效的谐波治理措施。谐波的治理首先应当考虑预防，并控制好谐波产生的源头，使系统中尽量减少产生谐波。因此，在选择设备和构建系统时，应将减少谐波作为一项重要的条件来考虑。对于交流和直流两大类通信电源设备，在其他条件同等或类似的情况下，UPS系统应该优先选择12脉冲或者Delta变换设备，直流系统应优先选择有更好的整流电路和完善的滤波措施的产品。对于既有的低压用户系统而言，由于系统结构已经基本固定，谐波问题只能通过加装电抗器、滤波器等补救措施解决。

（3）针对不同用电负荷采用不同的配电方式（图3-46）。重要设备的低压配电路线，宜采用放射性配电方式；一般设备的配电线路，宜采用放射与树干混合配电方式。所有一、二级负荷均应设置自动切换的双电源末端，以确保供电的可靠性。

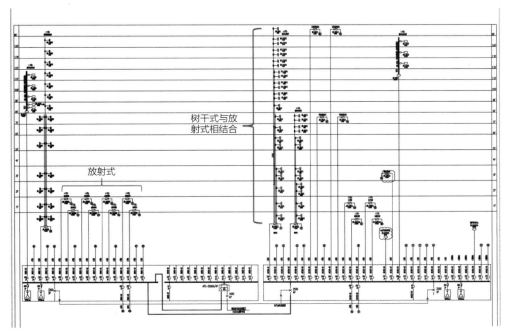

图3-46　不同形式的供电系统

二、精密适配的暖通系统

1. 暖通系统概述

暖通系统是科学园区类项目最为核心的机电系统，因为关键实验室、饲养间的压差、洁净度等控制指标均需通过暖通系统实现（图3-47）。科学园区的暖通系统有如下特点与要求：

（1）稳定运行不间断。所有的实验房间都需要全年全天候不间断运行，一旦空调系统中断运行，将会造成实验数据损坏甚至是危险物泄漏等严重后果。

（2）控制精密度高。不同功能的实验室和饲养间对压差、温湿度、洁净度等均有严格的要求，因此需要配置精密度高的控制设备与阀门。

（3）系统类型多。科学园区项目除了要配置生活办公所需的暖通系统外，还需设置全新风系统、蒸汽系统、废气处理系统等非常规系统，以满足实验的功能需求，因此施工难度更大。

下文将结合科学园区暖通系统的特点与要求，对实验室暖通系统的选择及特殊系统的配置等方面进行介绍。

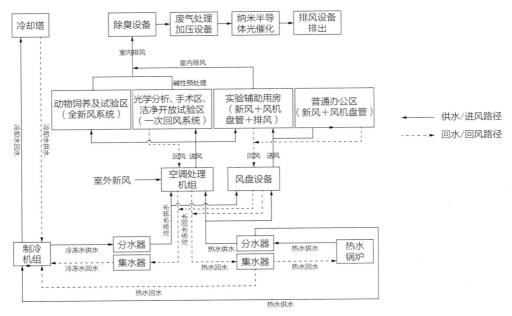

图3-47　暖通系统图

2．空调通风系统

无论是洁净实验室还是动物饲养间，其洁净度、换气次数、正负压等指标的实现都离不开空调系统，且相关指标要求均高于常规项目，同时还有大量通风辅助房间，因此实验室空调通风系统的特点是系统数量多、系统种类多、自控准确度要求高。

实验室区域的通风系统稳定性主要通过以下措施实现：① 根据房间功能选择合适的空调系统形式；② 设置备用空调机组；③ 不方便检修人员进出的区域采用在房间外维修的高效过滤箱；④ 塑造合适的房间内送排风形式。以下针对前述措施进行详细介绍。

（1）空调系统选择

根据使用需求，确定各个功能区域的空调系统形式与气流组织形式（表3-3）。科学园区项目常用的空调系统形式包括全新风系统、一次回风系统、新风＋风机盘管＋排风、新风＋风机盘管等。

各房间空调系统形式和气流组织形式　　　　　　　　　　　　表3-3

房间类型	空调系统形式	气流组织形式
动物饲养及实验区、P2实验室	全新风系统	顶送下排
实验辅助用房	新风＋风机盘管＋排风	顶送顶排
光学分析及手术区、普通洁净实验室、开放实验区	一次回风系统	顶送顶回、顶送下回
普通办公区域	新风＋风机盘管	顶送

科学园区一般区域宜采用一次回风系统与新风＋风机盘管的通风形式，核心实验区宜采用全新风系统。不同风系统的处理流程如图3-48所示。

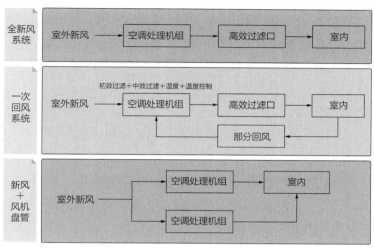

图3-48 不同风系统的处理流程区别

全新风系统是指全部采用室外新鲜空气（新风）的系统。新风经处理后送入室内，消除室内的冷、热负荷后，再排到室外。对于无菌室、动物饲养、高危险性实验室等空气洁净度要求高的区域，除了保证区域内空气质量外，还可以有效地避免因回风系统所引起的交叉感染。

实验室全新风系统的处理流程如下：

1）送风流程：室外新风→初效过滤→中效过滤→送风机→热湿处理→（高效送风箱）→高效送风口→室内。

2）排风流程：室内空气→排风口→中效过滤→排风机→除臭处理→室外。

3）全新风系统的核心处理设备为MAU组合式新风处理机组。其工作原理是：在室外抽取新鲜空气，经除尘、除湿（加湿）、降温（升温）等处理后通过风机送到室内。

通风系统中的过滤分为三个等级：初效过滤、中效过滤和高效过滤。初效过滤是指过滤5μm以上尘埃粒子，中效过滤是指用于过滤1～5μm的尘埃粒子，高效过滤是指滤0.5μm的尘埃粒子。初效过滤器与中效过滤器通常设置于空调机组中，中效过滤器通常用无纺布的袋式过滤器。初效过滤器有板式过滤器和无纺布的袋式过滤器两种。高效过滤器通常设置于送风口中。典型的全新风空调机组常见功能段搭配包括：进风段＋初效段＋风机段＋中效段＋新风预冷/预热盘管段＋表冷段＋再热/制热盘管段＋加湿段＋出风段，如图3-49所示。

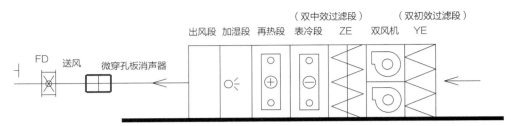

（双中效过滤段）　　（双初效过滤段）

出风段　加湿段　再热段　表冷段　ZE　双风机　YE

FD　送风　微穿孔板消声器

图3-49　典型MAU机组处理流程

（2）备用空调机组

对于空调系统稳定性要求高的房间，为保证空调系统24h不间断运行，空调机组需一备一用。但是一备一用的建造成本大，运营成本高，响应速度慢。因此，对于能耗量巨大的科学园区，可采用双通道空调机组，如图3-50所示。双通道空调机组是将整个系统中需要经常性更换的过滤器段和最易发生故障的风机段集合而成的设备（风机和过滤器一备一用）。当发生风机故障和过滤器堵塞，启动备用进风通道内风机，将故障段隔离出来，相关维护人员可在机组运行状态下对故障段进行故障排除或日常维护。整个维修流程的切换响应速度可控制在1min以内。相比于一备一用的风机设备，其具有建造成本低、运营成本低、响应速度快的优势。此外，将表冷器放在风机正压段，并采用气封装置，通过压力进行排水，可保证水盘内无积水，从而降低细菌滋生的可能性。

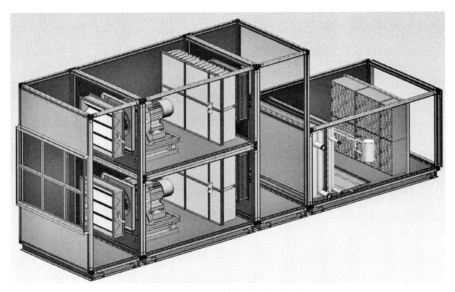

图3-50　双通道空调机组效果图

双通道空气处理机组的工作原理为：机组在运行中如发生风机故障或过滤器堵塞等故障，单片机自控电路将开启备用进风通道前后的止回阀，启动备用进风通道内风机，切断故障段内风机的电源输入，并自动关闭发生故障的送风段前后的止回阀，切断故障进风通道，保证不产生回流泄漏。维护人员及时对故障段进行故障排除后，此段又可作为备用通道。两个通道这样循环更替，以达到不间断运行的目的。图3-51为双通道空气处理机组原理图。

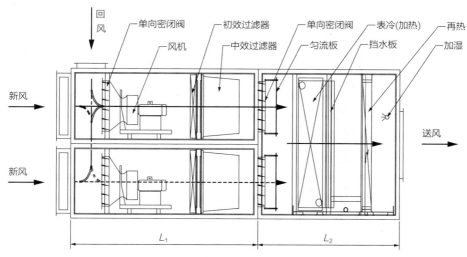

图3-51 双通道空气处理机组原理图

（3）高效过滤送风口

科学园区的实验室和饲养间仅靠空调机组的初效、中效过滤无法满足洁净度和消毒灭菌等要求，因此还需对进入室内的空气进行高效过滤。

实现高效过滤的方式是设置高效过滤送风口（图3-52）。高效过滤送风口主要由高效过滤器和散流板组成。其箱体由优质冷轧钢板制成，表面静电喷塑，具有通用性强、施工简便、投资少的优点，适用于自由出入的洁净空间。

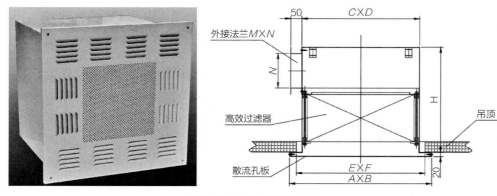

图3-52 高效过滤送风口

在现代科学园区中，通常还存在不宜人员随便进入甚至无法进入的实验室。对于此类房间，若仍采用高效过滤送风口，那么当其发生损坏时，可能出现难以或无法维修的情形，从而对实验研究造成巨大的影响。针对前述情况，可采用高效送风箱＋阻漏式送风口的方式进行高效过滤（图3-53）。该过滤方式是将高效过滤箱设置在机房、管线夹层等部位，可实现在不中断实验的前提下快速更换高效过滤器，同时保证通过实验区域的洁净气流速度在所要求的0.1～0.2m/s内。

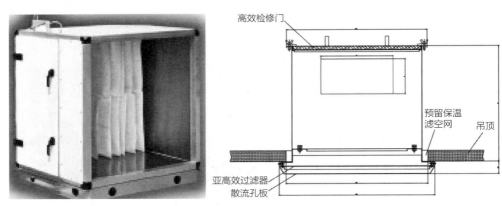

图3-53　高效送风箱

洁净空调系统中高效过滤器的用量一般非常大且更换频繁（大致3～6个月更换一次），因此可采用更为先进的全时运行过滤单元（图3-54）。其具有如下优点：① 开门方式调整为铰链式，避免了钮扣固定，提高更换高效过滤器的工作便利性。② 采用框架＋面板结构。其中，框架采用方钢管作刚性件，并在方钢管外套塑料管作为防冷桥的结构，大大提升整体稳定性。③ 在操作方式上，创新性地改变了传统过滤器的压紧模式，实际操作中只需通过摇动手柄即可压紧或放松高效过滤器。④ 改善了过滤器的更换难度，提高了工作效率。⑤ 可在原有信息显示的基础上增加各类实验室所需的信息模块，如风向、压差等，并提供信息数据接口，有助于实时了解设施设备状态，提高运行效率。

图3-54　全时运行过滤单元

（4）房间内送排风

科学园区内的实验室送排风通常采用顶部散流、下排风的方式（图3-55）。散流器向下送风，射流在起始段不断卷吸周围空气，断面逐渐扩大，当相邻射流搭接后，气流呈向下流动模式。送排风工作区位于向下流动的气流中，其上部是射流混合区。

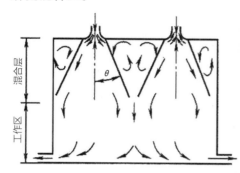
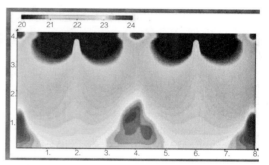

图3-55 顶部散流、下排风房间内气流图

对于使用空间较大的房间，通常在其上方靠近侧墙处布置顶排风口，形成上送风＋两侧下排＋两侧顶排的气流形式，可顺利地排出房间的气味，保证房间内无气流死角，保证人员或实验动物的舒适性。

在空调机组、气流设置的基础上，要想打造良好的实验室空间，还应选择合适的暖通系统阀门。洁净空间的阀门配置原则是"定送变排"。送风系统末端设置定风量阀，保证整个空间的换气次数。房间内的压差通过排风系统末端的变风量阀自动进行调整，以保证整个实验室空间的稳定性。对于精确度要求高、响应速度快的房间设置文丘里阀，而常规的实验室采用机械式定风量阀门即可。

3. 蒸汽系统

蒸汽系统的核心设备是蒸汽锅炉。产生的蒸汽通过管道系统运送至大楼各用气场所，并根据各用气设备的用气压力分别设置解压阀组。

蒸汽锅炉按照其结构可以分为立式单、双回程结构和卧式三回程结构，大型项目应用的大型蒸汽锅炉多为三回程的卧式结构。按照燃料又可以分为电蒸汽锅炉、燃油蒸汽锅炉、燃气蒸汽锅炉等。其中燃气蒸汽锅炉安全性更好，能效利用率高，应用更为广泛，部分项目考虑到其稳定性要求，选择油气两用的蒸汽锅炉。

蒸汽锅炉的工作流程：原料水通过进料泵进入分离器及蒸发器的管程中（二者是连通的），将管程中的原料水加热到蒸发温度，原料水就转变成了蒸汽（图3-56）。此蒸汽在低速及分离器的高度行程中通过重力作用将小液滴分离出去回到原料水中，进行重新蒸发，蒸汽就变成了纯蒸汽，通过一个特殊设计的洁净丝网装置后进入分离器的顶部，通过输出管路纯蒸汽进入各个分配系统及使用点。

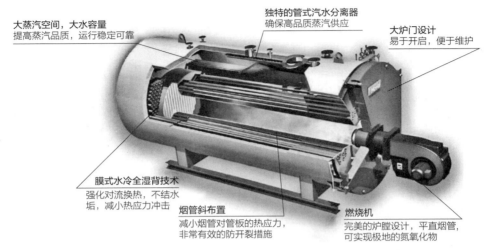

图3-56　蒸汽锅炉原理图

　　蒸汽锅炉的用水需经过软化除氧处理，水质软化内容同实验室工艺给水的软水系统。蒸汽锅炉产生的废水为高温废水，须在排污罐冷却后（40℃以下）再进行污水处理。锅炉产生的高温烟气通过双层预制不锈钢成品烟囱接至屋顶排放。锅炉房所在位置相邻房间应为非人员密集场所，与相邻房间采用防爆墙和现浇楼板隔开。锅炉房上部应设置防爆泄压板，有效面积不小于锅炉房面积的10%。锅炉的烟道上应设置重力防爆门，锅炉房内设有独立机械送排风设施。

　　蒸汽锅炉房是危险设备，需配置完善精密的监控系统（图3-57）：

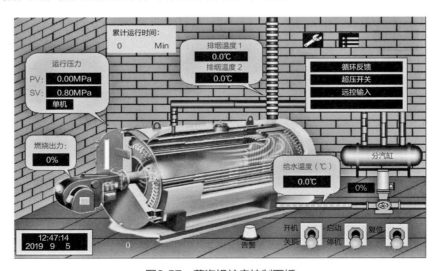

图3-57　蒸汽锅炉房控制面板

（1）对锅炉及配套烟气、蒸汽、供水、燃气等子系统所属的设备的运行参数和运行状态实施监视。

（2）对可能影响锅炉安全运行的各设备超限位状态和故障状态进行及时指示和报警。

（3）对锅炉、软水器、送排风等设备运行状态可进行集中/手动双重控制，对定期排污罐设置温度检测和40℃以下的排污功能。

4. 废气处理系统

实验室工艺的废气排放同废水排放一样需在前期进行环境影响评估，确认其处理装置与排放标准。废气排放除了要参照国家规范标准外，还应充分考虑项目所在地的地方性政策。二氧化硫、二氧化氮、一氧化碳、臭氧、PM10、PM2.5执行《环境空气质量标准》GB 3095—2012二级标准及其2018年修改单要求，TVOC、甲醛、二甲苯、HCl、NH_3、H_2S、甲醇、丙酮参考《环境影响评价技术导则 大气环境》HJ 2.2—2018附录D执行。

实验室工艺的废气类型主要有低沸点药品与易发挥药品产生的有机气体，动物饲养垫料、饲料发酵产生的恶臭气体，硫酸、盐酸、硝酸等酸性试剂产生的酸性废气，废水处理站产生的恶臭气体。实验室的各类废气可通过一体扰流喷淋除臭处理设备进行处理（图3-58）。酸性气体需经过碱液喷淋的预处理装置。

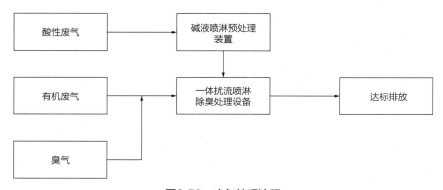

图3-58 废气处理流程

废气处理的原理：

（1）碱液喷淋预处理装置

酸性废气通入碱液喷淋预处理装置后，与含碳酸氢钠或氢氧化钠的喷淋液发生中和反应，生成氯化钠等环境友好型固定盐。通过调整碳酸氢钠或氢氧化钠浓度、调整补水中周期，可达到完全反应，废水中pH达到污水处理站接纳标准。

（2）一体扰流喷淋除臭处理设备

有机废气、中和后的酸性废气和臭气先经过UV光解活性氧预处理，目的是利用主波长为185nm微波紫外灯产生O_3、O_2、OH^-多种活性氧成分与废气充分混合，以提升下一步的催化效率。经过氧化预处理的废气进行纳米半导体光催化，该过程是采用MnO_x-TiO_2复合物作为催化剂，通过溶胶－凝胶法将催化剂附着于钛网，选用主波长254nm的真空紫外灯管作为催化光源。通过真空紫外灯照射MnO_x-TiO_2催化剂产生电子－空穴对，电子与O_2结合产生$O_2\cdot$，空穴与H_2O结合产生$\cdot OH$。上述反应生成的羟基自由基（$\cdot OH$）和超氧离子自由基（$\cdot O_2^-$）具有很强的氧化能力，其中羟基自由基的反应能为402.8MJ/mol，足以破坏无机物、有机物中的C-C、C-H、C-N、C-O、N-H、H-Cl等键，使有机污染物质在$\cdot OH$和$\cdot O_2^-$作用下被完全氧化为CO_2、H_2O。所以能够有效地去除实验室主要污染物如醇、酮、烃、苯、氨、氯化氢等，并有除臭、杀菌的功能。然后利用具有吸附能力的活性炭物质，将废气中的污染物组分浓集在吸附剂表面，使之与空气分开。最后将经过光催化的气体导入设备，通过扰流球的扰动作用形成微涡旋，与向下散布雾化喷淋液充分交融，将废气中的可悬浮颗粒物、光催化分解产物、臭氧、氨、硫化氢等空气污染物由气相转为液相，从而达到净化空气的目的。

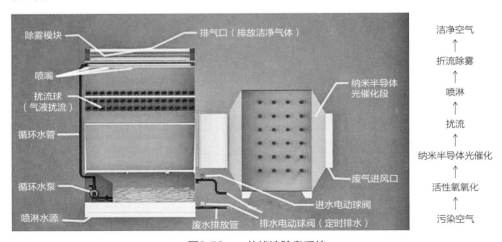

图3-59 一体扰流除臭系统

一体式扰流除臭系统通常设置于屋面，排气通过实验室内排风风机进行收集，收集的恶臭气体由专用管路通至屋顶（图3-59）。对于建筑整体空间体量较大的项目，为了能够全面收集不同区域产生的废气和动物恶臭，降低废气对环境的影响，不同功能区的排风系统宜分开独立设置。废气排放至房间外后，将性质相同的排放废气类型相近且不会发生化学反应的排放口合并在一起集中处理。同时，由于不同区域的实验不在同一时段进行，分区设置废气处理装置和排放口，有利于减轻电力负荷。

三、专用特殊的给水排水系统

1. 给水排水系统概述

科研实验用水与生活用水区别较大，且会产生有一定危害的废水，故科研园区的实验室给水排水系统应与生活区给水排水系统独立设置。实验室给水排水系统主要包括软水系统、纯水系统、自动饮水系统和废水处理系统，其功能与常规的水系统相差较大。某项目脑科学科研园区的排水系统如图3-60所示。

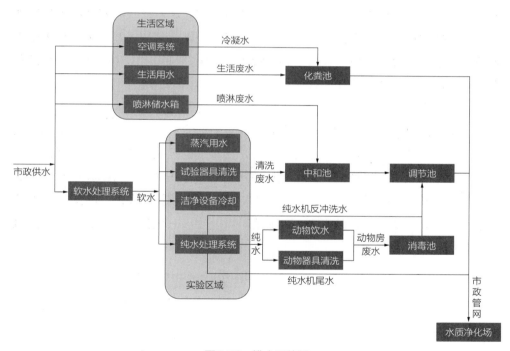

图3-60 排水系统图

2. 实验室给水系统

科研园区常见的水系统包括：软水系统、纯水系统及动物实验区的自动饮水系统，各水系统需依据相应科研功能打造设计（表3-4）。科研用水与生活给水应采用防污隔断阀进行分隔，保证生活给水不被污染，且每层接入实验室的主水管应设置倒流防止器。

水的类型及作用　　　　　　　　　　　　　　　　　表3-4

序号	水类	作用
1	软水	蒸汽用水、实验器具清洗、洁净设备清洗
2	纯水	动物器具清洗、动物饮水水源
3	动物饮水	SPF动物饮水、无菌动物饮水

（1）软水系统

软水指的是不含或含较少可溶性钙、镁化合物的水。在实验室中，软水主要用于实验器具清洗、空调加湿、洁净设备冷却等。软水的评价指标为硬度，其单位为毫升当量每升。软水进水硬度应不大于8mmol/L，出水硬度应小于0.03mmol/L。软水制水量需根据总用水量与最大用水量确定。

软水一般通过全自动软水器进行制作。软水器装置包括多介质过滤器、软化器、精密过滤器、软水箱、再生盐箱以及相应配管系统。软水处理器的工作原理是当含有硬度离子的原水通过交换器内树脂层时，水中的钙、镁离子便与树脂吸附的钠离子发生置换，树脂吸附了钙、镁离子，钠离子进入水中，这样从交换器内流出的水就是去掉了硬度的软化水。

（2）纯水系统

纯水指的是不含杂质的H_2O。从学术角度讲，纯水又名高纯水，是指化学纯度极高的水。纯水机是指水中盐类（主要是溶于水的强电解质）除去或降低到一定程度的净水设备。生产出的纯水电阻率（25℃）一般为1.0～10.0μS/cm，含盐量为1～5mg/L。纯水目前的处理工艺为双级反渗透工艺流程，反渗透装置的脱盐率可稳定90%以上，能有效地去除细菌等微生物、有机物，以及铁锰硅等无机物（图3-61）。

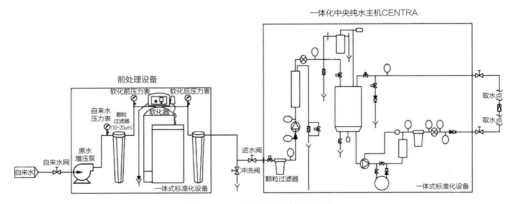

图3-61　双级反渗透处理工艺

纯水的处理工艺流程为：原水箱→原水泵→砂滤器→碳滤器（巴氏消毒）→

软水器→保安过滤器→一级高压泵→一级反渗透→中间水箱→二级高压泵→二级反渗透→纯水箱→EDI增压泵→EDI模块→紫外线杀菌－微滤。

（3）动物饮水系统

动物饮水系统的水供应系统是在纯水制备的基础上（图3-62），经由氯化/复压装置对水进行灭菌并供给至各楼层解压站处，通过解压站内的高压、低压分别调整作用，实现动物饮水及管道冲洗的目的。出水水质要求由过滤设备和加氯消毒设备制取，需保证微生物（如：大肠菌群、菌落总数、霉菌、酵母菌、致病菌如沙门氏、致贺氏、金黄色葡萄球菌等等）未检出，电导率指标10μS/cm，氯含量在（2～3）×10^{-6}范围内。

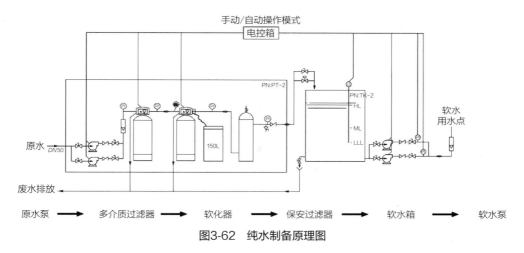

图3-62 纯水制备原理图

根据动物实验的不同要求，动物饮水系统的水质及处理方式存在不同要求，如表3-5所示。

饮水标准 表3-5

序号	项目	标准（水质参数）
1	普通动物饮水	《生活饮用水卫生标准》GB 5749—2022
2	软水	硬度小于0.03mmol/L
3	一级RO产水（作为自动饮水原水）	<15μS/cm
4	自动饮水产水（经复压加氯处理后的出水）	<10μS/cm
5	二级RO产水（无菌动物饮水及实验室纯水）	<10μS/cm
6	一级RO产水＋氯（作为自动饮水原水）	<10μS/cm，余氯量（2～3）×10^{-6}

由表3-5可知，一级RO产水为一级反渗透纯水，可作为动物自动饮水的水源。二级RO产水为二级反渗透纯水，符合SPF级别动物（指机体内无特定的微生

物和寄生虫存在的动物）的饮水标准（图3-63）。一级RO产水＋氯又称无菌水，可作为无菌动物（指不能检出任何活的微生物和寄生虫的动物）的饮水。

图3-63　SPF动物饮用水制备设备

3. 实验室排水系统

科研园区排水系统主要是针对实验室废水排放进行设计的。废水处理应由使用方委托专业公司进行环境影响评估，主要流程包括：根据项目使用需求对运营期间的实验工艺流程进行分析模拟，确定产生废水的类型与部位。废水排放分为直接排放与间接排放两种形式：直接排放是指排污单位直接向环境排放污染物的行为；间接排放是指排污单位向公共污水处理系统排放污水的行为。实验室的废水处理通常为间接排放，因此需先在内部进行废水处理后再向公共污水处理系统排放。

实验室常温废水主要包括实验室及仪器冲洗废水、动物房仪器及动物冲洗废水、纯/软水制备废水、废气处理装置的喷淋废水等。常温废水中的污染因子包括pH、COD_{cr}、BOD_5、SS、氨氮、TP、TN、粪大肠菌群等。污染因子的处理方式主要有MBR膜池、芬顿氧化法预处理和深度处理等（表3-6）。高温废水的处理需先设置不锈钢冷却水箱，之后利用自来水将高温废水冷却至40℃以下，最后再按照常温废水的方法进行处理。

水处理工艺   表3-6

序号	处理工艺	适用废水类型
1	MBR污水处理工艺	两种方式组合处理，处理含硝基苯、COD_{cr}等有机物的废水以及用
2	芬顿氧化法处理工艺	于废水的脱色、除恶臭
3	衰变池	辐射废水

（1）MBR污水处理工艺

目前较为先进的废水处理方式为MBR膜生物反应器。该技术是将传统生物与膜分离技术相结合而成的一种新型高效污水处理工艺，其核心部件是膜组件，可广泛应用于污水处理与污水再生利用工程。MBR膜组器由100~150片标准膜片组成，最终形成标准化系列产品。MBR具有结构紧凑、外形美观、占地面积小、运行费用低、稳定可靠、自动化程度高、操作维护方便等优点。MBR污水处理技术克服了一般中控纤维膜的诸多不足之处，其污水处理量可达1~20000m³/d。

MBR属于集成处理设备，直接放置于对应的MBR膜池中，MBR膜池位置根据项目实际情况选定，通常放置于室外，与化粪池联动处理。MBR膜池为全封闭混凝土结构，内部设置排水沟与集水井，出水口应设置巴氏计量槽，用于排污量的检测计量（图3-64、图3-65）。

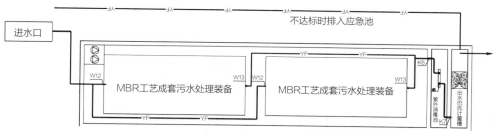

图3-64　MBR设备布置平面图

图3-65　MBR单片与成套处理设备

（2）芬顿氧化法处理工艺

芬顿氧化法是较为传统的污水处理方式。芬顿氧化法可作为污水生化处理前的预处理工艺，也可作为污水生化处理后的深度处理工艺。它的原理是由亚铁离子与过氧化氢组成的体系，也称芬顿试剂，它能生成强氧化性的羟基自由基，在水溶液中与难降解有机物生成有机自由基使之结构破坏，最终氧化分解。

芬顿氧化法废水处理流程主要包括调酸、催化剂混合、氧化反应、中和、固液分离、药剂投配及污泥处理系统。工艺流程如图3-66所示。

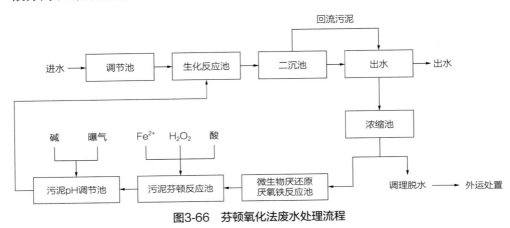

图3-66　芬顿氧化法废水处理流程

（3）辐射废水处理

部分实验室项目的废水中含有微量放射性元素，故需设置衰变池进行处理。衰变池的原理是将放射性废水静置至衰变期后再进行排放，其排放形式分为推流式与间隙式。推流式衰变池长时间使用后会因成渣或者水流线变化等问题导致处理不达标，故目前多采用间歇式衰变池处理辐射废水。

衰变池的常用材料为不锈钢，其体积应根据废水处理量和放射性元素的衰变时间确定。为防止长期使用后沉渣累积影响衰变池容积，废水进入衰变池前宜设置微生物降解槽，并自带铰刀，搅碎不溶解物，杜绝清淤。衰败池所在的衰变间要有充分的防水措施：整个房间的混凝土墙体厚度不宜小于300mm，并设置屏蔽门，且至少上翻30cm；各类防水反坎应不低于10cm。衰变池应设置相应的自控系统以保证使用效果，其处理流程如图3-67所示。

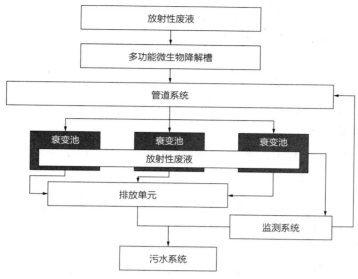

图3-67 衰变池处理流程

四、可靠的消防系统

综合性科学园区不仅聚集了大量高端人才，同时还有大量贵重设备，且许多实验本身涉及动火作业，火灾隐患多，火灾损失大，因此，配置运行可靠的消防系统是重中之重。科学园区的消防安全应从预防、报警、扑灭全过程进行管控，方可保证项目安全运行。

1. 消防系统概述

消防系统主要由三大部分构成：一部分为感应机构，即火灾自动报警系统；另一部分为执行机构，即灭火自动控制系统；还有避难诱导系统（后两部分也可称消防联动系统），主要涉及电气、暖通、给水排水三大专业。

消防设备种类繁多，它们从功能上可分为三大类：第一类是灭火系统，包括各种介质，如液体、气体、干粉以及喷洒装置，是直接用于灭火的；第二类是灭火辅助系统，是用于限制火势、防止灾害扩大的各种设备；第三类是信号指示系统，用于报警并通过灯光与声响来指挥现场人员的各种设备。对应于这些现场消防设备需要有关的消防联动控制装置。科学园区的消防系统通常包含以下内容：

（1）室内消火栓灭火系统的控制装置；

（2）自动喷水灭火系统的控制装置；

（3）卤代烷、二氧化碳等气体灭火系统的控制装置；

（4）电动防火门、防火卷帘等防火区域分割设备的控制装置；

（5）通风、空调、防烟、排烟设备及电动防火阀的控制装置；

（6）电梯的控制装置、断电控制装置；

（7）备用发电控制装置；

（8）火灾事故广播系统及其设备的控制装置；

（9）消防通信系统，火警电铃、火警灯等现场声光报警控制装备；

（10）事故照明装置。

在建筑物消防工程中，消防联动系统可由以上部分或全部控制装置组成，并通过消防联动控制器互相配合。

综上所述，消防系统的主要功能是：自动捕捉火灾探测区域内火灾发生时的烟雾或热气，从而发出声光报警并控制自动灭火系统，同时联动其他设备的输出节点，控制事故照明及疏散标记、事故广播及通信、消防给水和防排烟设施，以实现监测、报警和灭火的自动化。其工作流程如图3-68所示。

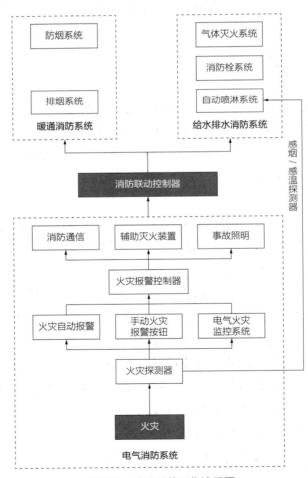

图3-68　消防系统工作流程图

2. 灭火系统配置方案

灭火系统的配置选择主要取决于房间的使用功能以及房间内火灾隐患的来源。科学园区工程易发生的火灾隐患点有：冰箱、高温、加热、高压、高辐射、高速运动等有潜在危险的仪器设备、易燃易爆的危险品、涉及动火作业的实验行为、各类电气起火等。根据《火灾分类》GB/T 4968—2008中的分类标准，按照可燃物的类型和燃烧特性，主要分为A类、B类、C类、E类火灾，如表3-7所示。

火灾分类 表3-7

序号	火灾分类	火灾特点	适用灭火系统
1	A类火灾	A类火灾是指固体物质火灾。这种物质通常具有有机物性质，一般在燃烧时能产生灼热的余烬。实验室存在有大量的易燃医保物品	自动喷水灭火、气体灭火
2	B类火灾	B类火灾是指液体或可熔化的固体物质火灾。例如，汽油、煤油、原油、甲醇、乙醇、沥青、石蜡等物质火灾	气体灭火
3	C类火灾	C类火灾是指气体火灾。例如，煤气、天然气、甲烷、乙烷、氢气、乙烷等气体燃烧或爆炸发生的火灾	气体灭火
4	E类火灾	E类火灾是指带电火灾，即物体带电燃烧的火灾。例如，变压器、电热设备等电气设备以及电线电缆等带电燃烧的火灾	气体灭火

A类固体火灾适用于喷水灭火器及气体灭火；B类液体火灾因水射流冲击油面，会激溅油火，致使火势蔓延，灭火困难，故不适宜采用喷水灭火，宜采用气体灭火；C类气体火灾因灭火器喷出的细小水流对气体火灾作用很小，基本无效，宜采用气体灭火；E类带电火灾遇水宜产生爆炸等二次灾害，宜采用气体灭火。基于以上各类火灾灭火的特点，科学园区灭火系统配置为自动喷水灭火、气体灭火及各类的手提灭火器。依据实验的不同功能需求，适用的灭火系统如表3-8所示。

科学园区灭火系统的选择 表3-8

序号	系统形式	适用范围	应用部位
1	湿式自动喷淋灭火系统	无特殊需求的空间	各类办公场所、走道、辅助用房等房间
2	预作用自动喷淋灭火系统	设备平常状态下不允许有水，但需要用水灭火的房间	公共实验区域、洁净实验空间、动物饲养空间、设备储存房间
3	大空间智能高空水炮系统	适用于高度大于6m的大空间场所	入口门厅区域、公共配套室外连廊区域
4	气体灭火系统	严禁用水的实验室房间	变电所、车库总配电间、UPS机房、中心配电室、回旋加速器设备间、电镜室及其附件室、柴发油箱间、平台中心各MRI/PET室及其设备间数据中心/配电室及UPS电池室、档案库

3. 实验室防火要点

（1）合理规划布局

有火灾及爆炸危险的实验室，应设置在独立的实验楼内，实验楼宜采用单层或低层建筑，并与周边建筑保持足够的防火间距。实验楼内实验室的布置，应按照"危险优于一般，有机优于无机"的原则进行布局，保证当某一实验室发生紧急事故时能够尽量减少或免除对四周或上、下层实验室的影响，实现人员的安全疏散与对事故范围的迅速而有效的控制。

（2）专用设施的配置

电源：实验室的照明电源与实验设备电源必须分开，并配备总、分电源开关。

设备通风：实验室要求新风必须全部来自室外，然后全部排出室外，化学通风柜的排气不得在室内进行空气循环。通风柜不能作为唯一的室内排风设施，局部可能产生危险物质的仪器上方还应该设置排气罩进行局部排风。

实验柜设置：实验室中应设置小型储藏柜，放置短时期内需使用的化学试剂。化学试剂存放主要遵循以下原则：① 活泼金属与酸分开；② 强氧化剂与还原剂分开；③ 固体与液体分开；④ 易挥发物质密封存放；⑤ 酸与碱分开；⑥ 特殊化学品特殊放置。

管线设计：根据实验需要，实验室需要敷设水、电、煤气、压缩空气等管道。管道材料应具备一定的化学稳定性，管线之间应保持一定的间隔。不同类型管线应有明确标识，控制电、煤气、压缩空气、过热蒸汽等线路或管道的安全总闸，应设在实验室的外面。

（3）灭火系统配置到位

根据上述的功能需求，在各区域配置不同的灭火设施及防毒面具、防火衣等消防应急物资，并有效地联动消防报警系统与应急疏散系统。

4. 各类灭火系统的特点

（1）自动喷水灭火系统

自动喷水灭火系统是最常见的灭火系统，由洒水喷头、报警阀组、水流报警装置（水流指示器或压力开关）等组件，以及管道、供水设施组成，并能在发生火灾时自动喷淋，其原理如图3-69所示。一旦发生火灾，自动灭火系统按照预设的动作喷水。

自动喷水灭火系统类型分为湿式、干式、预作用，科学园区放置重要设备或洁净实验室、饲养空间宜设置预作用喷淋系统，防止因为漏水或误操作影响设备稳定或实验成果，办公室及辅助间等部位设置湿式系统即可。干式自动喷水灭火系统反应较慢，且管理较为复杂，不适用于科学园区。

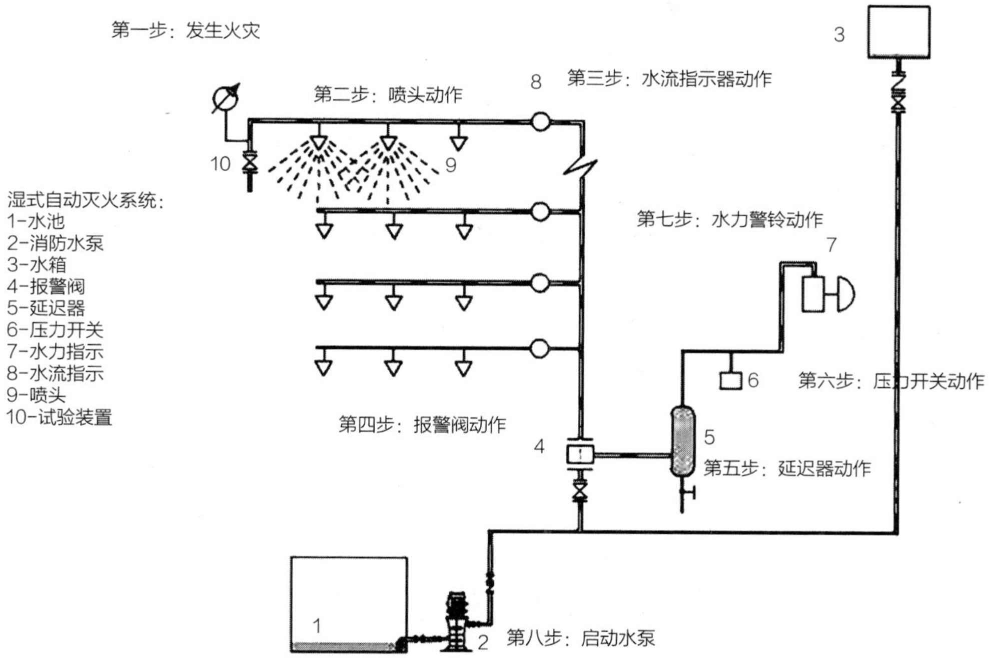

第一步：发生火灾

第二步：喷头动作

第三步：水流指示器动作

湿式自动灭火系统：
1-水池
2-消防水泵
3-水箱
4-报警阀
5-延迟器
6-压力开关
7-水力指示
8-水流指示
9-喷头
10-试验装置

第七步：水力警铃动作

第六步：压力开关动作

第五步：延迟器动作

第四步：报警阀动作

第八步：启动水泵

图3-69 自动喷淋原理图

（2）大空间智能高空水炮系统

大空间智能灭火装置包括大空间自动扫描定位喷水灭火装置和自动喷水灭火系列装置。大空间自动扫描定位喷水灭火装置是集自动和喷水灭火于一体的灭火产品，包括吸顶式、中悬式（炮）、速喷式自动扫描定位喷水灭火装置；自动喷水灭火装置是离心式喷水灭火装置，由离心式喷头和外置传感器组成。

大空间智能高空水炮适用范围：适用于高度大于6m的大空间场所，工厂、物流中心、购物中心、展览厅、体育馆、写字楼、礼堂等人流密集且起火后扑救人员难以进入和撤离的场所。对于科学园区主要应用于门厅、室外平台、开放展厅等部位。

（3）气体灭火

气体灭火系统是以气体为灭火介质的灭火系统，整套系统由灭火剂储存瓶组、液体单向阀、集流管、选择阀、压力信号器、管网、喷嘴、阀驱动装置组成。

科研类项目气体灭火系统设置的主要场所包括所有数据中心、档案室、变电所、高低压配电室、电话通信机房及重要设备机房。灭火系统应具有自动、手动和机械应急三种启动方式。且设置气体灭火的区域应设安全通道和出口以保证现场人员在30s内撤离防护区，防止灭火气体造成人员窒息。

气体灭火系统的工作原理是在发生火灾后，火灾探测器将火警信号输送到报警控制器，鉴定确认后，启动报警装置，声光报警，灭火控制盘动作，启动开口关闭装置、通风机等联动设备，延时启动阀驱动装置，将灭火剂储存装置和选择阀同时打开，将灭火剂施放到防护区进行灭火，灭火剂施放时压力信号器给出信号发出灭火剂施放的声光报警。

科学园区宜采用氮气灭火系统（IG100）。相比于其他灭火系统，其具有卓越、高效、环保、安全及长期稳定使用的优点，采用单一充装气源的可靠性技术，彻底避免了混合气体充装生产的风险，能够使用高效储存压力技术，大大增加了系统输送的距离，IG100系统的制造成本不断降低，在国家重点工程广泛应用和发展（图3-70）。

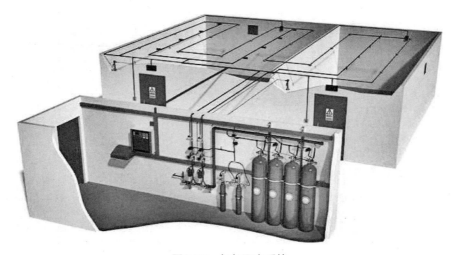

图3-70　氮气灭火系统

工作原理：降低氧浓度（低于15%），以实现不支持燃烧的灭火。其灭火机理是稀释燃烧区域内的氧气，达到窒息灭火的目的。IG100与空气的比例为0.97，使其在保护区释放后保持恒定的灭火浓度，从而保证灭火效果，有效防止复燃。

5. 项目实例

某科学园区项目根据项目特点，按照区域划分与功能需求采用了湿式自动喷水灭火系统、预作用自动喷水灭火系统、大空间智能高空水炮灭火系统、气体灭火系统、火灾自动报警系统。火灾自动报警系统设置了火灾探测器、手动火灾报警按钮、感烟/感温火灾探测器、火灾声光警报器、消防应急广播、消防专用电话、消防监控室图形显示装置、火灾报警控制器、消防联动控制器等。

（1）消防水池配置

按照现行消防设计规范，室内设置室内消火栓系统、自动喷淋灭火系统、气体灭火系统，并配置灭火器。在地下室消防泵房设置1232t的消防水池，水池分为两座，贮存全部室内外消防用水。除此之外，在楼顶设置了辅助的36t高位消防水。

（2）自动喷水灭火系统

整个消防水系统为临时高压系统，地下室消防泵房内设喷淋泵两台，一用一备，由消防水池加压供喷淋用水。屋顶消防水箱间设置喷淋系统稳压泵一组，地下室、办公区及宿舍区报警阀均设置于地下室消防泵房或报警阀间，实验楼层报警阀均设置于各楼层。

实验楼层的动物房、实验室区域、净区域均采用预作用系统，其余系统均为湿式系统。每个防火分区或每层设信号阀及水流指示器，报警阀每组控制喷头数不大于800只。

（3）大空间智能高空水炮灭火系统

项目各入口大厅、室外平台设置大空间智能高空水炮系统。小型消防炮均需相应配置红外线探测组件、电磁阀、水流指示器、信号阀和相应控制系统设备。该系统与自动喷水灭火系统合用一组消防泵，并与喷淋系统在报警阀前分开。

（4）气体灭火系统

所有数据中心、档案室、变电所、高低压配电室、电话通信机房及重要设备机房均采用IG100灭火系统。喷射时间小于60s，储存压力20MPa，设计浓度40.3%，储存装置安放环境温度0～50℃。具有自动、手动和机械应急三种启动方式。

（5）火灾自动报警系统

火灾报警及消防联动系统整体采用集中报警方式。消防联动是对于由各类火灾报警探测器提供的报警信号，原则上采取"一点报警，两点联动"的模式运行，避免因误报警导致的系统频繁误动作。对于手报、消火栓报警按钮等需人为主动触发的报警信号，单点报警后即应联动各消防设施，加快系统响应。

消防监控中心有下列设备：消防系统主机（工作站）、火灾视频显示屏（CRT）、火灾自动报警系统总控制屏、消防联动控制盘、消防专用电话主机、火灾紧急广播主机、应急电源配电盘和UPS电源、消防系统运行记录打印机等。消防监控中心可以监视所有24V消防电源设备的状态。另外，消防监控中心内设置一部直拨消防单位的外线电话，并同时提供与消防电话插孔匹配的手提电话。

第三节 科研建筑节能环保技术

随着时代的发展和全球性市场竞争的日益激烈，以科研为主的研究型实验室需求越来越大。各个行业在能源使用方面的差异显著，作为研究型实验室，能源消耗远高于普通教学活动所需的能源消耗。以哈佛大学为例，实验室占校园面积的20%，却占到了全校能源消耗的44%。正因如此，哈佛大学专门研究了实验室条件下的节能，提出了保持实验室通风橱尽量闭合、空闲熄灯、冰箱经常除霜等节能措施来实现节能减排，并设立专门网站，公开推广。因此，节能也是实验室建筑的重要指标。

为保证实验室内环境的温度和湿度，需要配备大量密封和排气装置及产生热量的设备，这对放置实验室设备的房间具有很高的通风要求，且因实验室的特殊性，设备需要24h不间断地运行，部分不可替代的实验要求设置自动防故障备用系统和不间断电源供应（UPS）或紧急电源。

只有把各种节能措施与经济效益结合起来，才能提高能源利用效率、节约物质消耗、节省人力资源、提高机器设备使用效率。实验室的节能措施主要从建筑节能、机电节能和特殊节能系统三方面入手（图3-71）。

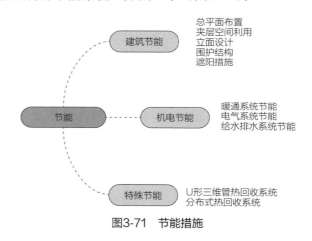

图3-71 节能措施

一、建筑节能

从建筑节能的角度来看，节能措施主要包括几个方面：总平面布置、夹层空间利用、立面设计、围护结构遮阳措施等。某工程位于广东省深圳市，总建筑面积为231212m²，主要有理化、微生物、BSL2、动物房等实验室。这些实验用房包含了许多排气装置和发热设备，需24h使用，是典型的研究型实验室。实验室建筑节能需结合气候环境及实验建筑的特点考虑。

1. 总平面布置

由于经费和区域空间的限制，一般的实验室独立建筑设计并不广泛，绝大多数实验室建筑依附于教学楼、办公楼、仓储库房，有的甚至紧邻居民小区，这些因素将会阻碍实验室建筑设计的节能理念。但某工程实验室独立设计，采用矩形的实验楼和综合楼布置，体块组合简洁庄重，建筑体块的布局和组合，可在宏观上取得良好日照和通风效果，结合基地环境，属于夏热冬暖地区的南区，可减小体形系数实现能耗的降低。

2. 夹层空间利用

实验室种类较多，均需配置大量安全等级度较高的工艺型空调通风系统，若按实验室、空调设备间（以下简称"设备间"）传统设计，设备间与实验室毗邻布置，将导致每层的实验室空间被设备间占用，不利于实验室功能区块的布局及远期的灵活改造。某工程在实验楼四层、五层的实验室上部设置夹层空间，基本上用来容纳为上下两层服务的空调设备。这种夹层设计，送排风管道设计短而流畅，避免冗余交叉，有利于降低层高、节约成本。管线输送距离短，可有效减少系统输送中的能量损耗，有利于节能。

3. 立面设计

实现建筑节能的有效途径选用热工性能好的外窗，某工程实验楼立面设有大面积可开启外窗，有利于采光和自然通风，外窗材质为断热型铝合金中空低辐射玻璃，热工性能良好，有效降低建筑能耗。

根据《公共建筑节能设计标准》GB 50189—2015的要求，甲类公共建筑外窗应设开启窗扇，其有效通风换气面积不宜小于所在房间外墙面积的10%。当透光幕墙受条件限制无法设置可开启窗扇时，应设置通风换气装置。某工程通过开启窗户扇与通风换气装置有效结合，满足实验室通风条件的同时，有效降低建筑能耗，实现建筑节能（图3-72）。

4. 围护结构

实验室围护结构根据不同部位选用保温材料，在满足保温、隔热、防火、防潮、少产尘等要求的前提下，采用导热系数小的建筑材料，实现建筑保温，减少能耗，有利于建筑的节能。

（1）屋面采用正置式保温，保温材料采用50mm厚挤塑聚苯板（XPS），传热系数为0.64W/（m^2·K）。

（2）外墙：填充墙采用蒸压加气混凝土砌块（B07），外保温系统，保温材料采用40mm岩棉板，外墙平均传热系数为0.64W/（m^2·K）。

图3-72　立面开启扇

（3）底面接触室外空气的架空和外挑楼板：采用板下保温，保温材料为40mm玻璃棉无机纤维喷涂，传热系数为1.08W/（m²·K）。

（4）外窗（含透明幕墙）：断热铝型材（6Low-E＋12A＋6透明）中空玻璃，玻璃幕墙采用中空夹胶玻璃。外窗和玻璃幕墙整窗传热系数为2.50W/（m²·K），太阳得热系数为0.39。

（5）屋顶透明部分：断热铝型材（6Low-E＋12A＋6透明）中空夹胶玻璃，传热系数为2.50W/（m²·K），太阳得热系数为0.39。

（6）热桥部位处理：采用外墙外保温，保温层贴至女儿墙顶。

（7）中庭顶部局部设有透明采光顶，采光顶玻璃面积小于屋顶总面积的20%，并排风系统，解决夏季通风降温，在满足实验室大厅参观需求的同时，满足通风、舒适性要求。

5. 遮阳措施

实验室可以通过错层形成的架空板作为下一层外窗/玻璃幕墙的水平固定遮阳，满足外遮阳的要求，优化建筑外观效果，降低建筑能耗，有利于实验室的节能。

二、机电节能

1. 暖通系统节能

科学园区对温度、湿度、压力梯度等指标的控制要求高。而上述指标的稳定性主要依靠暖通系统来实现，因此，暖通系统节能是实现实验室有效节能的重要途径之一。暖通系统节能主要从冷热源选择、系统节能、风机和水泵设备选型、风管与水管保温措施、过渡季节节能等方面实现。

（1）冷热源选择

根据实验室建筑规模、使用功能、使用时间和建筑物的性质，应配以不同的基本冷热源方案，以达到能源消耗基本与实验室运行使用匹配的目的，从而实现节能。

冷热源的选择还应以当地的能源政策及政府节能导向为准则，灵活处理。目前，越来越多的科学实验室对冷热的特殊性需求也在上升。有些实验房间常年需供冷，而有些实验房间对于温湿度有严格的控制要求，供冷的同时还需提供再热。带有冷凝热回收的小型风冷冷热水机组、空气源单元式机组、水源热泵机组均可以同时供冷供热，可大大降低运行能耗。

以某项目为例，该工程共设置三套能源系统，分别供给一期、二期以及数据中心区域，其中二期实验室冷热源采用热回收型冷水机组，回收冷凝热提供动物房区域夏季再热，采用4台制冷量为2200RT的变频离心机组以及3台制冷量为380RT的热回收螺杆式冷水机组为空调系统冷源，螺杆式热回收机组同时兼作实验室区域夏季再热热源；采用4台额定供热量为3500kW的真空热水锅炉为空调系统热源，考虑实验室工艺需求，设置3台额定蒸发量为3t/h的蒸汽设备，提供冬季空调加湿以及工艺蒸汽需求。冷水机组在标准工况下的COP及综合部分负荷性能系数满足公共建筑节能规范的要求（图3-73）。

图3-73 冷水机组

（2）系统节能

1）对全空气空调系统，均采用变频调速电机，实现了全新风运行或可调新风比。同时对所有门厅、休息厅、会议室等人员变化频繁的区域采用CO_2浓度传感器，供冷、供热期间，在确保室内卫生达标的前提下，减少新风量，有效地调节新风比，节省了处理室外新风的能耗。

2）采用风机盘管或变冷媒空调系统加新风系统时，新风直接送入各空调区域，减少处理流程。

3）公共服务区域采用热回收型新风机组，利用排风能量来预冷、预热新风。

综上所述，采用合适的空气空调系统、热回收型新风机组等系统，是新风系统减少能耗、实现节能的有效途径之一。

（3）风机和水泵设备选型

适当的设计标准有助于从源头上减少实验室空调能耗，避免空调设备选型过大造成运行浪费。选择空调、通风系统的风机时，计算其单位风量耗功率，从而确定所选空调风机的单位风量耗功率、新风机组风机的单位风量耗功率、通风风机的单位风量耗功率，实现设备的最大利用率，减少设备运行产生的能耗。

1）空调水系统可适当增大空调冷冻水供、回水温度与空调热水供、回水温度的温差，减少了水系统流量，减少了水泵的输送动力，有利于节能。

2）地下停车库根据各排风兼排烟风机服务区域内的CO浓度进行相关风机的启停和风量调节控制，同区域的补风机联动启停或调节风量，从而减少使用设备、减少能耗。

（4）风管、水管保温措施

空调风管保温采用不燃A级的铝箔离心玻璃棉板材，厚度取30～50mm。冷热水管及冷凝水管均采用难燃B1级橡塑保温材料保温，冷热水管的保温层厚度为25～50mm，冷凝水管的保温层厚度为20mm。采用合适的保温材料，是实现暖通系统节能要求的有效措施（图3-74）。

（5）过渡季节节能

重要实验室的净化空调的运行特点是全年365d不间断运行，一般采用全新风系统，办公、会议等房间采用风机盘管加新风系统，新风机组分层设置，过渡季节可通过开窗通风降低空调系统能耗。入口门厅、多功能厅、餐厅等大空间宜采用低速全空气空调系统，全空气系统中新风比可调，过渡季最大新风量可达50%以上，排风系统风机风量与新风量对应控制，从而实现在过渡季可以全新风运行，达到节约运行能耗的目的。

图3-74　风管保温

2. 电气系统节能

在电力消耗方面，实验室耗电量显著，以南京大学化工学院为例，合成型实验室半年耗电量普遍为2万～3万kWh，因此，电气系统节能也是实验室机电节能的一大板块。科研建筑的电气系统节能措施如下：

（1）供配电系统选择

变配电所应尽量靠近负荷中心，以缩短配电半径和减少线路损耗。

合理选择变压器的容量和台数，以适应由于季节性造成的负荷变化时能够灵活投切变压器，实现经济运行，减少由于轻载运行造成的不必要电能损耗。

合理配置电力电缆。根据负荷容量、供电距离及分布、用电设备特点等因素合理设计供配电系统，达到简单可靠、操作方便的设计目标。

（2）设备、灯具的选用

实验室照明部分的节能措施，在满足照度、色温、显色指数等相关技术参数要求的前提下，做到选用高效光源、选用高效灯具、选用合理的照明方案、优化照明控制方式。首先，选用节能型变压器、节能型电动机。其次，照明用电为建筑物用电量的20%～40%，降低照明用电尤为重要，其主要途径包括：发展高效光源、采用高效灯具、改进照明控制。目前荧光类高效节能灯已广泛普及，国外普遍看好的发展方向是LED光源。它比目前的节能灯效率更高，发光光谱可大范围选择。

（3）其他节能措施

变压器低压侧可设置成套静电电容器自动补偿装置，使20kV高压侧功率因数提高到0.9以上。

对用电量大、功率因数低的用电设备设置就地无功功率自动补偿装置，以降低无功损耗，提高电力质量，减小导线截面积。

为减小高次谐波对补偿电容的影响，提高供电质量，延长电容使用寿命，补偿电容采用串联消谐电抗器方案。大功率水泵设置变频软启动、生活泵，部分空调机组设置变频控制系统，以节约能源。

对于易产生大量谐波的场所，如UPS主机，就近设置滤波器，减少能耗，提高电力质量。水泵、风机等设备采取群组控制、BA控制等节电措施。

电缆桥架均采用有孔型桥架，提高电缆散热能力，减少电能损耗。为降低高次谐波对补偿电容的影响，提高供电质量，延长电容使用寿命，补偿电容采用串联消谐电抗器方案。

3. 给水排水系统节能

给水排水系统节能主要体现在节水方面，节水的措施包括设置雨水回收系统与给水排水系统的节水措施。

1）雨水回收系统

目前较为常见的雨水回收系统为PP模块雨水收集系统，与室外的雨水系统相连进行初步过滤后应用于绿化浇洒、道路冲洗等（图3-75、图3-76）。

2）供水节水

采用分区给水，室内给水低区利用市政供水管网直接供给。选用管径时，按经济流速选取，尽量减少管道的阻力损失。不同用水单位均设置水表计量，做到节约用水。

3）材料选择

管材、管件应符合国家现行产品标准的要求。管道敷设应采取严密防漏措施，降低管道漏水风险。选用光滑、阻力小的给水管材，减小管道阻力损失和水泵扬程。

在部分卫生间入口或用水点采取设减压孔板或节流塞等减压措施，控制用水点的压力。卫生洁具给水及排水五金配件应采用与卫生洁具配套的节水型，并须符合技术参数要求。低水箱坐式大便器采用3L/5L两档式冲洗水箱；洗手盆采用感应式水嘴，洗手龙头采用节水型，正常压力下出水量不大于6.0L/min；蹲式大便器采用自闭式冲洗阀。洗脸盆、洗手盆、洗涤池（盆）采用陶瓷片等密封耐用、性能优良的水嘴等节水设施，是实现给水排水系统节能的有效方式之一。

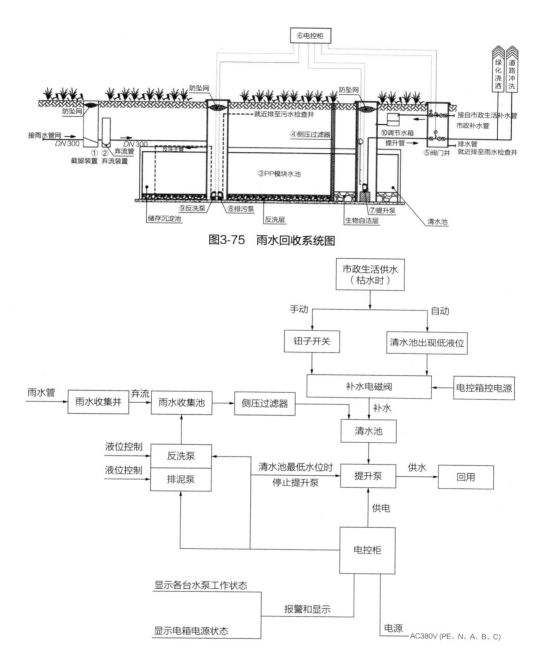

图3-75 雨水回收系统图

图3-76 雨水回收系统控制原理图

三、特殊节能

1. U形三维管热回收系统

项目交付使用后,动物房采用的是24h连续不间断的工作模式,对于全新风组合空调机组来说，运行费用比较高。分区控制可使得每套动物环境区域独立完成开启和关闭，减轻能耗的损失，同时通过在动物区域全新风空调机组（MAU）表冷器前设置的U形三维热管对热量进一步回收利用。

空调机组工作时，要先对空气进行过冷降温和除湿，除湿后通过蒸汽加热的方式，将送风温度再提高送入实验动物用房。在保证实验动物用房内的温度和湿度要求的前提下，空调系统的运行能耗非常大，还有很大的节能空间。

工作原理（相变传热原理）：节能器由蒸发段、绝热器、冷凝段三部分组成，其结构图如图3-77、图3-78所示。当节能器的一端受热后，管内的液体工质吸收热量汽化，在管道内部形成压差，从而使气态工质流向节能器的另一端，将热量从高温段（蒸发段）输送至低温段（冷凝段）。当气态工质到低温段时，将热量释放，成为液态工质，液态工质在管内毛细力的作用下，再次返回高温段，再次吸收热量变为气态工质。如此反复循环，利用节能器两端的温差，将热量从高温段输送至低温段。

为了降低除湿过程中的过冷和再热的能耗，节能器设置成U形结构，夹在表冷器前后，利用节能器的相变传热，可以对冷量进行自动分配，有效地解决了冷热抵消的问题，从而降低了空调机组的制冷能耗和再热能耗。

由于空调机组工作时，表冷器前后的空气存在一定的温差，利用节能器热超导的热性，热量由制冷器的预冷段转移至节能器的再热段。空气经过节能器的预冷段后，起到初步的制冷降温效果，再经过表冷器的过冷除湿。过冷后的空气经过节能器的再热段，温度升高、相对湿度降低。节能器的预冷和再热段完全没有能量的损耗，通过降低空调机组的制冷量、减少或取代再加热损耗，从而降低整个空调系统的能耗。

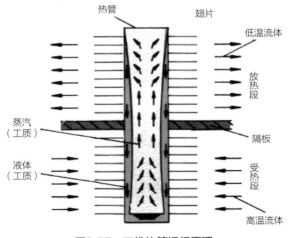

图3-77 三维热管运行原理

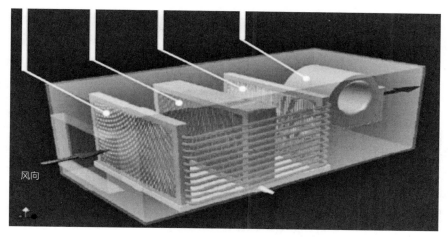

图3-78 三维热管示意图

手术室辅房用高效风口采用超高效率、超低阻力的过滤器，初阻力≤100Pa，终阻力≤250Pa；过滤器的滤纸采用均匀的纤维分布，纤维的直径和孔径更小，从而降低过滤阻力，提高过滤的性能，降低风机的能耗。

2. 分布式热回收系统

在动物饲养区及实验区，通常需要保持恒温恒湿空间，因此对饲养区与实验区的空调设备系统提出了一定的挑战。由于空调系统的能源消耗较大，如果将达到送风温湿度要求的风量直接排放，则会造成能源的大量浪费。为了减少能源浪费、响应国家的节能减排政策以及"双碳"目标，一方面可以考虑将空调设备的使用效率提高，另一方面可以考虑对空调废热和余热具有的回收潜力进行充分地发掘并适当利用。

以深圳市某工程为例，为了实现对室内温湿度的稳定、精确控制，该工程项目3～7层小白鼠饲养及实验区的空调送风与排风设置了分布式空气能量热回收系统。在空调机组冷盘管前后分别设置热回收预处理盘管与热回收再热盘管，吸收室外空气的热能作为热源，在排风处设置热回收盘管，对室内排风的能量进行回收再利用，不足的热量协同热水系统进行补充，其原理图如图3-79所示。

该空调系统可实现以下功能：① 夏季回收房间排风的冷量及再热过程消耗的冷量，用以预冷新风；② 利用室外空气的热能作为空调再热的热源；③ 冬季回收排风的热量作为空调加热的补充；④ 实施主动热回收的同时还提供稳定的温湿度控制（图3-80）。

该工程项目的分布式空气能量热回收系统与其他热回收系统相比，具有以下优势：① 可同时实现显热与潜热的回收；② 热回收时新风与排风完全无接触，无交叉污染风险；③ 可实现送、排风机之间多对多的群控热回收；根据使用端和供应端负荷变化，灵活分配热媒的比例，平衡送、排风机单机工况变化对热回收效率的影响；④ 可实现主动、精密的温湿度控制，且能源回收率可达70%～90%，节能减排效果更佳；⑤ 不增加额外排管面积，提高机房空间利用率。具体对比见表3-9。

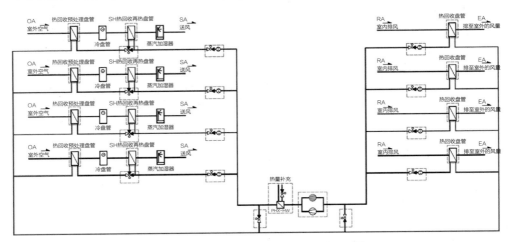

图3-79 分布式空气能量热回收系统原理图

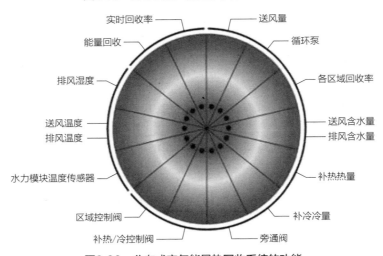

图3-80 分布式空气能量热回收系统的功能

不同热回收方式的对比 表3-9

主要热回收类型	转轮式热回收	板式热回收	热管式热回收	溶液除湿热回收	被动式乙二醇热回收	分布式空气能量热回收系统
产地	国产、进口	国产、进口	国产、进口	国产、进口	国产、进口	进口
显热回收	√	√	√	×	√	√

主要热回收类型	转轮式热回收	板式热回收	热管式热回收	溶液除湿热回收	被动式乙二醇热回收	分布式空气能量热回收系统
潜热回收	√	×	×	√	×	√
送排风接触	接触	不接触	不接触	间接接触	不接触	不接触
额外功能段	转轮段	板交段	热管段	溶液段＋再生段	乙二醇盘管段	不增加额外排管面积
额外风阻	√	√	√	√	√	无
送排风机布置	排风机需放在送风机上端	排风机需放在送风机上端	送排风机需就近放置，以便重力回流	可分散布置	可分散布置	可分散布置
出风参数主动精确控制	×	×	×	×	×	√
群控	×	×	×	×	×	√
是否适用本项目	不适用。送排风互相接触，存在交叉污染风险，不适合动物房项目	不适用。本项目送排风机组无法同楼层布置	不适用。效率低，且本项目送排风机组无法同楼层布置	不适用。溶液对实验动物可能产生不良影响，存在争议。温湿度无法独立调节。机组相当庞大，无法布置	不适用。无法回收潜热，效率低，无法实现群控，适用于寒冷地区	适用

第四章

基于脑科学研究的
动物精密生存空间打造技术

对于脑科学研究，其实验对象通常采用猴、猪、犬、兔、鼠等动物。由于猴、猪、犬、兔等动物的体型相对于鼠的体型较大，故将此类动物称为大动物，而将鼠称为小动物。脑科学实验动物所需的生存空间，相比于其他类型的建筑空间，具有个性化、精密化的要求。若不能提供与之相适应的实验动物生存环境，那么可能会导致实验动物大脑发育异常、生理功能障碍以及行为障碍，有悖于动物福利与科学性。因此，需要配备相关设施及基本环境，避免此类情况发生。基于特定要求的动物生存环境打造可以保证实验动物的品质，从而保证整个科学实验研究的有效性与可靠性，提高科研质量，推进与人和动物相关的脑科学关键研究。

实验动物生存空间的特定要求通常包括温湿度、洁净环境、消毒灭菌、采光照明、隔声减振、饲养方式和福利等。本章重点围绕脑科学实验动物的生存空间详细要求进行阐述，并通过工程实例分析如何打造相应的生存空间，以保证实验动物的生存和福利，从而保证科学实验的质量。

第一节　总体要求

脑科学实验动物几乎终身被限制在一个极其有限的环境范围内生活，这种环境就成了实验动物赖以生存的条件。环境因素的好坏直接影响实验动物的质量，可以说没有环境控制就没有好的动物实验。因此，脑科学实验动物生存空间环境的塑造至关重要。实验动物生存空间环境一般分为普通环境、屏障环境和隔离环境。普通环境是一种开放环境设施，是对人、物、空气等进出房间均不施行消除污染的系统；屏障环境是指在污染区和清洁区之间设有严格的屏障，即饲育环境是密闭的，通过屏蔽装置与外界相通；隔离环境是指采用无菌隔离装置以保证无菌或无外来污染的系统。

本节基于脑科学实验所需的标准实验动物，重点阐述其生存空间环境的打造要求，主要包括：温湿度、洁净环境、消毒灭菌、采光照明、隔声减振、饲养方式和动物福利。

一、温湿度要求

温度是指动物房内的冷热程度，湿度是指空气中的水分的含量，通常以空气中的实有含水量占同等温度下饱和含水量的百分比值表示。温湿度对实验动物的影响主要体现在以下两个方面：

（1）常用的实验动物均为恒温动物，具有在一定的温度范围内可保持体温恒定的生理功能。温度变化过大或过急时，实验动物机体将产生行为和生理等的不良反应，如新陈代谢、生殖机能、机体抵抗力、实验反应性等方面发生改变，进而影响实验动物和动物实验结果。

（2）动物的感觉器官对环境中湿度范围及其变化较为敏感。高湿环境下，动物体表热量蒸发受到抑制，容易引起代谢紊乱，并导致动物抗病力下降，发病率增加。相反，相对湿度低，动物散热量大，产热量增加，从而使摄食量和活动量增加。高湿条件有利于病原微生物和寄生虫的生长繁殖与发育，也易引起垫料与饲料发生霉变，影响动物的健康，进而影响动物实验结果的准确性。例如，小鼠的仙台病毒在高湿下引起动物的发病率增高；脊髓灰质炎病毒、腺病毒4型与第7型病毒在高湿条件下也易大量增殖。低湿条件下，同样可导致动物的一些疾病的发生。动物室内相对湿度低，还易导致粉尘飞扬，对动物和人的上呼吸道刺激加强。动物室内空气中变态反应原的含量随着湿度的下降而上升。

由于温湿度对动物生存状态影响较为明显，因此，必须基于特定的参数要求对饲养间内的温湿度进行监测与调控。根据规范《实验动物 环境及设施》GB 14925—2010，大动物（如猴子）与小动物（如鼠）生存空间温湿度要求如表4-1所示。

大动物与小动物温湿度要求　　　　　　　　表4-1

项目	指标					
	大动物			小动物		
	普通环境	屏蔽环境	隔离环境	普通环境	屏蔽环境	隔离环境
温度（℃）	16～28	20～26		18～29	20～26	
湿度（%）	40～70					

由上表可知，普通环境下的大动物与小动物温度指标不同，隔离环境下的大动物与小动物温度指标相同；对于湿度指标，不论哪种环境，大动物与小动物均相同。

二、洁净环境要求

洁净环境是指通过人为的手段，应用洁净技术控制饲养室内空气尘埃、含菌浓度、有害气体等，以达到规范所要求的空间环境。

饲养间内的洁净环境可通过换气次数、压差和装饰装修来实现。换气次数可根据室内饲育动物量和动物散发的臭气量来进行调整。保持一定的换气次数，不仅可使室内温度、湿度保持一致，而且有利于将污浊气体排出室外。气流的变化可引起实验动物体温的改变，如果换气次数过多，则实验动物需要消耗大量能量用于维持体温，从而可能出现生育率下降等现象。

饲养间与外部空间的压差决定了空气的流动方向。动物室内气流方向可导致病原微生物随空气流动而四处传播，影响到动物的健康，进而干扰实验结果。因此需保证饲养间与外部空间的压差。若压差变化过大，可能引起实验动物身体不适，因此需维持在一定范围内。

饲养间装饰装修应遵循耐腐蚀、防潮防霉、容易清洁的总原则；地面应平整、耐磨、防滑、不积尘、不开裂；墙面应使用阻燃、耐酸碱、易清洗、耐碰撞的材料。

动物饲养间洁净环境可用空气洁净度、沉落菌个数、换气次数、压差等参数来表示。根据规范《实验动物　环境及设施》GB 14925—2010，大动物与小动物生存空间对洁净环境的要求如表4-2所示。由表可知，相同环境下的大动物与小动物沉落菌、换气次数、压差等指标均相同。

大动物与小动物洁净环境要求　　　　　　表4-2

项目	指标					
	大动物			小动物		
	普通环境	屏障环境	隔离环境	普通环境	屏障环境	隔离环境
空气洁净度（级）	—	7	7	—	7	—
沉落菌个数（个/0.5h）	—	3	无检出	—	3	无检出
最小换气次数（次/h）	8	15	—	8	15	—
压差（Pa）	—	10	50	—	10	50

注：空气洁净度是指洁净环境中空气含尘（微粒）量多少的程度；沉落菌是用标准提及的方法收集到的活微生物粒子，通过专用的培养基，在适宜的生长条件下繁殖到可见的菌落数；换气次数与空调房间的性质、体积、高度、位置、送风方式以及室内空气质量变差的程度有关，是一个经验系数，通常换气次数＝房间送风量/房间体积；压差是指不同区域之间的压力差。

三、消毒灭菌要求

消毒灭菌是指消灭动物饲养环境中媒介物上污染的病原微生物，保证整个环境无菌无毒。饲养室空气中飘浮着颗粒物和有害气体，微生物多附着在颗粒物上，它们对动物机体可造成不同程度的危害，也可能干扰动物实验。实验动物本身产生的许多污染物，如动物的粪尿及垫料，若不及时更换清除，将发霉分解产生氨等其他气体，具有恶臭味。因此，饲养空间内的空气环境必须经过有效过滤，使之达到一定洁净度。

病原微生物对人体和实验动物均会产生一定的影响，主要表现在以下方面：① 由于实验动物的体表面积与单位体重的比值较大，气流速度过小或过大都会影响动物的健康。气流速度过小，空气流通不良，动物缺氧，室内有害气体浓度升高，散热困难，容易感染疾病，甚至导致死亡；气流速度过大，动物体表散热量增加，同样危及动物的健康，进而影响实验结果的准确性。② 饲养间的氨浓度过大，可引起实验动物产生病变，也可导致饲养人员的眼睛发痒、咳嗽、痰多、鼻炎、哮喘、胸闷、疲劳、头疼和发热等一系列症状。为保护工作人员和大动物不被病原微生物感染和污染，同时避免动物房与其他功能房的交叉感染，在动物饲养空间内通常需采取一定的消毒灭菌措施。

根据《实验动物 环境及设施》GB 14925—2010，大动物（如猴子）与小动物（如鼠）的消毒灭菌指标要求如表4-3所示。由表可知，不论哪种环境，大动物与小动物的空气流速、氨浓度要求均相同。

大动物与小动物消毒灭菌要求   表4-3

项目	指标					
	大动物			小动物		
	普通环境	屏蔽环境	隔离环境	普通环境	屏蔽环境	隔离环境
空气流速（m/s）	≤0.2					
氨浓度（mg/m³）	≤14					

四、采光照明要求

光照作用对实验动物的生理调节有着重要的作用，光照过强或过弱都对实验动物产生不利影响。此外，环境中的自然光也会对动物状态产生影响。光照对实验动物产生的影响主要体现在光照强度和照射的时间方面。

根据《实验动物 环境及设施》GB 14925—2010，大动物（如猴子）与小动物（如鼠）的采光照明要求如表4-4所示。由表可知，不论哪种环境，大动物与小动物的工作照度要求均相同，而动物照度要求有较大差别。

大动物与小动物采光照明要求 表4-4

项目		指标					
		大动物			小动物		
		普通环境	屏蔽环境	隔离环境	普通环境	屏蔽环境	隔离环境
照度（lx）	最低工作照度	150					
	动物照度	100～200			15～20		
光照时间（h）		12/12或10/14					

注：工作照度指工作人员使用的照度，动物照度为动物专用的照度。

五、隔声减振要求

噪声指的是由各种频率、强度不同的无规则声音组合而成，且对人和动物的心理生理造成不利的声音。振动指的是物体自身动荡或使物体动荡，会引起一定晃动频率和声音，造成实验动物的恐慌和不安。动物饲养间的噪声与振动主要来源于振动过程中产生的机械性噪声和水流、气流相互作用产生的各类噪声。在各种力的综合作用下，如撞击、摩擦等，导致碰撞或者振动产生于机械设备的金属板、轴承和齿轮之间，进而有机械噪声产生，包括摩擦噪声、撞击噪声、齿轮噪声以及电磁噪声等。水流、高速气流、不稳定气流以及气流和物体的相互作用会产生各类噪声，包括涡流噪声、旋转噪声、燃烧噪声等。

实验动物的音域比人类宽很多，因此对声音特别敏感。此外，实验动物还可以感受到中低频振动。而噪声和振动会引起实验动物繁育和生理功能的变化，因此必须严格控制饲养间的噪声和振动。

根据《实验动物 环境及设施》GB 14925—2010，大动物（如猴子）与小动物（如鼠）的噪声要求如表4-5所示。由表可知，不论哪种环境，大动物与小动物的噪声要求均相同。

大动物与小动物噪声要求 表4-5

项目		指标					
		大动物			小动物		
		普通环境	屏蔽环境	隔离环境	普通环境	屏蔽环境	隔离环境
噪声（dB）		≤60					

六、饲养方式基本要求

实验动物饲养方式主要包括笼养和群养。不同类型的实验动物，其饲养方式也不同：大动物（如猴子）通常采用笼养、群养，而小动物（如鼠）通常采用笼养。不同的饲养方式，其饮水、喂食、排水、排便、垃圾处理等要求也不同。

（1）对于大动物笼养，其饮水和喂食均需保证无菌无毒，且按时投喂；其排水排便要求在笼具上接入收集系统，且设置排水沟；其废弃物和垃圾处理要求在饲养间内设置专门的废弃物和垃圾处理转运通道。

（2）对于大动物群养，其饮水和喂食均需保证无菌无毒，且按时投喂；其排水排便需要求天、地、墙易清洁、耐腐蚀、无毒，且设置排水沟；其废弃物和垃圾处理要求在饲养间内设置专门的废弃物和垃圾处理转运通道。

（3）对于小动物笼养，其饮水和喂食均需保证无菌无毒，且采用自动化投喂系统；其排水排便要求在笼具下放置托盘和垫料；其废弃物和垃圾处理要求在饲养间内设置专门的废弃物和垃圾处理转运通道。

七、动物福利要求

动物福利是指动物如何适应其所处的环境，满足其基本的自然需求。科学证明，如果动物健康、感觉舒适、营养充足、安全、能够自由表达天性并且不受痛苦、恐惧和压力威胁，则满足动物福利的要求。实验动物通常享有五大自由（也称五大福利）：① 享受不受饥渴的自由（生理福利）；② 享有生活舒适的自由（环境福利）；③ 享有不受痛苦、伤害和疾病的自由（卫生福利）；④ 享有生活无恐惧和无悲伤的自由（心理福利）；⑤ 享有表达天性的自由（行为福利）。大动物的福利相对于小动物的福利更加繁琐，故下文中仅就大动物福利的打造技术和工程实例进行阐述。

第二节 大动物生存空间打造技术

大动物中的猴（如猕猴、猿猴、狨猴等）是非人灵长类动物，其与人类在生物学上高度相近，对于脑科学研究具有重要意义，故本节以猴为例阐述说明大动物生存空间的打造技术。

一、生存空间简介

大动物生存空间指的是动物饲养间及其环境，是实验动物的生活栖息处。不同类型的脑科学实验动物，其生存空间有不同的洁净环境设计要求。对于大多数大动物，其饲养间为普通环境，但实际过程中通常按屏蔽环境考虑。屏蔽环境下的大动物生存空间需依本章第一节中相应的指标参数要求进行打造。

二、基于温湿度要求的打造技术

1. 技术要点

大动物饲养间的温湿度指标应满足表4-1中的要求，即温度范围为16～28℃，湿度范围为40%～70%。

大动物生存房间内的温湿度范围可采用空调机组设备进行监测和调节，其过滤系统可分为三个等级：初效过滤、中效过滤、高效过滤。空调机组的工作原理是：来自室外的新风经过滤器过滤后与来自室内的回风混合，并通过初效过滤器过滤，再经过表冷段、加热段进行恒温除湿处理，然后经过中效过滤器过滤，再经加湿段加湿后进入送风管道，然后通过送风管道上的消声器降噪后送入管道末端，最后通过高效过滤器后进入房间。空调机组的基本技术要点如下：

（1）实现温度调节：整个空调机组应能根据回风温度与设定值比较后的差值及其极性，调节冷热水阀开度，使送风温度保持在要求的范围内。

（2）实现湿度调节：整个空调机组应能根据回风湿度与设定值比较后的差值及其极性，调节加湿阀开度，使送风湿度保持在要求的范围内。

（3）实现节能调节：整个空调机组应能根据新风和回风的温度和湿度，调节新风阀和回风阀的开度比例和变风量，使空调节能运行。

（4）实现风机变频调节：整个空调机组应能根据管道静压值与设定值比较后的差值及其极性，使风机变频运行，保持管道测压点静压值在要求范围内。

2. 工程实例

以某项目为例，阐述如何基于前述温湿度的技术要点打造大动物生存空间。

该项目大动物（如猴子）饲养间通过组合式空调机组进行饲养空间温湿度调节。该机组本身不带冷、热源，是以冷、热水或蒸汽为媒介，用于完成对空气的过滤、加热、冷却、加湿、消声、热回收、新风处理和新、回风混合等处理功能的箱体组合式机组，主要包括：进风段、排风段、混合段、组合段、初效过滤段、中效过滤段、高效过滤段、表冷段、电加热段。如图4-1所示。

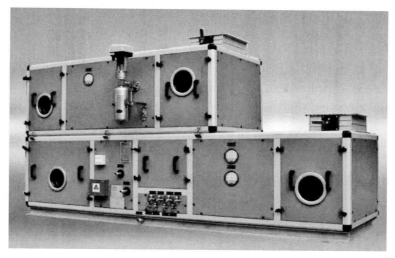

图4-1 某项目动物饲养间组合式空调机组

该项目组合式空调机组的监测调节方式和施工要点如下：

（1）监测调节方式

图4-2为该项目组合式空调机组系统图，可实现温湿度调节、节能控制和风机变频调节。该系统的主要监测内容为：新风、回风、送风温度和湿度，风阀和水阀的开度，过滤器堵塞信号，风机启停、工作、故障及手动和自动状态。

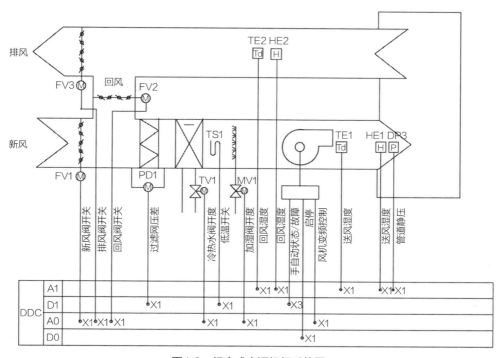

图4-2 组合式空调机组系统图

新风阀、回风阀、冷热水阀、加湿阀等均与风机进行联锁。当风机开启后，系统控制新风阀等阀门开度；当风机关闭后，新风阀、冷热水阀、加湿阀等阀门关闭。当风机启动后，其两侧压差若低于设定值，系统发生故障报警并停机；过滤器两端的压差若高于设定值，系统则自动报警。

（2）施工要点

1）设备安装前仔细检查有无局部的"凸起"或"凹陷"，避免在空调水系统循环运行时，在管路上形成相应气囊，影响循环效果。

2）设备就位前，按工艺布置图并依据测量控制网或相关建筑物轴线、边缘线、标高线，划定安装的基准线和基准点。

3）设备水平运输时使用小拖车，垂直运输时在裸装设备的吊耳或主梁上固定吊绳。

4）设备基础预埋地脚螺栓，螺纹和螺母保护完好，且高于地面150～200mm，设备基础平面水平，对角线水平误差不超过5mm。

5）组合式空调机组各段在施工现场组装时，坐标位置正确并找平找正，连接处要严密、牢固可靠。凝结水的引流管畅通，其接头安装水封，防止空气调节器内空气外漏或室外空气进入空气调节器内。

三、基于洁净环境要求的打造技术

1. 技术要点

洁净环境打造的技术要点包括换气次数、压差和装饰装修三部分。

（1）饲养间的换气次数应在以下三项指标值中取最大值：实验室工作区的设备排风量、制冷负荷量对应的风量、最小换气次数为10次/h的风量，而送排风量一般通过空调机组设备实现。由于饲养间内的换气次数＝房间送风量/房间体积，故空调机组设备应能在一定的时间内向一定体积的饲养间内输入足够的风量，满足设计及规范要求的换气次数。当饲养间内有可能产生高热负荷的分析设备，或房间内有较大量的局部排风时，则需要相应增大换气量。

（2）为确保动物生存空间气流的单向性，需保证房间内外的压差维持在某一压力水平，从而保证该区域与其他外部区域无任何交叉污染。大动物饲养间与外部空间的压差通常通过送排风系统进行控制。通过实时测量风量变化，调节送风量或排风量，动态达到相应的风量平衡，使送风量大于回风量的余风量保持恒定值，从而维持恒定的压差。送排风系统排风量可以在排风主管上测量，并根据控制器调节送风量，使其追踪排风量的变化，保持一定的余风量，从而达到所希望的压差值。负的余风量即总排风量大于总送风量，它将导致负压的产生，而正的余风量则是总送风量大于总排风量，它将导致正压产生。在正压环境下，先开送风机后开排风机，停机时先停排风机再停送风机，负压环境下则与之相反。

建筑技术对压差控制的性能和效果有很大的影响，不密闭的围护结构很难建立起稳定的压力梯度。它需要有很大的余风量才能弥补很多的泄漏，当使用很大的余风量时，将向相邻空间中抽取（或排出）大量的二次空气，可能会造成温度、湿度控制的问题。因此，必须使饲养间有一个密闭的围护结构，才能保证相应的压差和合理的气流方向。

此外，风管的泄漏也会对余风量控制的精度和性能造成影响。如果在流量测量装置和洁净室围护结构之间有空气泄漏出风管或进入风管，将会造成流量测量的误差，从而引起压力控制的显著偏差。如果是在定压系统中，这个误差相对恒定；但如果系统的静压是波动的，这个误差也将会波动，因此控制系统非常难以采取技术措施消除这样的误差，从而造成控制性能的恶化。因此，必须要求对送风管道和排风管道进行泄漏检测，允许的最大泄漏率不应超过0.5%。

（3）洁净环境下的装饰装修技术要点如下：

1）吊顶

吊顶工程应有保温、隔热、隔声、吸声的作用，并应有足够的空间，满足电气、通风空调、防火、报警管线设备等工程的隐蔽需要；吊顶工程所用材料的品种、规格、颜色以及基层构造、固定方法符合设计及有关规范要求；罩面板与龙骨应连接紧密，表面应平整，不得有折裂、缺棱掉角、损伤等缺陷。

2）地面

地面应采用易于防滑、耐磨、耐腐蚀、无渗漏的材料。踢脚不应突出墙面，潮湿地区处地面应做防水处理。

3）墙面

墙面应采用易于清洗消毒、耐腐蚀、不起尘、不开裂、无反光、耐冲击、光滑防水的材料，同时构造和施工缝隙应采用密闭措施。

4）门窗

门窗需考虑安全性、密封性、参观性、可观察性等因素，并应专门配置；门窗的外观、外形尺寸、装配质量、力学性能应符合国家现行标准的有关规定。门窗安装前需检查其规格、型号、颜色、材质是否符合要求、是否有损坏或其他质量问题；门框应符合动物房装修图纸要求的型号及尺寸，并注意门扇的开启方向，以确定门框安装的裁口方向，安装高度应按室内水平线控制；应对门窗进行拆包检查。按图纸要求核对型号，检查质量，如发现有劈棱、窜角和翘曲不平、严重超标、严重损伤、外观色差大等缺陷时，应找有关人员协商解决，经修整鉴定合格后方可安装；门窗不得有焊角开焊、型材断裂、下垂和翘曲变形等损坏现象。

2. 工程实例

以某项目为例，阐述如何基于前述洁净环境要求打造大动物生存空间。

该项目在设计初期，综合实验目的、经济性、可靠性、可行性等诸多因素，确定了大动物的生存环境为普通环境，但实施过程中按屏蔽环境考虑。

该项目通过设计不同房间装饰装修、换气次数和空气压力调节系统来打造洁净环境。整个区域处于负压环境，空气气流由外向内流动，有效减少了动物异味由空气进入外部公共区，为实验人员提供良好的工作环境。大动物生存空间的换气次数通过送排风系统实现，其末端均采用数字化定风量调节器，相应的配套工艺设备排风末端采用机械式定风量调节器。笼具送排风管均采用恒风量调节器，并根据压差设定其送排风量，保证笼具的风量平衡。

（1）房间压差

饲养间、污物走道等不同区域设置不同的空气压力，形成合理的负压梯度，避免动物异味在楼层中扩散，如表4-6所示。所有饲养间均为密闭的围护结构，且送排风管均做了相应的防泄漏措施，保证压差稳定。图4-3为该项目饲养间压力平面图。

（2）送排风系统

该项目动物房送排风系统如图4-4所示。在正压环境，先开送风机后开排风机，停机时先停排风机再停送风机，负压环境下则与之相反。送风系统的送风管上通常安装有用于监测风速和压力的传感器。监测完成后，送风系统将监测所得的风速和压力数据传输到后端系统，并通过自动计算得到风机所需的转速，进而控制风机变频器输出频率，修正风机转速，从而使得送风系统维持一定的送风量。

不同区域的压力 表4-6

区域	压力（Pa）
缓冲间	0
更衣室、食物储备间	−5
走廊	−10
饲养间、前室	−15

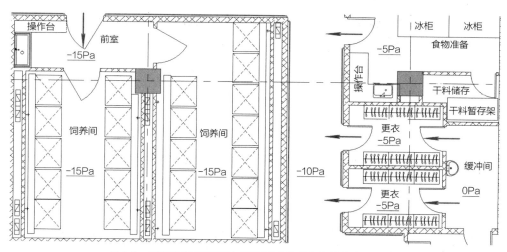

图4-3　某项目饲养间压力平面图（箭头为气流组织方向）

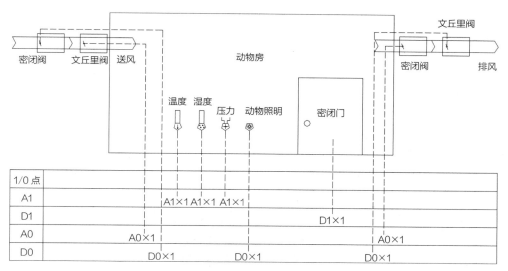

图4-4　某项目动物房送排风系统

送排风系统中装有压差报警装置，主要用于监测房间内送风口和排风口产生的压差值，在压差过低时系统会自动报警。此外，当风机运行出现故障时，压差报警装置还会启动备用风机连锁控制相应风阀，并提醒维修故障风机。

（3）装饰装修

该项目洁净环境下的大动物生存空间装饰装修主要通过吊顶、地面、墙面和门窗四个方面来实现。

1）吊顶

该项目动物饲养间吊顶材料采用手工纸蜂窝玻镁彩钢板（面板为0.5mm厚宝钢板，具有耐化学腐蚀性面漆），具有保温、隔热、隔声、吸声的作用，其罩面板平整光滑、无翘曲、无损伤，可以有效安装电线管线、防火、报警等设施，同时具备对电气管线进行接口密封的空间。此外，所有连接转角均为弧形，阴角的曲率半径50mm，阳角的曲率半径70mm。阴、阳角全部采用铝合金喷塑弧形材料。

2）地面

该项目地面材料采用了耐磨型环氧钢玉地坪，如图4-5所示。该地坪是一种2.1～2.2mm厚的高固量聚合物地坪系统，它是以优力抗耐潮气聚氨酯改性无机材料作底涂，优力抗高分子聚合物自流平作中层，以及高固量含耐火填料的面涂密封剂组成的体系，具有防滑、耐磨、耐腐蚀等特点。

图4-5 某项目饲养间耐磨型环氧钢玉地坪

该地坪的施工工艺共包含8道工序，其核心在于封底1道（控制基层含水率并提高强度）、找平2道（严格控制平整度），以及超耐磨最终面层施工，可有效避免一般树脂地坪因潮气或持久性冷水、热水、蒸汽等因素而造成的地坪起翘、空鼓、起泡等现象。

3）墙面

该项目采用水性聚氨酯防裂涂料作为动物生存空间的墙面涂料。该涂料以可容忍潮气的水性环氧树脂作底涂，以具有裂纹架桥功能和抗冲击性能的柔性环氧膜作为中涂，以耐化学腐蚀和污渍、不黄变的水性聚氨酯作面涂，具有易于清洗、耐腐蚀、无反光、光滑防水的特点。

4）门窗

该项目实验动物饲养区门窗系统均按照相关技术要求专门设计、制造以及采购，满足安全性、密封性、参观性、可观察性等相关要求。主要配置措施包括以下方面：

① 门框为SUS304拉丝不锈钢材质或冷轧钢板喷塑；

② 门扇为冷轧钢板喷塑，钢板厚度不小于1.0mm；

③ 门底带为自动下沉式密封装置；

④ 门铰链为2mm厚不锈钢材质；

⑤ 执手锁、闭门器为不锈钢材质；

⑥ 门上设置双层平齐观察窗，并配有不小于5mm钢化玻璃；

⑦ 落地窗采用单层密闭中空玻璃窗，从而能够保证一定的热工性能。

四、基于消毒灭菌的打造技术

1. 技术要点

对于大动物饲养间，氨浓度含量高，空气中异味大，容易刺激动物黏膜而引起流泪，严重者可引起黏膜发炎、肺水肿和肺炎，同时也可能引起工作人员的身体不适。为保护工作人员和大动物不被病原微生物感染和污染，同时避免动物饲养间与其他功能房的交叉感染，饲养间的装饰装修材料应满足易清洁、不易产生细菌滋生、耐腐蚀等要求。动物饲养空间内通常还需采用一定的消毒措施，或通过相关设备等达到灭菌要求。主要技术要点如下：

（1）排风通道

饲养间及其配套功能房、走道等区域，需设置排风口以排除氨气。因氨气密度较空气小，通常浮游在房间上部，故排风口一般需设在吊顶内。

（2）消毒措施

1）消毒与装饰配合

饲养间消毒通常采用过氧化氢消毒剂。为有效防止过氧化氢外溢，动物房密闭环境内需采用密闭门，在施工过程中需要格外注意门的密闭性。由于过氧化氢具有腐蚀性，因此，门窗、墙地面需要有较好的耐腐蚀性能。地面需一次成型，避免返工，且保证没有缝隙，防止腐蚀。

2）消毒灭菌设备

除了采用过氧化氢消毒剂对饲养间消毒外，还可采用灭菌锅、洗笼机等消毒设备对动物饲养间内的垫料、物品、笼具等进行清洗和消毒。

（3）装饰装修

同洁净环境打造技术中的装饰装修要求，可参见本节第三项"1. 技术要点"。

2. 工程实例

以某项目为例，阐述如何基于前述消毒灭菌技术要点打造大动物生存空间。

该项目饲养间消毒灭菌的打造技术如下：

（1）在动物饲养间、污物走廊、污梯前室等区域设排风口。饲养间的空气气流方式为单向流、顶部送风、顶部排风和底部侧面排风。因饲养间内氨浓度升高后浮向吊顶，故在吊顶顶部设置排风口，主要用于氨气排放，如图4-6所示。

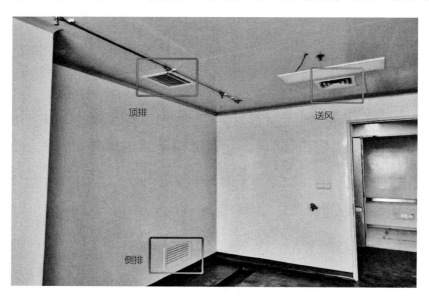

图4-6 某项目饲养间排风口

氨气通过排风口进入排风主干管后，首先经过碱性预处理，将气体呈现的酸碱性中和，其次经过除臭设备进行除臭，然后经过废弃处理加压设备进行处理，最后经纳米半导体光催化处理，达到国家相应环境排放标准后，经排风设备加压排放至室外，以达到净化空气的目的。整个氨气处理系统如图4-7所示。

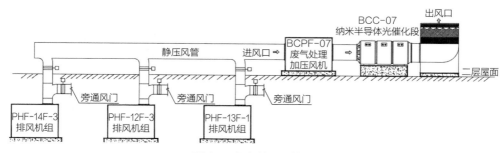

图4-7 氨气处理系统图

（2）在动物笼具集中清洗区、垫料倾倒区、污物暂存区等散发严重异味、易起粉尘的区域设排风罩，如图4-8所示。

图4-8 某项目异味处理排风罩

（3）消毒灭菌措施

1）药剂消毒

该项目动物饲养间主要采用过氧化氢等药剂进行消毒。这是因为在密闭房间内使用汽化过氧化氢达到一定浓度时，可以起到消毒杀菌的作用。

2）设备消毒

该项目动物饲养区的洗涤灭菌间内设置有洗笼机、过氧化氢传递舱、高压灭菌器等设备，达到清洗与消毒灭菌。

① 洗笼机

该项目猴子饲养间的脏笼具通过大型洗笼机进行清洗，如图4-9所示。该洗笼机为全自动、高容量、传送式喷洗设计。该设备以软化水作为工作介质，通过大流量的循环泵，将清洗舱内的水在清洗管路中循环，并通过喷淋臂喷淋笼具、托盘和其他一些实验动物产品配件，对物品进行有力冲洗，保证无毒无菌，不发生交叉感染；设备的漂洗通过独立水箱内的干净流水直接喷射到被清洗的笼盒上，达到较好的漂洗效果。高温纯化漂洗水回收作为下一程序的清洗水，可以节约资源。

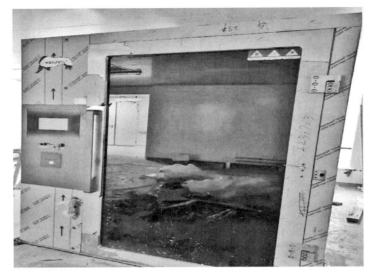

图4-9　某项目动物房洗笼机

② 过氧化氢传递舱

该项目过氧化氢传递舱包括柜体、过氧化氢气体发生装置、过氧化氢加液装置、洁净风机、新风管路、回风管路，如图4-10所示，主要用于对饲养间的金属物品进行消毒灭菌，例如，洗笼机内清洗完毕的动物笼具取出后，需放入过氧化氢传递仓内进行消毒灭菌处理，方可重复使用。

图4-10　某项目动物房过氧化氢传递舱

③ 高压灭菌器

高压灭菌器是利用压力饱和蒸汽对产品进行迅速而可靠的消毒灭菌的设备，

主要对动物饲养间内的垫料、饲料等物品进行消毒灭菌，如图4-11所示。该项目高压灭菌器为穿墙密封设置，故围护结构采用混凝土墙。同时，为了隔离可靠，在墙体预留不锈钢金属框，并与灭菌器四周的法兰固定。为了加强密封性，通过橡胶密封圈使墙面框架与灭菌器进行连接。

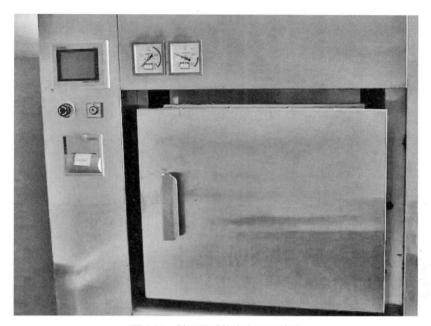

图4-11　某项目动物房高压灭菌器

（4）装饰装修

同洁净环境打造技术中的装饰装修打造技术，可参见本节第三项"2. 工程实例"。

五、采光照明打造技术

1. 技术要点

大动物饲养间采光照明打造技术的要点可分为照度、灯具和智能控制。

（1）照度

动物房中的照明分为工作照明和动物照明：

1）工作照明为工作人员使用的照明，其照度的规范最低要求参见表4-4，实际使用过程中，工作人员一般要求工作照明的照度在300lx以上来保证整个房间的充足照度。

2）动物照明为动物专用照明，其照度的规范要求见表4-4。在设计过程中，如果吊顶上方的空间不足，可采用动物照明和工作照明共用的方式来解决。

（2）灯具

1）大动物饲养间的照明灯具应采用密闭洁净灯，且宜吸顶安装；

2）当嵌入安装时，其安装缝隙应有可靠的密封措施；

3）灯罩应采用不易破损、透光好、防水防尘的材料。

（3）智能控制

为了便于照明系统的集中管理，通常需设置照明总开关。例如，在一些走廊设置智能照明开关，在配电箱中设置智能照明模块，便于控制房间内照明统一开启、统一关闭，定时开启、定时关闭。

2．工程实例

以某项目为例，阐述如何基于前述采光照明技术要点打造大动物生存空间。

（1）照度与灯具

该项目大动物（如猴子）饲养间照明灯具选用洁净密闭平板灯吸顶安装，其照度为150～200lx，满足设计及规范要求。

（2）照明控制系统

该项目大动物饲养区在公共走廊设置智能照明开关，同时，在配电箱中设置智能照明模块，可统一控制饲养间照明，便于管理。照明配电控制系统图如图4-12所示。

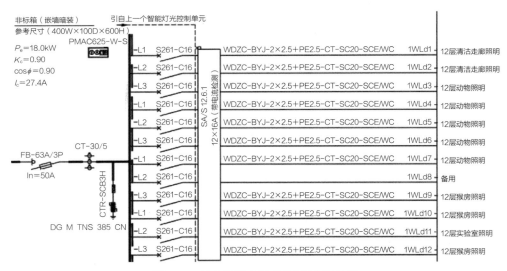

图4-12　某项目猴房照明配电控制系统图

大动物（如猴子）饲养间的照明均设置成两路。当工作照明的时候开关全开，当动物照明的时候开关半开。猴房饲养间照明平面图如图4-13所示。

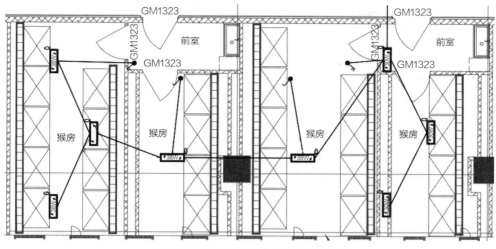

图4-13　某项目猴房饲养间照明平面图

六、基于隔声减振的打造技术

1. 技术要点

为了避免噪声及振动对大动物（如猴子）造成惊吓与恐慌，动物饲养间内的隔声及减振措施是非常有必要的，主要有以下技术要点：

（1）对于噪声控制，可采用以下方法：

① 采用多孔材料如玻璃棉、矿渣棉、泡沫塑料、毛毡棉絮等，装饰在室内墙壁上或悬挂在空间中，或制成吸声屏。

② 降低空气动力性噪声，如各种风机、空压机、内燃机等进、排气噪声，并根据噪声的频谱特点设计阻性消声器、抗性消声器或阻抗复合式消声器。

③ 用一定材料、结构和装置将声源封闭起来，如隔声墙、隔声室、隔声罩、隔声门窗地板等。

④ 设备设施放置在室内区域时，通常置于地下室、室外或建筑特殊楼层；在室外放置时，一般为建筑顶层和其余室外区域。室内放置相关设备时，房间内设置吸声材料，室外放置时一般避免对人产生不便的影响。

（2）对于振动控制，需要使整体建筑结构达到一定的抗震设计等级，并在饲养笼具上配备一定的减隔振设备。

2. 工程实例

以某项目为例，阐述如何基于前述隔声减振技术要点打造大动物生存空间。

其隔声减振打造技术如下：

（1）隔声措施

1）大风量空调机组会导致通风口、排气口，以及风管内气流产生杂声。主要控制措施包括：采用低噪声高效率环保型产品，并在机组的送、回风主管段设置消声静压箱对声音进行微调控。送、回风主管另外增设一段微穿孔板消声器，如图4-14所示。利用微穿孔板对声音进行吸收，从而把噪声降到最低。

图4-14　某项目大风量空调机组消声器

2）大风量空调机组的消声设备采用柔性软接口和吸声板，如图4-15所示。柔性软接口位于机组与风管的连接处，其材料为三防布。该方式可避免由于管路和设备、风管及风口的硬连接所引起的噪声。机房的壁板及顶板安装矿棉穿孔吸声板，可以有效降低由于大机组运行所引起的噪声。

图4-15　柔性软接口和吸声板

3）本项目冷却塔、风机水泵等设备运行会产生一定噪声，噪声值为75～85dB（A）。冷却塔和风机仅昼间运行，水泵昼间夜间均运行。本项目楼顶风机等设备均贴近楼顶，因此本项目楼顶四周加盖高6m的围墙，能够起到一定的降噪作用［隔声量约为15dB（A）］，同时在楼顶安装隔声罩［隔声量约为15dB（A）］，能进一步降低风机噪声的影响；废水处理站水泵等均设置于地下专用设备房内；冷却塔优先采用超静音横流式冷却水塔。

综上所述，主要设备噪声源及其治理措施如表4-7所示。

主要设备噪声源及其治理措施［单位：dB（A）］ 　　表4-7

噪声源	设备名称	噪声级	治理措施	降噪效果	降噪后噪声级	备注
楼顶废气治理设施	风机	85	消声、减振、墙体隔声、设置声屏障	35	50	昼间间歇运行
冷却塔	冷却塔	85	减振、墙体隔声、选用低噪设备、放于地下、顶部采用非密闭的绿化带覆盖	35	55	昼间运行
废水处理站	污水提升泵	85	减振、墙体隔声、放于地下一层	35	50	24h运行
	自吸泵	85		35	50	
	反洗泵	85		35	50	
	污泥回流泵	85		35	50	
	污泥排放泵	85		35	50	
	罗茨鼓风机	95	消声、减振、墙体隔声、放于地下一层	35	60	
	MBR鼓风机	90		35	55	
	螺杆泵	85	减振、墙体隔声、放于地下一层	35	50	

通过理论公式计算采用上述措施后本项目的噪声贡献值，如表4-8所示。

噪声贡献值 　　表4-8

合成等效声源［dB（A）］	距项目距离		项目外1m处贡献值［dB（A）］	标准限值	达标情况
	方位	距离（m）			
70（采取措施后）	西	42	37.5	昼间65dB（A）	达标
	北	25	42		达标
	东	42	37.5	昼间55dB（A）	达标
	南	25	42		达标

由上表可知，项目外1m处的噪声贡献值均可达到《工业企业厂界环境噪声排放标准》GB 12348—2008中3类标准要求。

（2）减振措施

该项目为降低振动对大动物生存环境的影响，在空调机组和排风机组内部的风机段加装弹簧减振器，在空调机组的基础底部加装橡胶减振垫，并合理控制送排风管的截面积和风管内的风速（图4-16）。

（a）橡胶减振垫　　　　　　　　　　　（b）弹簧减振器

图4-16　橡胶减振垫、弹簧减振器

七、基于饲养方式的打造技术

1. 技术要点

大动物饲养方式的打造技术要点可分为饲养形式、饮水、喂食、排水排便、垃圾处理。

（1）饲养形式

大动物（如猴子）的饲养形式主要分为两种：笼养和群养。

1）笼养

笼具的材质应满足无毒、无害、无放射性、耐腐蚀、耐高温、耐高压、耐冲击、易清洗、易消毒灭菌。笼具内外边角均应圆滑、无锐口，动物不易噬咬、咀嚼。笼子内部无尖锐的突起伤害到动物。笼具的门或盖有防护装置，能防止动物自己打开笼具或打开时发生意外伤害或逃逸。笼具应限制动物身体伸出或受到伤害，同时可避免伤害人类或邻近的动物。笼具的尺寸应满足大动物福利的要求、操作和生物安全的需求。根据规范《实验动物　环境及设施》GB 14925—2010，其笼具的最小空间要求如表4-9所示。

2）群养

同一个空间内因饲养多只实验动物，宜配备相应的动物娱乐休息设施；应保证饲养空间中无尖角利器，且环境质量良好，确保动物的品质；应采用专用的笼网，确保结构牢固以防止实验动物外逃。

大动物所需的居所最小空间 表4-9

项目	猴子		
	<4kg	4~8kg	>8kg
底板面积（m²）	0.5	0.6	0.9
笼内高度（m）	0.8	0.85	1.1

（2）饮水

大动物体内水的代谢相当快，因此应保证饲养空间内拥有足够的饮水，同时还须经灭菌处理。大动物饮水方式分为水瓶饮水和自动饮水两种。

1）水瓶饮水

水瓶饮水是较为传统的方式，需要在每个笼具上放置一个水瓶，并定期进行人工更换，同时需要配备相应的洗瓶、灌瓶、灭菌设施，以及多于饮水量的30%的水瓶用于周转。水瓶设施的运行也要配备足够多的操作管理人员，因其工作量庞大、工作效率较低、运营成本高且存在不确定性安全风险，所以现代化实验室一般不采用此喂水方式。

2）自动饮水

自动饮水是通过动物自动饮水系统实现的，其饮水口设置在饲养房间的墙上，饮水嘴固定在笼具上，饮水嘴与墙上的水口通过水管连接。不论是笼养还是群养，动物均可通过自动饮水嘴进行饮水。自动饮水系统可避免水质污染，降低运营成本，减少传统水瓶饮水方式的繁琐与潜在污染，提高饮水质量与安全。

自动饮水系统在安装前应与监理对接，详细了解现场情况和业主方的规范和要求，并对参与施工的人员进行全面的安全培训；安装前检查预留条件是否满足，确保安装过程安全顺利进行；安装时应按说明书中各组件的安装步骤，并进行管路系统气密性实验和压力测试；安装完成后需调试和对设备消毒，保证设备可以正常安全稳定运行。

（3）喂食

1）饲喂方法

大动物（如猴子）为杂食动物，基本以素食为主。饲喂时，采用定时定量饲养。喂食量为每只猴子每日膨化饲料、青饲料各三两左右，膨化饲料一日分两次投喂。对于群养猴，应将食物分散在猴房的各个角落，然后在不打扰动物采食的前提下选择适当的位置观察其采食情况，并做好记录。

2）饲料卫生

由饲料车间加工膨化好的颗粒料要妥善保存，防止各种污染。各类饲料要保持品质新鲜，不发生霉烂变质。蔬菜、瓜果一定要洗涤、消毒后再喂，以免引起肠道传染病或农药中毒。每次喂食应清除饲槽内的剩料，加强饲槽的清洁卫生。活动场每天必须检查饮水装置，并进行清洗和消毒，保证动物饮水。

（4）排水排便

大动物在饲养间内产生的排泄物等，均需工作人员定期检查并冲洗清理。可直接将液态排泄物冲洗至饲养间内的排水沟中，流至废水处理间经过特殊处理后再流进市政管网。冲洗后的饲养间地面应拖擦干净，保持清洁。

（5）垃圾处理

1）大动物饲养间产生的无法通过冲洗流走的垃圾，如：食物残渣、大块粪便等，饲养人员应每天对饲养间进行打扫，并及时清运垃圾、消灭蚊蝇孳生地，并注意墙角处的卫生，不留卫生死角。

2）饲养间取出的垃圾应运至指定的污物间集中密封打包，再运离饲养区处理，必要时需先经过洗消间进行杀菌清洁处理。工作人员需定期进行检查并打扫卫生，保证整个饲养环境干净整洁。

2. 工程实例

以某项目为例，阐述如何基于前述饲养方式技术要点打造大动物生存空间。该项目大动物生存空间饲养方式的打造技术如下：

（1）饲养形式

1）群养

该项目大动物饲养间顶层设有群养阳光房（图4-17），保证实验动物有充足的空间进行活动，可有效地释放动物天性，其心理也更加健康。群养区域预留了操作前室、人行通道。群养笼具大小与房间尺寸相适应，并留有新运笼对接口，避免发生交叉感染，并方便操作。

2）笼养

该项目大多数猴房饲养间采用笼养（图4-18）。笼具设置在房间两侧，房间中部留出操作和运输通道。两侧笼具的大小可以满足猴子的基本生活需求，中间预留的通道宽度与长度可以满足猴子运输和工作人员日常操作。笼具的材质满足无毒、无害、无放射性、耐腐蚀、耐高温、耐高压、耐冲击、易清洗、易消毒灭菌，且能保证相关动物健康和福利的要求以及安全需求。

（2）饮水系统

该项目大动物（如猴子）饲养间饮水采用了进口自动饮水系统，如图4-19所示。喝水时，大动物只需要通过咬、舔或用鼻子蹭饮水阀的阀杆，水就会以合适的流速流出。当大动物不舔阀杆时，水流会立即停止，可以预防滴漏，确保笼盒干燥。

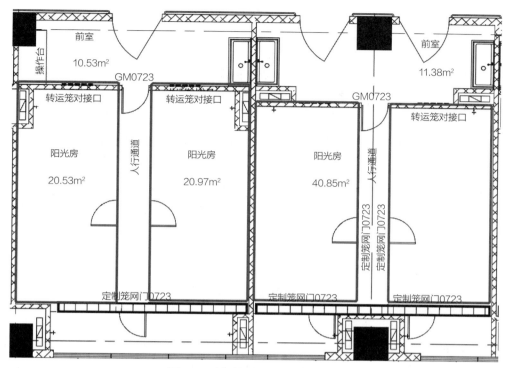

图4-17 某项目猴房群养间平面图

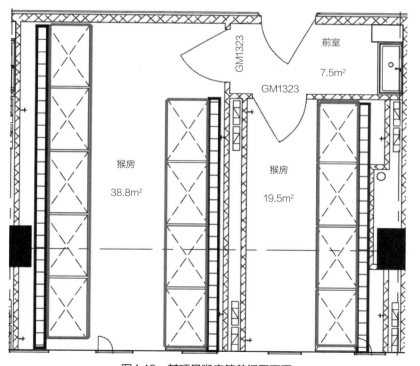

图4-18 某项目猴房笼养间平面图

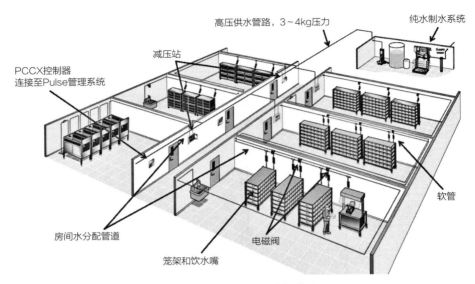

图4-19　自动饮水系统概览图

自动饮水系统的原理是：通过全自动制水站将城市自来水净化，利用不锈钢管道输送至各个小动物房，采用减压站和中央控制器将水流稳定在合适的压力，最后安装终端饮水支管和饮水阀，使小动物能够自由地舔食"清洁无菌"的饮用水。全封闭管道式小动物自动饮水系统可以避免饮水污染，确保饮水安全，保障小动物的品质，同时可实现7d24h不间断供水，保障动物福利。

该自动饮水系统为全进口系统，目前在国内尚未普及，属于实验动物设施领域的高端装备之一，其安装、调试具有相当的技术难度。以下对该自动饮水系统进行介绍：

1）先进性

该产品是实验动物领域独有的单向排放式冲洗系统，可完全避免循环送水时易发生交叉感染的弊病。以下为该产品的核心技术：

① 采用实验动物专用饮水阀，可确保空腔饮水，无反哺污染；

② 采用洁净连接件，即使管道连接部位也无沟坎；

③ 采用特制电磁阀、特氟龙材质隔膜及独有的电子器件内部洁净管；

④ 采用聚合物软管，可耐121℃高温，管路内表面易消毒和清洁；

⑤ 采用具有专利技术的减压恒压装置，可保持饮水端水压稳定在3～5psi；

⑥ 采用自动控制处理器，可监控水压、控制冲洗的时间和频率、智能报警。

2）国内外饮水系统对比

国产饮水系统与该进口饮水系统相比，存在一定的不足之处，具体参数对比如表4-10所示。

进口与国产自动饮水系统对比 表4-10

类别	进口	国产
形式	全套自控系统	部分自控系统
材质	316L医用级不锈钢	304或PVC
化学处理	高度稳定的杀菌剂添加系统	无
加工工艺	电子抛光和化学抛光	螺纹口或化学胶水粘结
饮水阀	食品级硅橡胶圈和精加工不锈钢	弹簧和顶片
智能化	智能感知水流	无

3）必要性

① 国内无替代品。经项目前期调研了解，在国内实验动物饲养等领域，规模性使用的啮齿类小动物自动饮水产品仅一个进口品牌，暂无可替代的国产品牌。

② 统一运行和维护管理。该项目小动物的饮水点有47204个，统一采用进口自动饮水品牌便于今后的日常运行维护管理。进口产品在安全性及卫生监控上具有较大优势，而国产饮用水系统大多是不监控水质的，这对一些敏感性小型实验动物会造成不利影响，进而影响科学实验质量。

③ 消除传统饮水的弊端。在自动饮水系统出现之前，传统的实验动物饲养是在每个笼具上放置一个水瓶，并定期进行人工更换。水瓶饮水系统需要在相应设施内配备相应的洗瓶、灌瓶、灭菌设施，并且需要不少于饲养量30%的水瓶用于周转，而这些水瓶设施的运行也需要配备不少于总人数25%～30%的操作人员以及管理人员。对于将近50000m²的超大型设施，若采用巨量的水瓶周转，其工作量庞大、工作效率低下、可操作性低。采用自动饮水系统后，可大幅度提高小动物饮水实验的效率，创造更大的科学价值。

④ 提高饮水质量安全。传统水瓶饲养需要通过人员对实验动物饮用水进行操作控制，而人员操作的一致性和稳定性则必须依赖强制性的管理制度来约束。依靠人为操作保证饮用水安全，仍然存在诸多不确定因素，而能有效解决并彻底保持饮水系统的一致性和稳定性的途径就是通过工程设计和流程改进。自动饮水系统就是工程设计和流程改进方面的一个典型。自动饮水的应用彻底取代水瓶，从而不需要为水瓶配置洗瓶罐等设备，并且无须准备灭菌设备。

⑤ 降低运营成本。该项目采用的实验动物自动饮用水系统每年将减少20000～30000只小动物饮水瓶的开销。此外，与水瓶相关的清洗、消毒、灌装、搬运及相关设备（如洗瓶机、灌瓶机、高压灭菌器、搬运周转车、周转篮等）的成本均可节约。

⑥ 避免交叉污染。传统的水瓶饲养过程中，需要通过外界空气补给水瓶，瓶中的水才能流出，由此产生的内外空气交换是污染发生传播的一个潜在途径。而自动饮水系统的水供给是依靠系统内持续的水流，可保证水不会发生逆流或返流，从而避免了不同小动物间的相互饮水污染。

4）施工要点

图4-20为该项目自动饮水系统的安装及后期运行流程图。

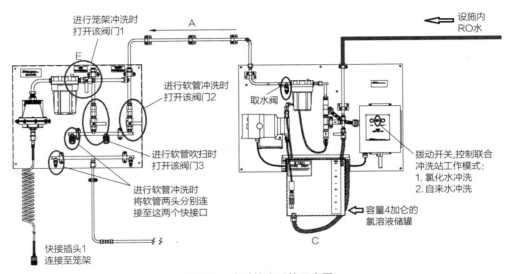

图4-20　自动饮水系统示意图

主要施工要点如下：

① 安装前与业主方、监理或相关负责人进行对接，详细了解现场施工环境，以及业主方提出的安全注意事项和要求，并向业主方提供书面的施工作业说明。

② 根据发货清单核对到货设备、安装物料，保证设备和安装物料齐备，无缺失或破损。

③ 对所有参与安装施工的人员进行安全培训，保证用电安全、防火安全、人身安全和设备安全等。

④ 检查供水、供电、管口、防排水、网络接口、控制设备等是否已预留，是否符合安装条件。

⑤ 按照施工图纸进行设备布置和管路连接，保证各个管路接头处密封良好，连接件之间无横向或扭转应力；严格按照设备附带的电气接线图进行接线，接线完毕后进行复查，确保接线无误。

⑥ 按照设计图纸和规范安装减压站。减压站可以控制房间管道的压力、

冲洗操作、监控流量、发出流量压力报警、与后台通信连接、执行后台发送的指令。

⑦ 按照设计图纸安装房间管道分配系统、排水电磁阀,完成各设备间的电气连接。

⑧ 安装笼架供水支管。笼架支管安装完成后与笼架通风系统安装方协调,最终将笼架连接至内联站,笼架和内联站之间为专用的连接软管。

⑨ 安装冲洗站。该冲洗站是一个手动操作的面板安装装置,其主要在内部冲洗一个或同时冲洗两个盘绕软管,或者冲洗一个笼架支管时使用。

⑩ 安装完成后,检查管路系统布设是否符合规范,是否存在安全隐患,保证电气设备和线路远离可能的漏水点。

(3)喂食系统

大动物喂食主要通过投食盒进行,饲养人员应根据大动物的饮食习性要求定期检查提供新鲜食物或饲料,并提前对食物杀菌处理。

(4)排水排便

图4-21为该项目排泄物排放流程图。该项目大动物饲养间内猴子产生的排泄物,主要由饲养人员冲洗至饲养间内的水沟中,之后流入调节池、沉淀池、UASB反应器、缺氧池、好氧池、膜生物反应器等处理设备,最后流入清水池,再排放至市政管网。

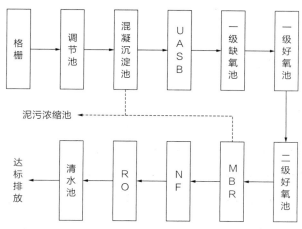

图4-21 排泄物排放流程图

饲养间的水沟做法为(图4-22):

1)水沟内做0.8%纵向地漏找坡,最浅点不小于80mm;

2)沟内表面涂层与地面一致(优力抗地坪涂料);

3)采用DN150网框式地漏,并水封(水封高度>50mm)。

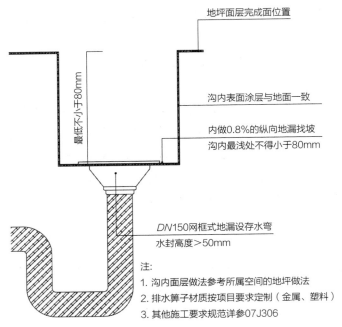

图4-22　某项目猴房饲养间水沟节点

（5）垃圾处理

该项目大动物饲养间的楼层内均设有污物间，污物间紧邻污梯设置，饲养间内的垃圾经过工作人员清理并运至污物间，最后由污梯运离集中处理（此处可参见第三章污物流线分析所述内容）。

八、基于动物福利的打造技术

1. 技术要点

动物福利描述的是动物生存环境和动物的生存状态。其打造的技术要点包括：1）动物饲养间内需有充足的饮水和食物；2）动物饲养间内应有充足的活动空间；3）动物饲养间内应有一定的娱乐设施；4）动物饲养间内应保持低振低噪，且拥有合理的照明；5）动物饲养间内应保持洁净环境，无毒无害，且温湿度处于规定的范围之内。

2. 工程实例

以某项目为例，阐述如何基于前述动物福利技术要点打造大动物生存空间。该项目实验动物福利的通用打造技术已在第四章第二节第二~七项中阐述。除通用技术外，该项目还通过设置阳光房、定制化笼具、娱乐设备等来打造大动物生存福利。

（1）阳光房

该项目将部分群养猴房设置在楼层顶部，并且采用透明保温玻璃作为房间的外墙，基本实现全天候采光，形成相应的阳光房，如图4-23所示。阳光房内有充足的阳光和活动空间。大动物（如猴子）可在阳光房内沐浴阳光，充分活动，从而保证了动物的身心健康和品质。阳光房外部设置参观走廊，在走廊处设置玻璃采光天窗＋格栅吊顶，可实现良好的采光，如图4-24所示。

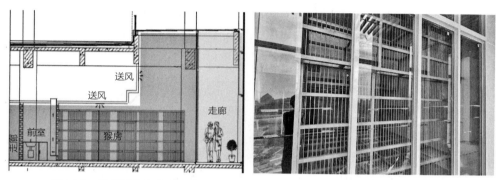

图4-23　某项目阳光房剖面图　　　　图4-24　某项目阳光房实景图

1）建筑特点

由于阳光房构造的特殊性（房间结构为L形），该项目采用顶部侧送、下部回风的方式进行通风，同时外侧设参观走廊，供人员参观与交流。

2）注意事项

① 阳光房顶部吊顶为玻璃幕墙，故在施工组织方面提前做好幕墙进场穿插。根据阳光房施工进度计划，提前进行玻璃材料下单，确保在二次结构及装饰施工阶段达到楼层闭水，避免雨季对室内施工造成影响。

② 玻璃幕墙安装的同时，保证其拼接安装质量，以免造成漏水。

③ 在安装遮阳卷帘前，与使用方保持沟通。在幕墙深化时提前考虑玻璃预留安装点位或接口，减少后期卷帘安装难度。

（2）定制化笼具

1）笼具框架

该项目猴房群养间定制笼具如图4-25所示。该笼具采用不锈钢材料制作，可以防止生锈，并且有足够的性能保证不会被实验动物破坏；笼具采用50×50的方钢管作为框架，采用直径10mm的不锈钢圆管作为内部格栅，且所有连接点均进行焊接、打磨、除锈、哑光处理；各方钢管间距为50mm。该不锈钢笼具有耐腐蚀、不生锈、柔韧性好、不遮挡视线、抗拉性能好的优点，可以有效保护实验动物皮毛。整体结构坚固耐用、美观环保、耐久性强、安装灵活，可适用于不同种类实验动物的饲养。

2）栖息架设置

该项目的实验动物以猴子为主。猴子天性好动，喜攀爬，若将实验猴子长期饲养在笼具内，容易造成其运动量不足。为促进动物福利，释放动物天性，保证猴子的运动量，增强实验猴子身体素质，故在笼具中设置栖息架。

栖息架主要材料为不锈钢。其面层采用38×38的方管为框架，内部网栏以圆钢作为骨架，并外包20mmPP管以增强猴子的抓取能力，且不伤猴爪，保证舒适性。栖息架长1m，采用角钢三角斜撑，焊接采用氩弧焊满焊，保证整体承载力（图4-26）。

图4-25　某项目猴房群养间定制笼具　　　　图4-26　某项目猴房笼具栖息架

（3）背景音乐、电视

该项目动物实验室猴房饲养间设有广播系统，在吊顶安装有喇叭（图4-27），可播放音乐。研究表明，动物在听适合的音乐时，会明显放松。因此，该项目在动物房内设置背景音乐非常有必要。此外，在猴房播放一定的画面可有效吸引动物注意力，减轻动物的焦躁感，稳定动物的情绪，利于脑科学实验。因此，饲养间预留了电视接口，后期使用方可自行安装电视机。

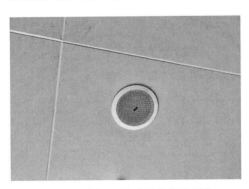

图4-27　某项目猴房饲养间设喇叭

第三节 小动物生存空间打造技术

除本章第二节所述的大动物外，脑科学研究中往往还需要依赖豚鼠、地鼠等小动物。小动物的生存空间与大动物的生存空间相比，两者有共同点也有各自特殊之处，由此所引起的空间环境打造方法也存在差异性。本节主要阐述豚鼠、地鼠等小动物的生存环境技术要点及其打造方式。

一、生存空间简介

小动物生存空间指标要求相对于大动物的更高，一般可通过物理或化学方式将一定空间范围内的微粒子、有害气体、细菌等污染物清除，并将室内温度、湿度、压力、气流速度、气流流向、噪声振动以及照明等控制在某一确定范围内，从而营造可控、舒适的小动物饲养空间。小动物饲养环境通常为隔离环境和屏蔽环境。不同饲养环境下的指标参数仅压差有所区别，其余指标要求均相同。

二、基于温湿度要求的打造技术

1. 技术要点

小动物饲养间的温湿度指标应满足表4-1中的要求，即温度范围为20～26℃，湿度范围为40%～70%。

小动物生存空间内的温湿度范围一般采用空调机组进行监测和调节。不同小动物房间的温度通常需控制在其设定值的±2℉（或±1℃）之间。因为不同房间的小动物类型不尽相同，且热负荷也有较大不同，因此，饲养区域内的每一个房间都需要有自己的温度控制系统。由于相对湿度（RH）指标的控制范围为40%～70%，可控制范围较大，因此可以将多房间系统作为一个区域来控制。但是对于不同类型动物的房间，其湿度控制系统也不同。

小动物饲养间温湿度打造的其余技术要点与大动物的相同。

2. 工程实例

以深圳某工程为例，该项目恒温恒湿饲养间如图4-28所示。温度的监测与调节主要是通过安装在暖通系统中的传感器实现的。传感器对温度数据进行实时监测，在监测完成后，系统自动将监测数据反馈至自控调节系统中的各类电动阀门，并对冷凝水温度、送风量、排风量等进行调控，从而达到饲养间环境调节的目的。

图4-28　恒温恒湿饲养间

　　该机组设备的监测与调节同大动物，可参考本章第二节"二、基于温湿度的要求的打造技术"。

　　由于不同房间的湿度要求不同，故控制措施也不同，主要包括以下两种：

　　（1）湿度要求在50%以内的饲养间，采用轮式除湿机组，如图4-29所示。轮式除湿机的主体结构为一不断转动的蜂窝状干燥转轮。干燥转轮是除湿机中吸附水分的关键部件，它由特殊复合耐热材料制成的波纹状介质所构成。波纹状介质中载有吸湿剂。这种设计结构紧凑，而且可以为湿空气与吸湿介质提供充分接触的巨大表面积。从而大大提高了除湿机的除湿效率。除湿转轮由具有高度密封性能的材料制成的隔板分为两个扇形区：一个处理湿空气端的270°扇形区；另一个为再生空气端的90°扇形区域。当需除湿的潮湿空气（称处理空气）进入转轮270°扇形区域时，空气中水分子被转轮内的吸湿剂吸附，干燥后的空气则通过处理风机送至干空气出口。

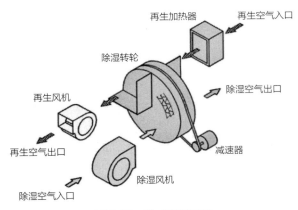

图4-29　轮式除湿机组

　　（2）湿度要求在50%以外的饲养间，采用冷冻除湿机组，如图4-30所示。冷冻除湿机由压缩机、热交换器、风扇、盛水器、机壳及控制器组成，由风扇将潮湿空气抽入机内，通过热交换器将空气中的水分冷凝成水珠，变成干燥的空气排出机外。冷冻除湿机的外循环，一共分为三个过程：第一个过程就是通过风机把空间里的常温潮湿空气吸进机器；第二个过程就是吸进来的常温潮湿空气中的水蒸气通过蒸发器（冷却铜管和翅片）液化成水滴后，通过软管排出；第三个过程就是被蒸发器冷却处理后的干燥空气再经过冷凝器（高温铜管和翅片）升温至常温通过出风口排出，如此周而往复，空气就降湿了。

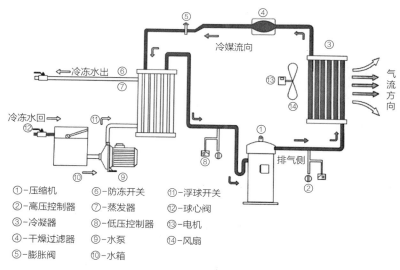

①-压缩机　　⑥-防冻开关　　⑪-浮球开关
②-高压控制器　⑦-蒸发器　　　⑫-球心阀
③-冷凝器　　⑧-低压控制器　⑬-电机
④-干燥过滤器　⑨-水泵　　　　⑭-风扇
⑤-膨胀阀　　⑩-水箱

图4-30　冷冻除湿机组

三、基于洁净环境要求的打造技术

1. 技术要点

（1）小动物饲养环境通常为隔离环境和屏蔽环境，其环境指标仅隔离环境下的空气洁净度要求不同，其余与大动物的饲养环境指标基本无异，具体要求见本章第一节"二、洁净环境要求"。

（2）饲养间内换气次数根据室内饲育动物量和动物散发的臭气量进行调整，一般以8~15次/h为宜。饲养间内的换气次数通常需通过能在一定体积房间达到足够送风量的空调机组设备进行控制，保证足够的空气流通与更新。

（3）小动物饲养间的压差控制措施与大动物的压差控制措施相同，同样是采用送排风系统进行控制。小动物生存区域均处于负压环境，且室内压力小于室外压力。

（4）小动物饲养间的建筑装饰应遵循不产尘、不积尘、耐腐蚀、防潮防霉、容易清洁和符合防火要求的总原则；地面应平整，并采用耐磨、防滑、耐腐蚀、易清洁、不易起尘与不开裂的材料；墙面应使用不易开裂、阻燃、耐酸碱、易清洗和耐碰撞的材料。与室内空气直接接触的外露材料不得使用木材和石膏；围护结构表面所有缝隙均作可靠密封；所有密封门需开玻璃观察窗，并安装闭门器。

2．工程实例

以某工程为例，该项目小动物饲养环境可分为隔离环境和屏蔽环境。其洁净饲养空间主要是通过送排风口、机械风阀、IVC无主机集中送排风系统以及装饰装修等来实现的。

（1）送排风口

小动物洁净环境中的换气次数和沉落菌个数通过送风装置控制，主要包括高效过滤箱和阻漏送风口。排风装置包括布设于笼具两侧的齿轮式下排风口以及笼具上方靠近侧墙处的单层百叶顶排风口，如图4-31所示。该种送排风口的布置方式可以保证小动物房内无气流死角，且小动物无吹风感，可以较好保证房间内的换气次数和小动物的舒适性。高效过滤箱和阻漏式送风体系可实现快速更换高效过滤器，同时可保证通过饲养区域的洁净气流速度在所要求的范围内，其形式如图4-32所示。

（2）机械风阀

该项目小动物饲养区压差控制采用了先进的文丘里阀。文丘里阀是基于文丘里效应所制造的气流控制设备。作为一种机械式风量调节器，其风量控制不受管道压力波动的干扰。迅速、精准的气流控制可提供可靠的房间风量与压力的控制。考虑到小动物房间内的空调通风风量及房间压力对维持生存环境参数至关重要，该项目在小动物饲养区的实验室、IVC笼具、通风柜等部位均设置了文丘里阀（图4-33）。

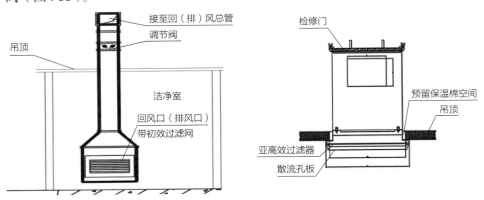

图4-31 送风口与排风口布置图

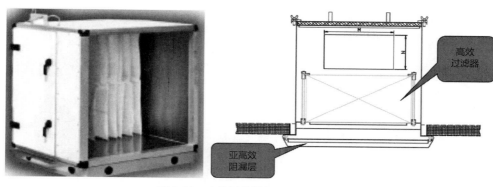

图4-32 高效过滤箱与阻漏式送风箱

图4-33 文丘里阀

文丘里阀有两种类型：定风量阀，可提供稳定的气流量；变风量阀，可通过对低于1s的指令进行响应以及通过流量反馈信号来控制空气流量。该项目小动物饲养间采用的为定风量阀与变风量阀。不同饲养环境下的室内外压差，通过文丘里阀调节室内外的风量即可实现。

1）定风量文丘里阀

定风量文丘里阀安装在小动物房的风管上，其阀门安装无需直管段；其正常工作压力为阀门前后压差范围，通常为150～750Pa；其风量控制精度为所需控制风量目标的±5%，风量控制稳定性为平衡风管内压力波动时间＜1s。

2）变风量文丘里阀

变风量文丘里阀采用前端控制方式，无需流量传感器或测压传感装置的反馈作指令或监测，每一台变风量文丘里阀流量标定点位不少于48点；其安装位置在小动物房的风管上；其正常工作压力为阀门前后压差范围，通常为150～750Pa；其风量控制精度为全量程内风量设定值的±5%；其风量调节比为最大风量/最小风量在16以上；其变风量控制响应速度为调节时间＜1s；其风量控制稳定性为平衡风管内压力波动时间＜1s；其反馈信号为实时风量反馈信号；其安全措施为当断电或故障时，阀门处于设定状态。

（3）IVC无主机集中送风系统（IVC，Individually Ventilated Cage）

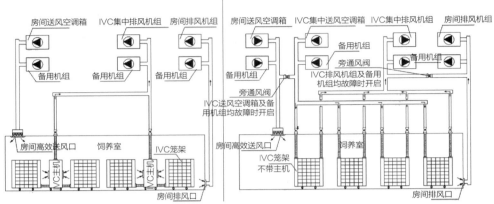

图4-34　传统自带主机的送风系统与新型IVC无主机集中送风系统

1）图4-34为传统自带主机的送风系统与新型IVC无主机集中送风系统的运行对比图。由图可知，传统自带主机的IVC系统的空调送风完全依赖于IVC自带的小风机。IVC小风机无备用系统，当风机故障或主机过滤器更换时笼具内无法送风，笼具内环境的指标易受影响。

2）IVC无主机集中送风系统采用集中的、全功能段整机备用的高性能空调机组送风，可控制小动物饲养间内的异味和换气次数。该设备可实现不间断备用切换，真正大幅度提高IVC屏障环境控制的安全性与可靠性（图4-35）。

图4-35　IVC无主机集中送风系统安全性

（4）装饰装修

小动物洁净环境中的装饰装修打造技术与大动物的相同，故此处不再赘述，详细内容可参见本章第二节"三、基于洁净环境要求的打造技术"。

四、基于消毒灭菌的打造技术

1. 技术要点

小动物消毒灭菌的技术要点同大动物，故此处不再赘述，详细内容可参见本章第二节"三、基于洁净环境要求的打造技术"。

2. 工程实例

以某工程为例，该项目动物饲养空间采用了过氧化氢传递舱、灭菌器、洗笼机、压力控制系统以及装饰装修对外来物品、笼具以及室内空气进行消毒灭菌，避免发生感染。主要打造技术与大动物的类似，可参见本章第二节"四、基于消毒灭菌的打造技术"。

五、采光照明打造技术

1. 技术要点

室内光照过强或过暗，照明时间过长或过短，光的波长过大或过小，对小动物都会产生不利影响。照度太强，很容易损坏实验动物的视力，使其辨色能力下降，出现视网膜障碍；光照时间过长，小动物连续发情；光照时间过短，小动物生殖能力受限；光的波长越大，小动物的自发行为越明显，反之则越低；此外，突然的明暗变化可引起小动物的躁动不安，因此明暗的交替最好采用渐暗或渐明的方式。小动物饲养间的照明灯具应采用密闭洁净灯，且宜吸顶安装。当嵌入安装时，其安装缝隙应有可靠的密封措施。灯罩应采用不易破损、透光好的材料。其余技术要点同大动物，具体可参见本章第一节"二、洁净环境要求"。

2. 工程实例

某项目小动物房照明灯具采用灯罩不易破损、透光好的平板密闭洁净灯。该动物房照明系统分为工作照明和动物照明。工作照明为工作人员使用的照明，按本章第一节中的要求，照度只需在150lx以上即可，工作照明系统如图4-36所示。实际使用过程中，工作人员一般要求工作照明的照度在300lx以上来保证整个房间的充足照度；动物照明为小动物专用照明，其照度一般在15～20lx。小动物房照明系统设置成两路，全开时满足工作照明，半开时用作动物照明。

为便于该项目照明系统的集中管理，在总控室内设置了照明总开关。此外，在一些走廊设置智能照明开关，在配电箱中设置智能照明模块，便于控制房间内照明统一开启、统一关闭，定时开启、定时关闭（图4-37）。

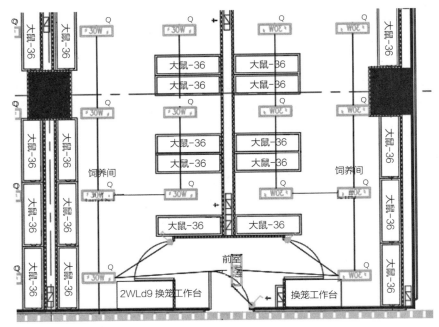

图4-36　工作照明系统

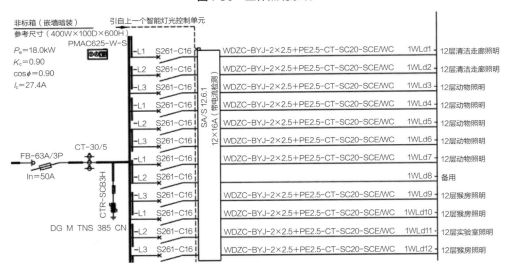

图4-37　智能控制

六、基于隔声减振的打造技术

1. 技术要点

饲养室内噪声和振动主要来源于三个方面：外界传入、室内机器产生、动物自身产生（如跑动、争斗、鸣叫等）。小动物可以听到人类听不到的声波和振动，因此受到噪声和振动的干扰更大。

小动物房内的隔声减振技术要点与大动物类似，具体可参见本章第二节第六项。

2. 工程实例

小动物饲养间内的隔声减振技术要点与大动物的基本相同，故其打造技术与大动物的也基本一致。前文已对基于隔声减振的大动物生存空间打造技术和工程实例进行阐述，故此处不再赘述，具体内容可参见本章第二节第七项。

七、基于饲养方式的打造技术

1. 技术要点

小动物房内的饲养方式打造技术要点主要包括以下几个方面：

（1）小动物体内水的代谢较快，因此，应保证饲养空间内拥有足够的饮水。同时，饮用水还需经灭菌处理。饮水系统应避免水质污染，同时还需降低不同小动物间的相互饮水的交叉感染。饮水系统应尽量采用自动化饮水设备，保证饮水质量安全。自动饮水系统的技术要点与大动物相同，可参考本章第二节"七、基于饲养方式的打造技术"。

（2）小动物喂食需保证新鲜、足量，且应根据小动物不同生长周期配备不同营养等级的饲料。

（3）实验小动物几乎一生都要生活在笼具中，因此，笼具结构、大小及材质对实验动物的质量、健康和福利产生直接影响。垫料能使笼具保温，又能吸附粪尿等排泄物，使笼底保持清洁。若垫料使用不当会对动物造成危害，如使用松、杉类树木的垫料会使小鼠、大鼠肝脏微粒体的酶产生变化。垫料中若含有污染物，对动物的生理反应将产生很大的影响，因为木材加工副产品可能含有杀昆虫药、杀真菌药等，这些污物进入动物的微环境会影响实验动物的正常生理功能。

1）笼具和垫料的要求

笼具材质应是安全无毒的，不能对动物产生任何危害；应能有效防止动物逃逸和啃咬；耐用，可以经常性更换、清洗、消毒、灭菌而不损坏；结构上符合动物习性的要求；应使用无异味、无油脂、吸湿性强、粉尘少的材料，且经消毒或灭菌后使用。笼具的尺寸应满足大动物福利的要求、操作和生物安全的需求。根据《实验动物 环境及设施》GB 14925—2010，小动物所需的居所最小空间要求如表4-11所示。

项目	小鼠		大鼠		豚鼠	
	<20g	>20g	<150g	>150g	<350g	>350g
底板面积（m²）	0.0067	0.0092	0.04	0.06	0.03	0.065
笼内高度（m）	0.13	0.13	0.18	0.18	0.18	0.21

小动物所需的居所最小空间　　　　　表4-11

2）笼具清洗消毒

对于耐高温的物品，如饲料、垫料、动物笼具、无菌实验服等，经高压灭菌器灭菌后送入消毒后室。对于不耐高温的物品，如塑料动物笼盒等可经灭菌渡槽灭菌后进入消毒后室。对于既不耐高温高压又不能通过渡槽消毒的物品，经氙光传递窗进行紫外线照射消毒后送入消毒后室。

2. 工程实例

以某项目为例，阐述说明如何基于前述技术要点打造小动物饲养系统。该小动物采用笼养方式进行饲养。

（1）自动饮水系统

该项目小动物饲养房采用了全自动饮水系统，如图4-38所示。小动物饮水方式与大动物相同，只需通过咬、舔或用鼻子蹭饮水阀的阀杆，水就会以合适的流速流出。两种自动饮水系统唯一的区别在于饮水阀。小动物自动饮水系统的饮水阀比大动物的更加精细化，是依据小动物的嘴部结构量身打造的。

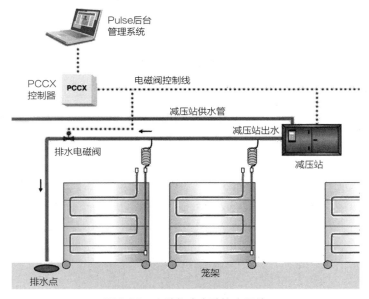

图4-38　小动物全自动饮水系统

小动物自动饮水系统的原理、施工要点等与大动物的相同，此处不再赘述，可参考本章第二节"七、基于饲养方式的打造技术"。

（2）动物喂食

由于小动物是具有多餐习性的动物，其胃容量相对较小，且可随时采食。该项目根据小动物的食量设计，每周添料3～4次。小动物笼具的料斗内具有足够量的新鲜干燥饲料，满足小动物不同生长阶段应有的不同饲养标准。

（3）动物笼具与垫料

该项目小动物笼具的材料对人和动物均无毒、无害，保证了人和动物的健康，且能防止实验动物啃咬和逃逸；此外，对于小动物饲料、笼盒、小型实验器械、垫料等物品，在由非屏障区进入屏障区时，经过严格的消毒灭菌，并在消毒间内设置有高压灭菌器、氙光传递窗、灭菌渡槽等消毒设施。经过消毒后的物品分类整理后，通过洁净走廊运至各个饲养间、实验室等房间。

（4）污物处理

该项目小动物饲养间的污物处理流程如图4-39所示。主要流程为：

1）废水进入化粪池初级分离，并进入调节池均衡水质水量，在调节池进口处设置格栅井，去除废水中的大型杂物、动物毛发，防止后续提升泵被堵塞。

2）调节池的废水经提升泵泵送至地埋式调酸、催化剂混合池，在调酸、催化剂混合池中需满足芬顿反应的酸性条件。

3）调酸、催化剂混合池出水自流进入氧化池，由加药泵加入双氧水，进行深度氧化反应。

4）氧化池出水自流进入混凝凝聚池，设置pH计控制加药泵精确调节投加碱（NaOH），将废水pH值调至弱碱性（pH值为9～10），同时加入PAC（聚合氯化铝），PAC在碱性条件下混凝效果最佳，机械搅拌，产生混凝混合物进入混凝絮凝池。

5）在混凝絮凝池前端加PAM（聚丙烯酰胺）使反应产物絮凝成团，混凝絮凝成团絮体进入斜管沉淀池进行沉淀处理，斜管沉淀池出水上清液自流至中间水池，在中间水池投加酸，废水调至中性。

6）在中间水池调至中性的废水自流至地下二层的A/O-MBR（膜生物反应器）生化处理设备，进行生物脱氮、降解有机物。

7）废水通过活性污泥生化处理后，经MBR膜系统的自吸泵抽至产水池，产水经提升泵泵送至管道式紫外线消毒器，消毒灭菌后进入监测计量槽，出水至市政管网。

8）污泥进入污泥池，经污泥螺杆泵泵送至污泥脱水机进行压滤脱水，滤饼作为危废委托有资质公司外运处理，污泥脱水后产生的滤液返回至废水调节池。

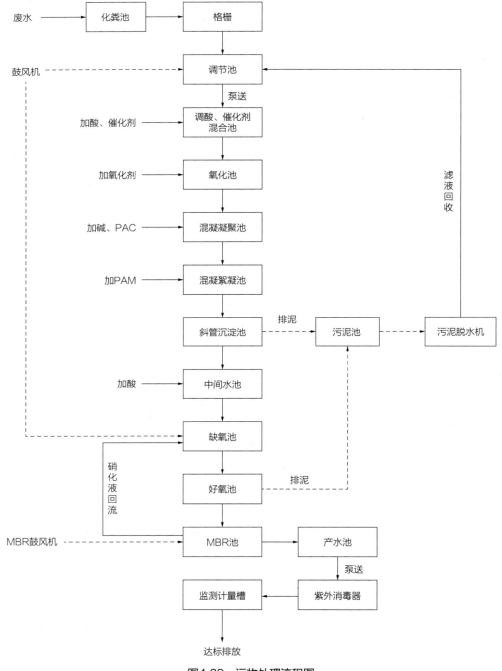

图4-39　污物处理流程图

第五章

脑科学与合成生物学专项实验室的关键打造技术

脑科学与合成生物学实验室的空间功能设计，包括建筑结构、供水、供电、供气、实验设备等各类硬件设施及投入使用后的利用方式和方法，使用过程中的操作平台和操作流程，具体的人员配备、设施舒适度，甚至由整个布局所带来的审美视觉等因素，都会影响整个实验的最终结果。脑科学与合成生物学实验室的空间环境打造要求多，相应的打造技术也较为繁琐和困难。本章重点围绕不同实验室建设要求进行阐述，并通过工程实例分析如何基于建设要求打造相应的实验空间，以保证相应科学实验的质量。

脑科学与合成生物学实验室的建造技术要求可分为一般要求和特殊要求。一般要求包括：布局要求、洁净要求、隔声要求、温湿度要求、压力要求、耐腐蚀要求等。特殊要求包括：防振要求、防磁要求、防核要求、和其他要求。

第一节　总体要求

一、一般要求

（1）布局要求。其指的是不同功能区的布置形式，包括建筑平立面布局。对于平面布局，通常要求具有相似功能的实验室彼此相邻布置，且应远离外部干扰设备，同时还应尽量满足流程便捷性；对于立面布局，功能相似的实验室通常要求上下紧邻布局，对安全和稳定有要求的实验室应置于建筑底层。

（2）温湿度要求。其指的是实验室内部环境温度和湿度的调控。某些动物、仪器设备对温湿度较为敏感，故对室内的温湿度提出了要求，通常采用的措施是使用精密空调对此进行精准地监测与调整。

（3）耐腐蚀要求。其指的是实验室结构抵抗周围介质腐蚀破坏作用的能力，主要包括实验室墙、地面、实验台、顶棚等部位。常见的措施是使用耐腐蚀材料。

（4）隔声要求。其指的是用隔声结构或者材料等把声能屏蔽，从而降低实验室内外的噪声。常见的措施包括使用屏蔽门、厚墙体、吸声材料等。

（5）洁净要求。其指的是实验室内应保持不产尘、不积尘、防潮防霉、容易清洁、无毒无味无污染、耐磨防滑、能长时间抑菌等状态。通常采用的措施是使用现代化装饰装修材料。

（6）压力要求。其指的是设计合理的压力梯度（压差）维持实验室气流组织有效性，保证房间内压力的平衡状态。常见的措施是采用上送下排的气流组织方式，送风口和排风口布置应使室内气流停滞的空间降到最低程度。

（7）排放要求。其指的是实验室的废水排放必须符合环境保护要求，要求实验室设置独立的污水处理系统，实验室废水需经过特殊处理方式才能进行排放。

（8）光照要求。其指的是实验室保证足够照度，一般实验区不小于300lx，对于有称重、分析等功能的区域照度不低于500lx，仓库储存室不小于200lx，休息室不低于150lx，办公、会议区域一般不低于300lx。

二、特殊要求

（1）防振要求。指的是为减小工程结构、构件或精密设备在干扰力作用下的振动而采取的措施。通常采用的措施包括设置防振座、加橡胶减振层、提高房屋抗震等级、设置混凝土减振台和主动减振台等。

（2）防磁要求。其指对产生磁辐射的设备或者仪器进行磁屏蔽。常见的措施是选择非铁磁性材料、控制孔缝露磁、设截止波导窗等对实验室进行磁屏蔽。

（3）防核要求。其指对产生核辐射的设备或者仪器进行核屏蔽。通常采用的措施是使用铅板、钢板或厚混凝土墙来降低核辐射的外溢。

第二节 脑科学实验室打造技术

一、脑科学实验室简介

脑科学实验室是指开展脑科学实验和研究的空间，是实现我国"脑科学计划"的重要载体，其主要涉及脑解析、脑编辑、脑模拟三大板块的内容。脑解析主要内容为脑结构功能的微观、介观和宏观解析能力；脑编辑主要内容包括特定脑功能基因编辑与脑疾病模式动物制备与繁育能力、脑编辑技术和脑疾病模式动物精准化表型鉴定能力；脑模拟主要依托于超级计算机的计算模拟，实现多种不同类型神经信息储存、脑功能模拟和类脑计算能力。脑模拟模块可在静态、动态等多种模式下，从多尺度、多区域，最终到全脑水平，实现从软件到硬件模拟大脑的正常生理活动和病态生理活动的目标。

二、脑科学实验室分类

脑科学实验室可分为以下几种：

（1）高清晰磁兼容PET成像实验室：是基于磁共振成像（MRI）、正电子发射计算机断层显像（PET-MRI）和回旋加速器等设备所形成的脑科学实验室，主要包括磁共振成像（MRI）实验室、正电子发射计算机断层显像（PET-MRI）实验室和回旋加速器实验室。

（2）电镜组织分析实验室：是基于透射电镜和冷冻电镜等设备所形成的脑科学实验室，主要包括透射电镜组织分析实验室和冷冻电镜分析实验室。

（3）介观脑解析实验室：是基于介观脑解析技术和设备，精确解析大脑的运作方式和神经系统疾病发病机制的脑科学功能实验室。

（4）脑编辑实验室：是基于跨物种模式动物模块、基因编辑模块和动物表型分析模块而形成的脑科学实验室，主要包括微生物实验室、动物实验室以及常规仪器分析实验室。

（5）脑模拟实验室：是指基于脑神经信息平台、脑功能模拟平台和类脑计算平台的实验室。

三、脑科学实验室布局

1. 立面布局

（1）布局原则

脑科学实验室通常按以下原则进行立面布局：

1）分块化：实验室立面需按实验对象或类型进行分区布局；

2）相似性：具有相同或相似功能要求的实验区域在同一层彼此邻近，层与层之间按功能体系划分与排布，提高科研实验和办公效率；

3）功能分离性：不同功能的实验室彼此互不干扰，尽量减少交叉感染；

4）安全性和稳定性：大型仪器设备实验室需布置于建筑底层，减少外界环境对实验设备的影响。

（2）工程实例

某工程脑科学实验大楼立面布局如图5-1所示。

该脑科学实验大楼立面布局基本符合实验室布局原则。

① 分块化：该立面主要分为影像实验区、小动物区、大动物区，以及用于科普实验和会议办公的会议室四大模块。

② 相似性：同属于高清晰兼容PET成像系统设备的回旋加速器和神经影像设备置于上下相邻层，同属于微观组织解析系统的电镜和光镜置于上下相邻层，具有相似功能的脑片电生理/分子生化区与神经影像上下相邻布置，实验空间要求相似的生物净化区、转基因动物区、无菌动物区设置于同一楼层且紧邻布置，

具有实验功能要求的猴饲养实验区和散养猴房在同一层楼层连续排布。

③ 功能分离性：小动物和大动物的饲养区、实验区上下层分开布置；净化区、无菌区与饲养区隔层排布。

④ 安全性和稳定性：回旋加速器等大型设备安装在地下室，便于结构施工和设备运输，且可保证建筑和设备安全稳定运行。

图5-1 某工程脑科学实验大楼立面布局

2. 平面布局

（1）布局原则

脑科学实验室平面布局应满足：

① 功能面积最大化：实验室功能面积要尽量最大化；

② 相似统一性：相似功能的实验室其平面布局应连续相邻；

③ 空间适宜性：实验室平面尺寸需满足基本功能和安全要求，且不造成浪费；

④ 流程便捷性：实验室的空间布局应满足基本的流程，并保证操作便捷性；

⑤ 环境适应性：实验室必须与环境相适应，且受外部干扰影响小。

（2）工程实例

1）基本布局

以某工程脑科学实验大楼为例，其平面布局按楼层可分为影像实验区、小动物区和大动物区。

影像实验区中回旋加速器区、电镜区等平面布局如图5-2所示。其中回旋加速器区和电镜区均属于特殊功能区域，涉及核辐射防护或磁屏蔽；清洗暂存区和加工车间区涉及笼具清洗系统；回旋加速器区主要提供放射性核素，并为PET（正子断层造影）显像技术提供示踪剂等；电镜区主要为脑科学的研究提供工作环境。

　　小动物区主要分为脑片电生理区、BSL-2区（生物安全二级动物实验设施）、分子生化区和办公区，其平面布局如图5-3所示。其中脑片电生理区主要包括超声调控实验室、行为实验室、EEG-TMS（经颅磁刺激同步脑电）实验室等；BSL-2区主要包括AAV（腺病毒等相关病毒）制备实验室、示踪病毒制备实验室、行为实验室、分析室等；分子生化区主要包括形态学样品制备中心、药理病理自动化工作站、光镜室等。

　　小动物无菌区包括无菌实验、无菌生产、胚胎操作、繁殖饲养四个部分，其平面布局如图5-4所示。该区域主要涉及显微注射、细胞培养、动物饲养等功能。

　　大动物区犬/猕猴饲养实验区包括隔离室、手术室、饲养室等，其平面布局如图5-5所示。该区域主要进行非人灵长类动物行为分析、饲养和培育。

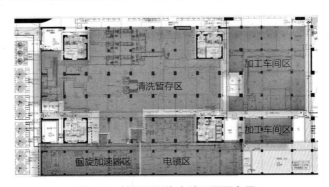

图5-2　某项目影像实验区平面布局

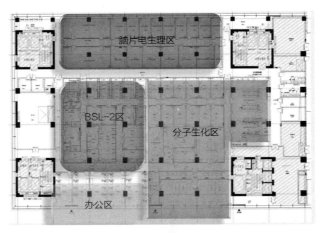

图5-3　某项目小动物区平面布局

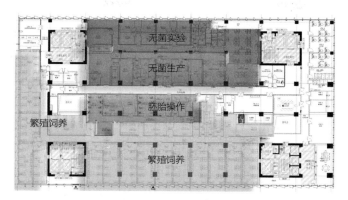

图5-4 某项目小动物无菌区平面布局

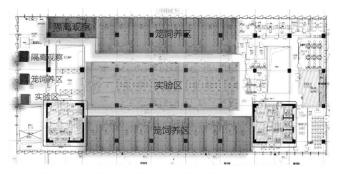

图5-5 某项目大动物区犬/猕猴饲养实验区平面布局

2）布局分析

① 功能面积最大化：由平面布局图可知，该项目脑科学实验大楼的4个核心筒位于四角，如图5-6所示，且污梯和洁梯分开布置，大动物区和小动物区互不干扰。在大动物区，实验室布置于楼层中间，而饲养区布置于两侧，方便从笼养区域选取研究动物至实验区，并且配套隔离观察室对实验对象进行观察研究。该设计可最大化利用建筑面积，确保实验室功能面积最大化。

② 相似统一性：该项目脑科学实验大楼平面布局中，同类型或相似功能的实验室组合在一起。如在影像实验区，有隔振要求的实验室组合在一起，有防辐射要求的实验室组合在一起；在小动物无菌区，环境需求类似的无菌实验和无菌生产区位置邻近设置，操作区设置于中间，便于从饲养区或无菌生产区获取实验原料和实验对象；在大动物区，同类型动物实验室依次相邻，便于进行相似实验与结果分析。

③ 空间适宜性：该项目脑科学实验室均按相关规范进行施工，其平面尺寸和面积大小适宜，实验室开间和进深尺寸按照实验室仪器设备尺寸、安装操作及检修的要求进行布置。

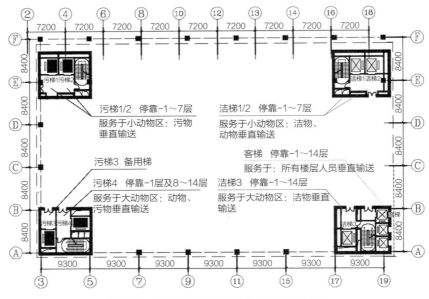

图5-6 某项目脑科学实验大楼核心筒布局

④ 流程便捷性：该项目脑科学实验室平面布局中各实验室运行流程紧密相连，充分考虑到了实验步骤、人流、物流和污物流等因素，且在满足实验室安全、卫生、质量和效率的前提下，充分考虑便捷性。

⑤ 环境适应性：该项目脑科学实验大楼中，具有精密仪器的实验室远离电机、风机等振动源。温度要求较高的实验室设置在阳面，实验区内通用实验室、工作室以及辅助区的业务接待室、办公室、会议室、阅览室，利用天然采光。

四、脑科学实验室打造技术

本小节基于脑科学实验室布局、环境、设备设施等设计与建造要求，通过工程实例分析如何基于相应要求打造脑科学实验空间，并总结关键打造技术。

1. 高清晰磁兼容PET成像实验室

（1）磁共振成像实验室

1）磁共振成像实验室简介

磁共振成像实验室是基于磁共振成像（MRI）技术和设备而打造的脑科学特殊设备实验室（图5-7）。磁共振成像（MRI）是根据有磁矩的原子核在磁场作用下，能产生能级间的跃迁的原理而采用的一项新检查技术，是一种对生物体没有任何伤害、安全、快速、准确的临床诊断方法。MRI技术对于研究动物脑部、神经生理学具有重要意义。

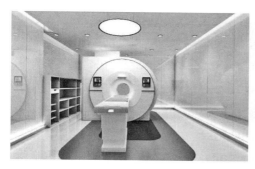

图5-7　MRI实验室效果图

磁共振成像工作的基本原理在于两个重要因素：一个因素是磁共振仪器产生的强大磁场；另一个因素是核，而核就是动物组织器官细胞内的氢原子核。动物体内大约70%是由水组成的，当把动物体放置在磁场中，并用适当的电磁波照射它时可改变氢原子的旋转排列方向，可使水中氢原子产生共振。由于不同的组织会产生不同的电磁波信号，经电脑处理后就可以得知构成这一动物体的原子核的位置和种类，并据此绘制物体内部的精确立体图像。

MRI技术使用磁场扫描动物组织，因此不存在电离辐射，所以在设计MRI设备实验室时不需要考虑核辐射防护，但由于MRI设备是基于磁共振原理工作的，对磁场要求较高，故应考虑磁屏蔽。

MRI是一台圆筒状机器，其组成部分主要包括磁铁系统、射频系统、计算机图像重建系统。用于动物实验的小型MRI通常有4.7T、7.0T与9.4T等多种主磁场（静磁场）强度。梯度场是用来产生并控制磁场中的梯度，以实现信号的空间编码。由于超导梯度噪声较大，因此，MRI实验室在设计施工时应考虑其防噪、降噪方面的需求。

2）MRI实验室技术要求

MRI实验室旨在建设一套动物磁共振成像系统；建设一套基于原子磁强计的脑磁图系统；建设一套VR康复系统；建立轻型动物电生理与功能成像同步记录系统；实现动物活体全脑结构和功能活动成像。

磁共振实验室建设的技术要点主要包括电磁屏蔽、防振、布局形式、隔声和一般要求。

① MRI实验室电磁屏蔽要求

MRI设备本身存在强静磁场，使用过程中磁体处于极低温的超导状态，且伴随着随时间变化的强梯度场，因此MRI实验室内必须进行磁屏蔽，且应配备精密空调等设施，以免因温度变化过大而引起失超。此外，所有连接进入MRI屏蔽室内部的管线，如直流照明、控制电线、送回风管道、失超管，必须通过安装在屏蔽体外侧的各种电源滤波器后方可接入。

由于辐射源可分为近场电场源、磁场源和远场平面波，因此，MRI实验室屏蔽体的屏蔽性能依据辐射源的不同，在材料选择、结构形状和对孔缝泄漏控制等方面都有所不同。根据《电磁屏蔽室工程技术规范》GB/T 50719—2011规定，磁共振屏蔽室属于高性能电磁屏蔽室，磁体间需要进行射频屏蔽。频率范围在10M～130MHz的射频屏蔽衰减值需达到100dB以上。核磁共振类特殊用途的屏蔽体，应选择铝、铜或不锈钢等非铁磁性材料。

② MRI实验室布局要求

MRI设备运行中超导梯度噪声较大，故MRI实验室和控制室之间应有较好的隔声措施。MRI系统一般包括3个基本房间：磁体间（MRI设备实验室）、控制室（操作室）、设备间（包括水冷机组、空调机组等设备，需要紧邻磁体间），如图5-8所示。

图5-8　MRI实验室与控制室布局示意图

MRI设备具有特殊强磁场，因此应远离金属物体，如电梯、车道、停车位等，还应尽量避免受到其他发射强电磁波设备的干扰。此外，由于振动对MRI图像精度影响较大，故选择实验室位置时应远离泵房、空调机组等振动源。

③ 一般要求

MRI实验室建设的一般要求参见本章第一节"一、一般要求"。

3）MRI实验室工程实例

以深圳某工程为例，阐述说明如何基于前述建设目标与技术要求打造脑科学磁共振成像实验室。

① 布局形式

图5-9为该项目小动物超高场MRI（11.7T）实验室布局。

该项目的磁共振成像系统包含人脑解析和康复平台、非人灵长类MRI结合电生理脑功能解析系统、小动物磁共振成像仪三个子系统。磁共振成像（MRI）实验室采用L形布局，当有多台MRI设备或实验室空间受限时，也可采用一字形布局或其他灵活布局形式。有磁屏蔽和防振要求的房间均远离干扰源。

图5-9　某项目小动物超高场MRI（11.7T）实验室布局

② 电磁屏蔽措施

图5-10为该项目MRI实验室屏蔽施工节点示意图。

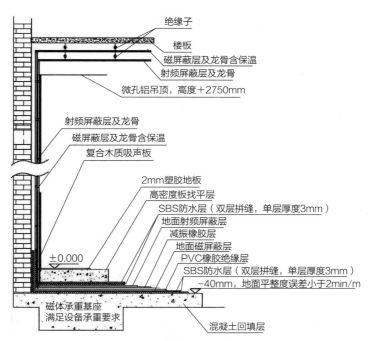

图5-10　某项目MRI实验室屏蔽施工节点

该项目MRI实验室磁屏蔽施工要点包括：

屏蔽结构之间做绝缘处理，有效保证屏蔽效能；屏蔽支撑龙骨使用无磁金属材质，杜绝传统工艺的木龙骨因环境潮湿等造成屏蔽效能不稳定现象；磁屏蔽层采用0.5mm厚紫铜板,紫铜板之间可靠连接,并保证良好的导电性。MRI实验室门窗采用电磁屏蔽防护门窗。屏蔽室通过核磁设备系统接地,且绝缘性能大于1000Ω。

在管道穿越屏蔽体的位置设截止波导窗,截止波导窗与屏蔽体采用焊接连接。所有连接进入屏蔽室内部的管线,如直流照明、控制电线、送回风管道、失超管(为了使磁共振仪内部超导磁铁工作温度维持在较低水平,其内部通常装有液氦,一旦主线圈中的一段或几段发热导致此处线圈温度上升从而失去超导状态产生小电阻,而线圈中流过的大量电流通过这一段电阻后又产生大量的热量加热附近的线圈,从而引发连锁反应最终导致全部主线圈失去超导状态并将电流转换为热量加热液氦,液氦会急剧汽化,空气中的氧含量就会被氦气迅速拉低,几分钟内就会危及性命,图5-11为失超管施工节点)均通过安装在屏蔽体外侧的各种电源滤波器接入。

③ 减振措施

地面增加橡胶减振层,降低环境振动对设备成像的影响。

④ 隔声措施

墙面装饰采用复合木质吸声板,双层屏蔽及装饰面之间填充吸声材料,有效阻隔梯度噪声;控制室侧观察窗安装防火隔声玻璃,起到防火隔声功能;采用圆形排风管,内壁制作粗糙面,减少风流噪声。

⑤ 一般措施

屏蔽体外层安装保温层,保证屏蔽室内恒温要求,同时降低精密空调工作压力;屏蔽门使用气密门,在保证密封性、降噪能力的情况下,便于操作人员轻松开启;工作台设计适合实验工作的工艺流程,保证工作线路畅通、通道流畅,且采用环保、阻燃、耐腐蚀、强度高等专业材料,经久耐用;实验室的装修防火、防潮、防腐,且具有通风、净化、消毒、无菌等功能,达到环保安全、可靠、经久耐用的效果。

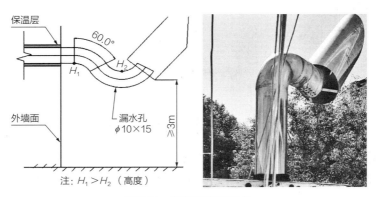

图5-11 失超管施工节点

（2）PET-MRI实验室

1）PET-MRI实验室简介

PET-MRI实验室是基于正子断层造影和磁共振成像技术与设备而打造的脑科学特殊设备实验室。正子断层造影（PET）全称为正电子发射计算机断层扫描，是一种核医学临床检查的成像技术。PET技术是目前唯一一种用解剖形态方式进行功能、代谢和受体显像的技术，具有无创伤性的特点，并能提供全身三维和功能运作的图像。PET技术广泛用于神经医学影像和分子影像学，可在细胞和分子水平上对活体生物过程进行定性和定量研究。

在PET扫描的数据采集过程中，实验动物的运动会导致图像模糊或产生伪影，基于MRI成像数据的运动伪影校正可通过在PET扫描期间重复进行MRI数据采集、生成运动文件、在图像重建之前对符合事件逐个进行校正等途径实现。PET-MRI是将PET的分子成像功能与MRI卓越的软组织对比功能结合起来的一种新技术。该技术可以对组织中扩散的细胞进行成像，融合了PET的敏感检测优势和MRI的多序列成像优势。

PET-MRI对动物体无任何放射损伤，一定程度上减少了除成像药物外所接受的放射剂量。同时，MRI的软组织分辨率也远远高于CT，可以更好地提供解剖学精细信息。综上可知，PET-MRI是目前最佳的动物实验设备，建设PEI-MRI实验室至关重要。

2）PET-MRI实验室技术要点

PET-MRI实验室旨在建设基于前沿脑科学领域和临床应用研究领域的大型设备实验室；建设细胞及小动物神经调控、MRI引导的非人灵长类动物超声神经调控以及PET-MRI引导的人脑超声神经调控三大装置。

由于PET扫描会暴露在放射性同位素下，因此涉及PET的实验室均应考虑核辐射防护。此外，PET-MRI设备受磁场影响较大，且设备本身使用过程中也会产生较大磁场和随时间变化的梯度场，因此电磁屏蔽也是必要的。

PET-MRI实验室核辐射防护、电磁屏蔽及一般技术要点主要包括：

① 需根据PET-MRI设备的技术参数进行电磁屏蔽室和核辐射屏蔽室的设计。实验室结构中需考虑钢筋含量的限制，且磁体下方一定区域和距离内不得有钢筋。但考虑到PET-MRI设备的荷载，磁体下方的基础虽对钢筋有限制，但仍需满足一定的承载力。

② 由于磁体体积较大，且无法拆卸，只能整体吊运，故PET-MRI实验室中应预留磁体的专用搬运通道。

③ PET-MRI实验室的门需考虑电磁屏蔽和放射辐射防护要求。若防护门采

用15mmPb防护剂当量，则制作完成后整体重量在10t左右，且还需增加铜屏蔽防护，因此需充分考虑防护门基础的施工问题。

④ PET-MRI实验室的墙体、顶面和地面需有防辐射和电磁屏蔽的相关措施。

⑤ PET-MRI设备属于精密仪器，对温湿度条件非常严格，故需根据设备参数表要求，严格控制PET-MRI实验室的温湿度。

3）PET-MRI实验室工程实例

以深圳某工程为例，该项目PET-MRI引导的人脑超声神经调控装置涉及PET-MRI实验室的建设以及PET-MRI引导的精准调控的实现。

图5-12为该项目人体/大动物PET-MRI（3T）实验室布局，主要包括设备间、缓冲区、控制室及扫描间等区域。

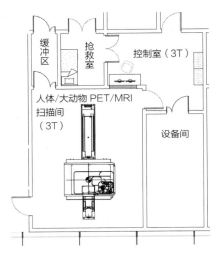

图5-12　某项目人体/大动物PET-MRI（3T）实验室布局

① 磁防护措施

由于磁设备较大，故该实验室在施工过程中，预留了设备运输通道：在设备未运输到位前，缓冲区、抢救室和PET-MRI实验室一侧墙体暂不砌筑，待设备运输就位安装完成后，再进行预留通道砌体的砌筑（包含电磁屏蔽和射线防护的施工）。PET-MRI设备荷载较大，且含有较强磁场，地面的钢筋用量和设备基础的钢筋用量需经过计算核验无误后，方可施工。

② 核防护措施

由于PET-MRI使用过程会有放射性辐射，该项目PET-MRI实验室均采用10mmPb防护等级＋铜屏蔽的手动平开门，以及10mmPb防护等级＋铜屏蔽的观察窗；墙体采用200mm实心砖墙＋7mmPb（GF-3）防辐射涂料＋0.5mm铜板，顶棚采用150mm混凝土＋4mm厚铅板＋0.5mm铜板，地面采用180mm混凝土＋

30mm硫酸钡水泥砂浆＋0.5mm铜板。墙体和顶棚、地面的铜板连接完好，保证了电磁屏蔽室正常使用功能。实验室效果图如图5-13所示。

图5-13 电磁屏蔽室及防护门

③ 一般措施

对于实验室温湿度控制，该项目在实验室内设置了湿度调节系统，并配置了两套供电系统：一套服务于核磁共振设备，另一套服务于精密空调、插座、水冷机组等配套设施，保证两者互不干扰，稳定运行。此外，在实验室外墙高于地面3.7m位置处设置了失超管，防止失超释放大量氦气，导致人员伤亡。PET-MRI实验室其余打造技术同MRI实验室。

（3）回旋加速器实验室

1）回旋加速器实验室简介

回旋加速器实验室是基于回旋加速器设备打造的脑科学特殊设备实验室。在神经学研究或临床动物实验中，放射性核素的作用举足轻重，这类药物作为示踪剂注射入实验动物体内后，可通过放射性核素诊断设备——PET对相关组织与器官进行观察。放射性核素的供应设备是回旋加速器。回旋加速器是利用磁场使放射性标记的带电粒子沿圆弧形轨道旋转，多次反复地通过高频加速电场，直至产生高能量放射性药物和放射性标记核素的设备，如图5-14所示。

图5-14 回旋加速器示意图

回旋加速器可分为两类：带自屏蔽和不带自屏蔽的回旋加速器。① 带自屏蔽的回旋加速器为：当加速器设计产能较小时，采用特制混凝土材料包围，表面涂有硼化物；当加速器设计产能较大时，自屏蔽材料采用较厚的钢板做成的密闭腔体，以铅砖、水、硼化物等填充，在靶心方向的位置还需安装一块PE（聚乙烯）吸收绝大部分中子。② 不带自屏蔽的回旋加速器为：裸机，防护完全依靠建筑设计完成。

2）回旋加速器实验室技术要点

回旋加速器实验室旨在建设回旋加速器设备及相应的实验室，为PET等诊断设备提供放射性核素，为脑科学研究的开展提供重要基础。

回旋加速器实验室建设的技术要点主要包括：

① 由于回旋加速器设备防护墙体较厚，重量达十几吨，不利于自然采光和通风，故需尽量将回旋加速器药物制备区设置于地下。

② 由于回旋加速器使用过程中会产生γ射线和中子，因此，回旋加速器实验室必须进行设备屏蔽，且屏蔽混凝土最低密度为2350kg/m³。屏蔽室混凝土浇筑时应注意确保不要有裂缝或损伤，必须避免连续的水平分层，否则可能会导致中子泄漏。

③ 在实验室建设完成后和进行生产之前，需由辐射安全人员对屏蔽体进行辐射测量检验，如有必要需加强局部屏蔽。

④ 回旋加速器区域辐射防护应遵循足够、合理的原则。防护当量的选择应满足《电离辐射防护与辐射源安全基本标准》GB 18871—2002、《放射治疗机房的辐射屏蔽规范　第1部分：一般原则》GBZ/T 201.1—2007等现行相关规范要求，不应盲目增加防护当量，否则会增加造价和造成铅的二次污染。

3）回旋加速器实验室工程实例

以某项目的回旋加速器设备区为例，其布局如图5-15所示。

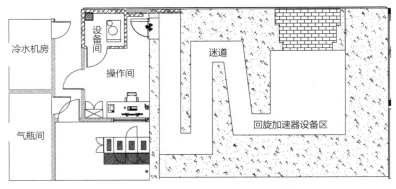

图5-15　某项目回旋加速器设备区布局

　　回旋加速器区包括设备区、设备间、操作间、冷水机房、迷道等区域。在回旋加速器屏蔽室入口设置具有足够衰减核辐射作用的迷道，可以保证工作人员的安全。在回旋加速器设备下方，设置了深度约为400mm的排水地沟，并涂刷环氧树脂，用于收集汇入储存池的废液，并排入同位素降解池进行降解。

　　该项目将回旋加速器药物制备区设置于地下，并与PET设备上下层相邻布局，缩短了运送距离，方便运输放射性药物，避免产生流线交叉，且具有更高的安全性和稳定性。

　　该项目回旋加速器实验室的辐射防护措施如下：

　　① 浇筑屏蔽室混凝土时，在当前浇筑的混凝土顶部放置木方，从而在混凝土墙的浇筑面中形成阶梯状，避免连续的水平分层（图5-16）。由于钢筋是中子通道，为防止中子泄漏，不设置从内到外的直钢筋条。

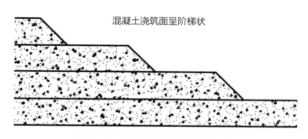

混凝土浇筑面呈阶梯状

图5-16 屏蔽室混凝土浇筑方式

　　② 回旋加速器防辐射的实现主要依靠设备自身选配的屏蔽防护罩，同时实验室墙体采用加厚混凝土墙体进行防护。回旋加速器设备区外迷路墙为500mm厚混凝土，内迷路墙为500mm、585～1056mm、929～1400mm混凝土，北侧和东侧屏蔽墙均为2200mm混凝土，南侧屏蔽墙为2725mm混凝土，顶棚为2200mm厚混凝土（以上混凝土密度均≥2350kg/m³）。

　　③ 回旋加速器设备区电动推拉门的防护剂量为15mmPb＋120mm含硼聚乙烯。实验室四周墙体的防护材料：混凝土密度不小于2350kg/m³，实心砂砖密度不小于1650kg/m³，铅板密度不小于11340kg/m³，防护密度不小于2800kg/m³。防护门的搭接宽度都不小于10倍门缝宽度。具有射线防护要求的放射性同位素传输管预埋在混凝土下。

　　④ 控制区的卫生间、淋浴室、消毒室等房间的废水均排入专用的衰变池，满足衰变期限要求后再对外排放。放射性污水管道采用满足防辐射要求的含铅铸铁管道或外包铅板的排水管道。横管和立管不能外露铺设，并安装在混凝土垫层、防辐射吊顶或混凝土管井等防护层内。接入衰变池的无缝钢管外围包裹5mmPb铅板。穿墙管线管道包裹一圈铅板进行屏蔽补偿，长度500mm，上翻（搭

接）墙壁100mm。

⑤回旋加速器设备区采用防辐射电动推拉门，并设有铅玻璃观察窗（图5-17）。铅玻璃的防护当量和墙壁防护当量相同。铅玻璃防护标准为0.211mmPb/mm，相对密度为4.8t/m³，折射率为1.775，透光率不小于98%。观察窗框选用仿不锈钢铝合金型材，防护当量满足设计要求。观察窗表面经抗划伤、抗破碎处理。

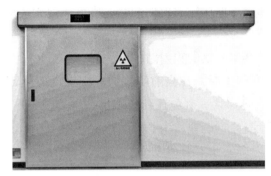

图5-17　防辐射电动推拉门

2. 电镜组织分析实验室

（1）透射电镜组织分析实验室

1）透射电镜实验室简介

透射电镜组织分析实验室是基于透射电镜技术和设备而打造的脑科学特殊设备实验室。透射电镜广泛应用于金属材料、纳米材料、生命科学等诸多领域，是具备超高分辨图像观察能力的高精密电子光学仪器，如图5-18所示。透射电镜组织分析系统可用于解析由多个神经元连接构成的神经微环路，为神经环路研究提供佐证。透射电镜对研究脑科学神经突触结构作用重大，在神经科学中有着不可替代的优势。因此，建设透射电镜实验室势在必行。

图5-18　透射电镜示意图

通过透射电镜，可以观测到两个神经元之间的化学对话工具——突触。突触是神经细胞间对话的基本工具，在神经系统发育以及病变的过程中起着主导作用。异常的突触连接，无论是过多还是过少，过早还是过迟，对神经系统的整体功能都有着重大影响。现今已知导致精神疾病的单基因多数编码了维持突触结构的蛋白质。只有通过建立基因–疾病–超微结构变化的因果关系，才有可能修改这些基因，恢复突触结构，起到治疗疾病的目的。

透射电子显微镜（TEM）的工作原理是把经加速和聚集的电子束投射到非常薄的样品上，电子与样品中的原子碰撞而改变方向，从而产生立体角散射。散射角的大小与样品的密度、厚度相关，因此可以形成明暗不同的影像，该影像可将放大、聚焦后的电子束在成像器件上显示出来。由于透射电镜的主体透镜本身就是一个磁场，容易受到外界磁场，特别是交变磁场的干扰。受到磁场干扰后，显微图像发生单向的模糊，分辨能力降低。此外，磁场干扰可能还会引起照明光斑的漂移和摆动，影响正常观察。因此，透射电镜应有一定的防磁措施。

2）透射电镜室技术要点

透射电镜室旨在建设基于透射电镜设备的脑科学特殊设备实验室，实现具备超高分辨率的图像观察能力，为开展前沿脑科学研究提供重要手段和基地。

透射电子显微镜属于精密仪器，对外界磁场、振动、温度、湿度、噪声等参数要求严格。图5-19为透射电镜室效果图，其技术要点主要包括：

图5-19 透射电镜室效果图

① 电镜实验室需按所用设备的允许振动幅度和防磁要求，布置在建筑物底层，并远离振动源及磁场干扰源。电镜室外的交流磁场应控制在一定范围。

② 主动减振系统须含有前置反馈，提高低频振动的减振效果。

③ 透射电镜基座、与透射电镜配套使用的辅助设备、室内空气调节设备等，需要配置隔振装置。

④ 由于透射电镜属于精密仪器，对室内温湿度的变化较为敏感，因此需按

电镜设备要求严格控制室内温湿度，温度应保持18～23℃间任一温度恒定，温度波动≤0.8℃/24h。

⑤ 应控制电镜室内外的噪声强度，降低对实验过程中的干扰。噪声水平控制要求为：在电镜设备和空调都开启的情况下，频率为20～2000Hz的1/3频程上的频点处的声音强度不大于45dB。

3）透射电镜实验室工程实例

以深圳某工程为例，阐述说明如何基于前述建设目标与要求打造脑科学透射电镜实验室。

图5-20为该项目电镜实验区布局。整个电镜区包括Talos F200C G2专用电镜室、光镜实验室，以及设备间、操作间和办公室。

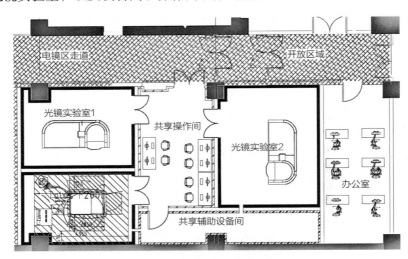

图5-20　某项目电镜实验区布局

该项目Talos F200C G2电镜室的交直流磁场强度在三个高度（0.5m，1.5m，2.5m）的三个正交方向上小于30nT。该透射电镜室的防磁措施主要有以下几种：电镜实验室远离大型电机设备、大变压器、高压输电电缆等强磁干扰，以及核磁共振、质谱、高能粒子加速器等强磁仪器；电镜实验室动力及照明导线不采用闭合回路和长迂回或单根导线布线，往返导线相互靠近，且导线不从实验室地下或顶上通过；实验室屏蔽材料采用铁网或薄铁皮，及主动磁屏蔽结合被动磁屏蔽，确保防磁措施落实到位。

① 主动磁屏蔽

主动消磁系统采用主动消磁器，如图5-21所示。

主动消磁器满足：暗装式消磁线圈，同时消除电子显微镜在工作环境下AC及DC低频磁场的干扰；对从直流（0）到1000Hz的磁场干扰持续补偿，补偿响应时间≤0.3ms；对50Hz交流磁场应有≥40dB的衰减率；直流磁场强度在三个高度的三个正交方向≤30nT；噪声干扰<0.7nT RMS（0<f<1000Hz）。

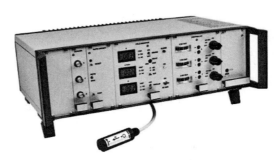

图5-21　MR-3主动消磁器

②被动磁屏蔽

电镜室被动磁屏蔽采用8mm低碳屏蔽钢板。主屏蔽层采用8mm低碳消磁屏蔽钢板六面体结构和10号槽钢作主框架，并选用63×63×6角铁作为次框架结构。屏蔽体低碳钢板上连续满焊，墙、顶、地板块间无焊接盲点。采用支撑结构件的特殊设计对一次焊缝进行二次磁防护，进一步降低漏磁可能。被动磁屏蔽系统除六面体低碳消磁钢板专业磁屏蔽，其余部分需经过消磁处理和波导处理。电镜室屏蔽门采用电镜专用磁屏蔽门。屏蔽门兼顾防磁屏蔽、隔声降噪功能需求，由高磁导率材料坡莫合金板制成的门扇、门框及门扇间敷设金属簧片。屏蔽门中还填充气密隔声条及高密度岩棉，达到隔声功能。

③防振措施

该项目透射电镜室防振措施主要有以下几种：为了防止透射电镜冷却水的振动，保持水压、流速的恒定，采用加长供水软管或装配减压瓣来稳定水压；增设电镜的独立基础（防振座），依据不同型号电镜的实际需要做成适当面积的大块钢筋混凝土实心结构基础；房屋的结构设计可抵抗七级地震；考虑到实验室配置了统一空调设备，故实验室采用离体结构。

④降噪措施

电镜室的降噪由加气混凝土砖墙、电控玻璃隔墙、普通玻璃隔墙、电动玻璃移门、移动玻璃门来实现，且地面采用自流平＋PVC耐磨弹性地板＋隔声净化吊顶＋模块吸声板。

⑤一般措施

温湿度控制措施同MRI实验室的措施，均由各自配套的精密空调等调控，并且电镜电源采用独立专线，不与设备间精密空调等采用同一套供电系统。其余措施见MRI实验室。

（2）冷冻电镜组织分析实验室

1）冷冻电镜实验室简介

冷冻电镜实验室是基于冷冻电镜技术和设备而打造的脑科学特殊设备实验室。冷冻电子显微镜技术是透射电子显微镜（TEM）中的样品在超低温（通常是液氮温度−196℃）下进行形态研究的一种技术。与透射电子显微镜相同的是，冷冻电子显微镜也采用了电子束对样品进行成像。但是和透射电镜不同的是，冷冻电镜的样品经过超低温冷冻制样及传输技术，可实现直接观察液体、半液体及对电子束敏感的样品，如生物、高分子材料等。在神经学研究上，冷冻电镜在解析生物大分子三维结构上，分辨率可与X-光晶体衍射解析蛋白质分辨率相媲美。冷冻电镜对于生物样品，特别是蛋白质结构的研究有着独特的优势，而解析神经元中蛋白质的结构，对阐述疾病发生机制至关重要，对筛选药物不可或缺。因此，冷冻电镜在药物研发与药效评价中将发挥不可替代的作用。冷冻电镜技术于2017年获得了诺贝尔化学奖。

2）冷冻电镜实验室技术要求

冷冻电镜实验室旨在建设基于冷冻电镜设备的脑科学特殊设备实验室，实现免受高真空条件和强电子束侵害的样品显微技术，为开展亚细胞超微结构乃至蛋白质大分子复合物进行极高分辨率的解析，以及为分辨完整的神经突触在接近生理状态下及病理状态下的高分辨三维超微结构的变化提供重要手段和基础。

冷冻电镜实验室建设的主要技术要点包括：

① 高速运动的电子在磁场中偏转是电镜成像的先决条件，外界干扰磁场会改变电子束的运动轨迹或使电子束抖动，从而引起图像失真，因此必须对冷冻电镜实验室进行磁屏蔽。磁屏蔽技术是降低磁场干扰的重要方法。磁屏蔽可分为主动磁屏蔽、被动磁屏蔽和复合磁屏蔽，图5-22为某项目磁屏蔽示意图。

图5-22　磁屏蔽示意图

② 地面振动对透射电镜的影响和交流磁场干扰类似，同样也会导致冷冻电

镜图像产生毛刺、扭曲等现象。因此需对电镜室采取一定的减振措施。

3）冷冻电镜实验室工程实例

以深圳某工程为例，阐述说明如何基于前述建设目标与要求打造脑科学冷冻电镜实验室。

① 减振措施

对于电镜室减振，该项目所采用的减振措施主要包括混凝土减振台和主动减振台方式。对于高频振动，主要采用混凝土减振台。混凝土减振台整体质量超过20t，质量越大，减振效果越明显，如果低于5t，容易产生共振，反而起到相反效果。做混凝土减振台时，采用较大程度的防水措施，且减振台内不使用易磁化骨架材料，如钢筋等，而是使用铝或铜材料替代；对于超标低频振动，特别是0~5Hz超低频的超标，则配置主动减振台予以消除。安装主动减振台时避免与电镜自带的气浮减振器（频率为1~3Hz）发生共振。

② 磁屏蔽措施

对于磁屏蔽，该项目电镜室采用的措施包括：a. 被动磁屏蔽。使用屏蔽材料（高磁导率或者高电导率金属材料）制成多面体屏蔽室（通常是六面体）。当外界磁场在进入屏蔽室壳体表面时，会被吸收或抵消，进而极大减弱了屏蔽室内的磁场，降低了磁场对设备的干扰。b. 主动磁屏蔽。主动磁屏蔽主要是采用主动式消磁器完成的，一般由磁场探测器、控制器和赫姆霍兹线圈等组成。c. 复合磁屏蔽。复合磁屏蔽是采用被动磁屏蔽和主动屏蔽相结合的方式进行磁屏蔽改造。屏蔽材料进行防腐蚀处理，确保拼接缝紧密无气孔。屏蔽体焊接完成后对拼接缝进行满焊，之后检查防止漏磁，以免影响屏蔽效果。为确保最终屏蔽效果，每一层屏蔽体检漏完成后，对其进行退磁处理。被动磁屏蔽和复合磁屏蔽的屏蔽体与截止波导孔均采用焊接连接，且同样进行满焊、检漏和退磁等操作。d. 地面屏蔽。地面做地骨架，保证地面屏蔽稳定，如图5-23所示。e. 其他措施。磁屏蔽施工过程中，支撑框架横梁、立柱进行防腐处理，保证强度满足力学性能；屏蔽门的屏蔽效能优于屏蔽室的2倍以上，门框与门扇间的缝隙设压紧装置。

图5-23 电镜室地骨架屏蔽层

3. 介观脑解析实验室

（1）介观脑解析实验室简介

介观脑解析实验室是基于介观脑解析技术和设备，建立活体动物成像分析系统和离体生物样品分析系统的脑科学功能实验室。介观尺度的脑研究主要关注于整个神经网络，如脑细胞和脑细胞之间是如何连接的，以及这些连接又如何引导神经信号流在神经网络中流动的。神经功能连接是每个生物进行任何行为的物质基础，也是精确解析大脑运作方式和神经系统疾病发病机制的关键。

介观尺度的脑解析模块建设以神经环路层面的研究为入手点，充分发挥医学科学、生命科学和信息科学等学科的特点以及学科交叉的优势，引入连接组、功能组等系统化的研究理念，将为认识脑的工作原理及脑疾病的发病机制打下基础，且符合第一章中我国脑计划发展的需求，对于提高国民脑健康，参与国际竞争，抢占脑科学的战略制高点意义重大。

（2）介观脑解析实验室技术要点

介观脑解析实验室旨在建设基于介观脑解析系统的脑科学功能实验室，为解析大脑工作原理及揭示相关神经疾病的发病机制提供重要手段和研究基地。

介观脑解析实验室所涉及的设备主要有倒置荧光显微镜、正置荧光显微镜、激光扫描共聚焦显微镜等。此类实验室并没有磁防护、核防护等特殊要求，但实验室地面均应具有防滑、易清洁等适用于洁净环境的特点；实验室墙面应具有无毒无味无污染、防水防潮、抗过氧化氢侵蚀、表面涂膜覆层且能长时间抑菌的要求；顶棚应具有不产灰、不积尘、耐腐蚀、防潮防霉、易清洁、防火、耐冲击的要求。

（3）介观脑解析实验室工程实例

以深圳某工程为例，阐述说明如何基于前述建设目标与要求打造脑科学介观解析实验室。

基于介观脑解析实验室建设的技术要点，该项目地面采用优力抗钢玉地坪，墙面采用装配式生物洁净板，顶棚采用手工双面石膏岩棉彩钢板面涂氟碳PVDF。下文针对该项目的介观脑解析实验室打造技术进行详细阐述。

1）优力抗钢玉地坪

优力抗钢玉地坪适用于科研实验室、动物饲养间、医院手术室等对室内洁净度有较高要求环境的地坪装饰施工，如图5-24所示。其主要技术特征是一种2.1～2.2mm厚的高固量聚合物地坪系统，它是以优力抗SC耐潮气聚氨酯改性无机材料作底涂，以优力抗16高分子聚合物自流平作中层，及高固量含耐火填料的面涂密封剂组成的体系。该地坪工艺共包含8道工序，其核心在于封底1道（控制基层含水率并提高强度）及找平2道（严格控制平整度），共3道基层处理工序及超耐磨最终面层施工，可有效避免一般树脂地坪因潮气或持久性冷热水、蒸汽等冲洗而造成地坪起翘、空鼓、起泡等现象。

图5-24 优力抗钢玉地坪

该项目优力抗钢玉地坪施工质量控制要点：① 严格控制基层混凝土平整度，保证平坦、无蜂窝麻面，并及时清除表面浮浆；② 地坪材料的配合比按使用说明书进行配置，且每一道工序涂刷后均进行整体打磨，增强地坪的强度与平整度；③ 施工过程中采用专用卡尺控制每层涂料的厚度，保证总厚度控制在2.1～2.2mm；④ 环氧底涂进行封底渗透后，测试含水率确保不大于6%；⑤ 地面涂料找平的平整度应控制在2mm/2m；⑥施工完成后铺设土工膜进行成品保护，且禁止相关人员穿钉鞋行走。

2）装配式生物洁净板

装配式生物洁净板具有结构强度高、装配快捷、施工成本低、无毒无味无污染、耐高温性能良好、弱导热性、防水防潮、表面抗紫外线老化、抗过氧化氢侵蚀、长时间抑菌等特点。介观脑解析实验室墙面由4.5mmA级不燃板、9～12mm玻镁板加强筋以及4.5mm厚A级不燃板构成，同时内部填充防火憎水岩棉铝合金框架，如图5-25所示。

图5-25 装配式生物洁净板

该项目装配式生物洁净板施工质量控制要点：① 装配式生物洁净板进场按要求堆放、搬运，防止变形、划痕、碰伤；② 板材和板材之间保持2.5～3.5mm板缝，并保证板面纯平，以减少微生物滋生。

3）手工双面石膏岩棉彩钢板面涂氟碳PVDF

手工双面石膏岩棉彩钢板面涂氟碳PVDF满足实验室洁净区不产灰、不积尘、耐腐蚀、防潮防霉、易清洁、防火、耐冲击等要求。

该项目双面石膏岩棉彩钢板施工质量控制要点：① 手工双面石膏岩棉彩钢板安装过程中保持壁板表面塑料保护膜与壁板相接，且禁止撞击和踩踏板面；② 板与板的接合缝隙、板与构配件的安装缝隙，全部用密封胶密封好；③ 隔断与顶板相接的各个夹角用阴（阳）角铝镶嵌，与地面相交的夹角处预加固；④ 顶板与顶板之间在上方板缝处用D4×13抽芯铝铆钉铆固，固定间距不大于200mm；⑤ 彩钢板表面平整光滑、无划痕、无损坏、颜色一致；⑥ 彩钢板安装壁板与墙面垂直，立缝紧靠且均匀，转角板转角处的连接整齐一致；⑦ 水平、垂直方向均成直线，无明显错位；⑧ 彩钢板连接处不出现明显凹陷，室内包角边连接处不出现波浪形翘曲，组立壁板的同时配合好电气暗敷管线及箱盒安装。

4. 脑编辑实验室

（1）脑编辑实验室简介

脑编辑实验室是基于跨物种模式动物模块、基因编辑模块和动物表型分析模块，开展新型动物基因编辑技术研发与动物脑认知能力评估的实验室。跨物种模式动物模块包括检疫、繁殖、保种和普通饲养、表型观察和基因型检测、动物尸体处理、笼具清洁等相关功能，为基因编辑、脑解析模块的检测及动物实验研究提供前置条件；基因编辑模块包括核苷酸操作平台、胚胎显微注射平台和标准手术平台。核苷酸操作平台包括AAV（腺病毒相关病毒）制备实验室、示踪病毒制备实验室等，胚胎显微注射平台包括胚胎培养区、电极制备区和显微注册区，标准手术平台包括光遗传相关立体定向类手术、制备转基因动物相关类手术等；动物表型分析模块包括电生理信息采集分析系统、生理生化分析平台、病理药理毒理分析平台等。

（2）脑编辑实验室技术要点

脑编辑实验室旨在建立：围绕自闭症、抑郁症、阿尔茨海默症、脑卒中等脑疾病研究的非人灵长动物模型制备和脑认知功能障碍研究设施；具备新型模式动物基因编辑技术研发与动物脑认知评估能力，包括：任意核苷酸替换（敲除和敲入），重组酶、荧光蛋白、活性标记物标记的基因编辑、显微注射、胚胎操作、动物繁育保种、灵长类动物模型表型分析（多种认知行为评估，如注意、学习、记忆、决策、情感、分类、概念形成和社会行为等）；制备发育性和退行性脑疾病基因编辑动物模型，实现对上述动物大脑基因编辑、遗传繁育、神经信息与表型研究数据的整体化、智能化管理；服务脑疾病诊疗及药物评价、基因、免疫和细胞治疗等临床前研究和相关产业。

以脑编辑实验室中微生物实验室、动物手术室以及常规仪器分析实验室为例，重点说明脑编辑实验室建设的技术要点。

1）微生物实验室

微生物实验室应设置成独立的区域，并与其他实验室分开。门口应设有门禁，非相关人员不得进入。各实验室根据工作内容合理布局，既方便工作又不互相影响。入口处设置集中式更衣间，培养室根据培养条件和种类不同可设置多间（如细菌培养室、固体培养室、液体培养室等）。

微生物安全实验室的建设应以生物安全为核心，确保实验人员的安全和实验室周围环境的安全，同时应满足实验对象对环境的要求。在建筑上应以实用、经济为原则。微生物安全实验室所用设备和材料必须有合格证、检验报告，并在有效期之内。生物安全等级为二级的微生物安全实验室，应采用生物安全柜作为一级屏障，采用冲淋系统作为二级屏障。

微生物安全实验室布局依如下原则：① 安全原则。毒性强、感染性高的专业实验室应与办公区域隔离，成相对独立区域。病原微生物实验室等尽量设在人员流动少的区域。② 实验室流向。由安全低毒实验室向高毒高感染性实验室过渡，高毒高感染性实验室应远离人员活动频繁区域，设在建筑物末端。③ 人流物流通道尽量分开，人员进出通道和物品通道分开，洁净物品与污染物品通道分开。④ 隔离。采用通风系统、围护结构、物理抑制设备等措施，将洁净与污染区域分隔。⑤ 不同类别和专业实验室宜独立设置，合理分区布局。

2）动物手术室

动物手术室旨在建设基于动物手术的脑科学实验室，为开展脑科学研究，为揭示大脑的机理与相关神经疾病的发病机制，为后续脑编辑、脑解析、脑模拟提供重要手段和研究基地。

动物手术室既有实验动物设施和动物饲养房的特点，又具有人类医疗手术室的某些特征；既要满足洁净室内操作人员的需要，又要满足实验动物的需要。动物手术室需要采用生物洁净系统将室内空气中的微生物作为最主要的控制对象，以满足实验动物手术室操作工艺的要求。对手术室而言，不仅需要采用对空气进行初效、中效和高效三级过滤的方法来严格控制进入室内空气中的微粒数量，还要对室内的人员、动物、器具和内壁进行灭菌消毒工作，其内部材料需要不起尘、不积尘、易清洁、耐腐蚀等。手术室的室内环境，由建筑围护结构和功能设施、洁净空调系统、工艺布局、人流和物流、人员和物品自我净化等各个方面的密切配合，才能防止微生物的污染。

动物手术室建设的主要技术要点包括：

① 常规实验室的面积不小于25m²，房间高度在吊顶为2.8～3.0m较为合适。因此，在实验室设计装修时，要多预留一些空间与面积。吊顶和墙壁应平整光滑，以便于清洁和消毒。地面应防滑平整，有利于排水，吊顶应设固定的顶灯，外表应平整。

② 在实验室的排水系统中，应选用管径较粗、方便排污的管道，不易堵塞。在实验室内设有地漏和排水沉淀池，便于清除污物、被毛等。倘若在实验室设计装修时排水不顺畅或者易堵塞，都会给实验室的清洁消毒带来不便。

③ 手术室内要有足够的照明设备，所以在手术室设计装修时，对于照明设备的选取以及安装位置，都要有一定的规划，保证室内的光照充足。手术室应有较好的通风系统，在装修设计时可以考虑设计自然通风或是强制通风。在保证通风的前提下，门窗应密封。

④ 手术室内应仅放置重要的器具，一切不必要的器具或与手术无关的用具，都不得摆放在手术室里。动物相对于人来说，好动性以及应激性都比较严重。有条件的手术室可以在设置仪器设备的存储间存放麻醉机、呼吸机以及常用的检测仪器、麻醉药品和急救药品。现代化的仪器设备多用电脑控制，因此，仪器存储间应防潮，保持干燥，不设上下水系统。

3）常规仪器分析实验室

图5-26为某项目常规仪器分析实验室。仪器分析实验室的建筑装修标准比一般空间要求高一些。整体空间应满足防尘、防腐蚀的要求，地面材料应平整、耐磨、易除尘，并按需要采取防静电措施。仪器分析实验室一般都有恒温恒湿、空气净化、气流、排风、抗振等要求。对于防振要求较高的仪器设备，除了考虑实验室的位置外，还需考虑设置独立的设备防振基础和隔振措施。

灰白色硅钙吊顶

乳白色实验家具

黑色实验台面

优力抗钢玉地坪

图5-26　某项目常规仪器分析实验室

同类仪器应尽量集中，需要供气的仪器尽量靠近气瓶间。对于不需用水的仪器，尽量远离水源。某些仪器对安装场地有特殊的要求，在对仪器室进行设计前要先了解清楚各种仪器对场地、水电、排风、温湿度等要求，特别是对预留房间的设计，以防建好的实验室不能满足仪器使用的要求。

（3）脑编辑实验室工程实例

以深圳某工程为例，阐述说明如何基于前述建设目标与要求打造脑编辑实验室。本小节从微生物实验室、动物实验室以及常规仪器分析实验室来阐述相应的打造技术。

1）微生物实验室

图5-27为某项目微生物实验室平面布局。该实验室墙壁、吊顶和地板光滑、易清洁、防渗漏，并耐化学品和消毒剂的腐蚀。实验台面能有效防水，并可耐消毒剂、酸、碱、有机溶剂和中等热度的作用。实验室内所有活动均有充足的照明，且避免了不必要的反光和闪光。

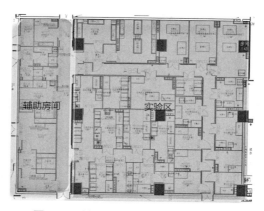

图5-27　某项目微生物实验室平面布局

该项目微生物实验室同时也是生物安全实验室（BSL-2级）。该项目把有洁净要求的房间设置在人员干扰少的地方，把辅助房间设置在外部。考虑到微生物实验操作流程，检测室、洗刷消毒室和培养室三者相邻设置，方便人流与物流的分离。为控制人员的出入（人流），只设有一个密封门进入微生物实验室主洁净区。操作人员先进入走廊然后进入准备间，并从准备间分别经过一更、二更、缓冲进入操作区。物流则由传递窗实现。排风口装有高效过滤器，送风口装有高效过滤静压箱，室内送排风采用上送下排方式，室内排风单侧布置，不存在障碍。余压阀自动调节室内压力，保持正压洁净状态。实验室位于走廊的盲端，与同一建筑内自由活动区域分隔开，且设置了保持压差的缓冲间。缓冲间内设置了洁净衣服区、脏衣服区以及淋浴设施。

微生物实验室器具坚固耐用，在实验台、柜和其他设备之间及其下面保证了足够的空间以便进行清洁，且有足够的储存空间来摆放随时使用的物品，在实验室的工作区外还提供了另外的可长期使用的储存间。安全操作及储存溶剂、压缩气体和液化气具有足够的空间和设施。实验室的门均有可视窗，并达到适当的防火等级，且能自动关闭。

图5-28为该项目微生物实验室效果图。实验室内安全系统包括消防、应急供电、应急淋浴以及洗眼设施；实验室内有可靠和充足的电力供应和应急照明，以保证人员安全离开实验室；设备的设计、建造与安装应便于操作，易于维护、清洁、清除污染和进行质量检验；不使用玻璃及其他易碎的物品。微生物实验室的装修同介观脑解析实验。

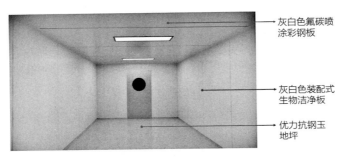

图5-28 某项目微生物实验室

微生物实验室内建立了可使空气定向流动的可控通风系统，且安装了直观的监测系统，以便工作人员可以实时保证实验室内维持正确的定向气流。该监测系统可代替警报系统。防护实验室中配置用于污染废弃物消毒的高压灭菌器。

2）动物实验室

该项目动物手术室、解剖室为新回风混风工况，设置了净化空调箱，内置空气过滤器、低噪声风机（送风机）、六排表制冷器、中效过滤器、消声器等。另设有低噪声排风风机。通过净化风管将经过净化空调箱热湿处理及经过初、中效过滤器过滤的空气送至室内末端装有高效过滤器的吊顶集中送风罩或吊顶送风口，送回风形式和气流组织均为顶送二侧下回的方式。吊顶集中送风罩的送风形成了垂直单向"活塞"气流，而吊顶高效送风口的送风则形成了紊流"稀释"气流。室内回风口处安装了设计新颖的竖直叶片，并由齿轮传动可调节叶片开张度，设置了规范要求的初效过滤器的铝合金回风口。实验室内独立设置了排风风机，用以排除手术室内的各种废气。

实验室内四壁和吊顶均采用企口装配式彩钢保温夹心板，其外形美观，密闭性能较好，在内角处装有圆弧形顶角线条和阴、阳角线条，全部铝合金配件表面作喷塑涂覆，使整个洁净室的内表面色泽更显柔和、协调、舒适。内门均采用型钢夹芯密闭推开门，内窗均采用密封固定观察窗。室内地坪采用环氧钢玉地坪。全部装修材料均选用不燃、难燃或阻燃型，以确保消防安全。

室内照明采用隐藏式净化荧光灯，手术室内两端墙面处各设有一个配有漏电保护器的组合式专用插座箱，走廊设置有停电应急照明灯和方向指示诱导灯。

3）常规仪器分析实验室

常规仪器分析实验室地面采用木地板、陶瓷板地面、PVC地面等。仪器分析实验室选用易清洁、不起尘的难燃材料。墙壁和吊顶表面平整，以减少积尘面，同时保证了保温、隔声、吸声效果。除固定隔断外，采用了灵活隔断，以适应仪器更新及改扩建的需要。有空调、洁净要求的房间采用了密闭保温的单向弹簧门或安装自动闭门器，并向室内开启。

对有强噪声的房间采用隔声门。有空调、洁净要求的房间在设置外窗时，采用了双层密闭窗。铝合金窗、塑钢窗采用了中空玻璃的单层密闭窗，以保证围护墙结构的热工性能。室内吊顶上安装的风口、灯具、火灾探测器以及墙上的各种箱盒等协调布置，做到整齐美观。室内色彩宜淡雅柔和，有清新宁静的效果，且不采用大面积强烈色彩。视觉作业处的家具和房间内用无光泽或亚光表面。

5. 脑模拟实验室

（1）脑模拟实验室简介

脑模拟实验室是指基于脑神经信息平台、脑功能模拟平台和类脑计算平台的实验室。脑神经信息平台主要包括动物设施信息、实验动物信息、脑解析数据汇集、脑编辑数据汇集、脑神经信息融合与接口；脑功能模拟平台主要包括视听觉算法模拟、类海马记忆模拟、类神经器官模拟、神经计算器件模拟；类脑计算平台主要包括类脑计算建模系统、类脑芯片设计系统、类脑神经界面系统。

脑模拟实验室为理解大脑、辅助治疗大脑疾病提供高效手段，并为研究类脑计算提供原理支持，因此该实验室的建设至关重要。

（2）脑模拟实验室技术要点

脑模拟实验室旨在：① 建立含有神经元静态结构连接图谱，以及动态生理和行为活动监测信息的大数据平台，建立基于区块链的脑大数据分布式管理、分享平台，以满足科研需求；② 建成能够精确模拟大脑动态行为的数学模拟器，构建具有特定脑区生理功能的神经类器官（类脑器官），为神经药物性能测试标准化和脑功能组织的修复和移植提供生物基础；③ 开展现有硬件计算体系架构下的神经模拟计算器件的研发，作为进一步发展类脑计算系统的前期基础；④ 建立根据脑模拟数据进行抽象算法的网络拓扑和执行算子，最终实现人脑和类脑系统互通，建设类脑神经界面研制平台。

脑模拟实验室并没有磁防护、核防护等特殊要求，其建设的基本技术要求可参照第五章第一节中的"一、一般要求"。

（3）脑模拟实验室工程实例

以某项目为例，阐述说明如何基于前述建设目标与技术要求打造脑模拟实验室。图5-29为该项目脑模拟实验室。

图5-29　脑模拟实验室

脑模拟实验室的建设要点包括：① 较大负荷用电器单独设回路，并设计相应自动保护开关。贵重仪器、精密仪器电源设计交流稳压装置或设隔离电源，以确保仪器安全可靠运行。② 采用圆形排风管，内壁制作粗糙面，减少风流噪声。风机安装在室外屋顶，出风口设防雨罩、防鸟罩，以及减振器、逆风阀、消声器。③ 利用现有空间使实验室家具布局合理，发挥最大作用，符合实验操作规律性，达到科学利用空间的最佳效果。工作台设计适合实验工作的工艺流程要求，且工作线路畅通、通道流畅，采用环保、阻燃、耐腐蚀、强度高等专业材料，经久耐用。④ 实验室的装修应保证防火、防潮、防腐，且具有通风、净化、消毒、无菌等功能，达到环保安全、可靠、经久耐用。

第三节　合成生物学实验室打造技术

一、合成生物学实验室简介

合成生物学实验室是指基于合成生物学技术而打造的实验室，实验室主要围绕自动化合成生物技术，以合成生物学基础研究为理论基础，把自动化工业发展过程中的智能制造、智能工厂理念引入合成生物学研究中，实现生命体工程化大批量合成。

通过建立基于信息管理系统的智能生产单元，快速、低成本、多循环地完成"设计-构建-测试-学习"的闭环，实现理性可预测的设计合成，达成合成生命体的远程定制、异地设计和规模经济生产等目标。同时将信息技术与生物技术交叉融合，发展出适用于自动化、高通量设备平台的标准化实验方法、算法和流程，推动合成生物学研究过程和工作流程标准化，进而推动合成生物学研究水平提升。

二、合成生物学实验室分类

合成生物学实验室根据实验功能需求的不同，主要包括以下6类：

（1）生物安全实验室：是指通过规范的实验室设计建造、实验设备的配置、个人防护装备的使用（硬件），实验人员严格遵从标准化的操作程序，并实行严格的管理规定（软件）等，确保工作人员不受实验对象的伤害，确保周围环境不受其污染，确保实验因子保持原有本性所采取综合措施的实验室。

（2）微生物发酵实验室：是进行微生物发酵工作实验室的统称，主要包括综合实验室、灭菌间、精密仪器室、发酵区、后处理实验室、小型平行发酵系统等。它是微生物研究实验室的重要基础。

（3）细胞实验室：顾名思义，它是进行细胞操作的实验室，包括细胞培养、分离、检测等，实验室主要由无菌操作室和准备室、洗涤灭菌间组成，广泛应用于科学基础研究及生物制药等领域。

（4）仪器分析实验室：是通过色谱、光谱、质谱和核磁共振谱等方法对生物进行解构分析的实验室，可为科研和生产提供大量的物质组成、结构以及微区内元素的空间分布状态等方面的信息。

（5）开放式实验区：采用大开间式布局，将同类型或类似的项目放在同个实验区域内来完成，达到最大化利用实验室空间，且便于设备交互使用、操作和管理，提高效率、方便科研人员交流。

（6）自动化合成生物实验室：实验室各套合成系统通过搭建局部自动化模块，作为灵活的"功能岛"执行特定功能，并根据研究方向的不同，组合成各类生产线设备系统，运转成一个智能化的生物工厂。通过自动化装置，实现常规的生物实验标准化，从而实现实验的可重复性和可追溯性。

三、合成生物学实验室布局

合成生物学实验室布局通常采用"模块化"实验单元模式，这种模式具有良好的灵活性、经济性和扩展性，便于进行实验室扩展与改造，同时可确保其与整体建筑的其他模块及整个工程系统充分协调，使其拥有适当的可变性，以应对实验研究的变化。

本小节以某工程合成生物实验室布局为例，介绍"回"字形布局及"大开间、小开间"混合式布局两种方式。

1. "回"字形布局

"回"字形布局根据不同功能房的用途特点，将整个楼层平面划分为内部与外部两块平面空间。

（1）"回"字形外部空间：实验准备间、机房及办公。

（2）"回"字形内部空间：重要的或有避光需求的实验室。

这种"回"字形的布局形式，使房间布局紧凑、自然通风、交通面积小且使用效率高，可将实验室使用面积最大化利用。此外，实验人员办公区位于"回"字外侧时，采光理想且视野效果佳，可一定程度提高实验人员办公的舒适性。

（3）"回"字形布局案例

以某项目为例，该项目合成生物学实验区采用"回"字形布局，如图5-30所示。

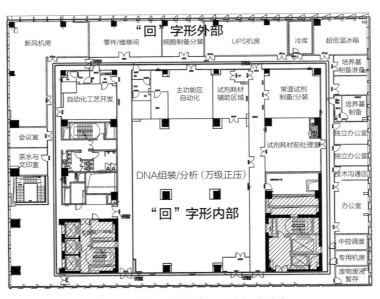

图5-30　某工程"回"字形布局实验室

① "回"字形内部空间包含的功能房有：DNA分析实验室、自动化实验室、试剂耗材辅助区、试剂制备区等；

②"回"字形外部空间包含的功能房有：细胞/培养基制备与安装间、机房、维修间、办公室、会议室、茶水室、冷库等。

2."大开间、小开间"混合式布局

（1）"大开间"式布局

"大开间"式布局是将实验区与公共区相结合，置于一个大结构的空间中，通过分隔内墙，并根据实验要求进行自由组合与改造。如不同功能的实验室等组合在一起，布置在大空间区域（如布置在楼层中心）。这种平面布局的特点是标准化、系统化，可根据实验功能需求，灵活地进行空间的改变。

（2）"小开间"式布局

"小开间"式布局适合于小型实验室、装置实验室，这些实验室分析仪器的种类和数量不多。这种布局方式可按照实验仪器的类型或装置来划分实验功能区，便于使用过程中的管理。

（3）混合式布局案例

以某项目为例，该项目合成生物学实验区采用了"大开间、小开间"混合式布局（图5-31）。通过设置大型开放式实验室，将同类型或类似的项目放在一个区域内，便于公用配套设施的设计与施工，以及设备的交互使用、操作和管理，同时也充分考虑了小开间设计，满足了特殊分析仪器单独设置的需求，避免了实验室面积的浪费，实现了实验室空间的最大化利用。

图5-31 某工程"大开间、小开间"混合式布局实验区

①"大开间"布局实验室主要有：开放式实验区。

②"小开间"布局实验室主要有：植物房、泥土间、准备间、培养间、恒温果蝇室、斑马鱼房、操作间等。

四、实验室的洁净度要求

1. 洁净室的概念

洁净室又可称作无尘室（Cleanroom），是指将一定空间范围之内空气中的微粒子、有害空气、细菌等污染物排除，并将室内温度、湿度、室内压力、气流速度与气流分布、噪声振动及照明、静电控制在某一需求范围内，而所给予特别设计的房间。不论外在的空气条件如何变化，其室内均能具有维持原先所设定要求的洁净度、温湿度及压力等性能的特性。

2. 洁净度等级分类

洁净室有一个受控的污染水平，该水平由在指定的颗粒尺寸下每立方米的颗粒数来规定。根据《医药工业洁净室（区）悬浮粒子的测试方法》GB/T 16292—2010，我国洁净室（间）对悬浮粒子的技术要求（五个洁净度等级），详见表5-1。

洁净室（间）对悬浮粒子的技术要求（五个洁净度等级）　　　　表5-1

《药品生产质量管理规范》			《无菌医疗器具生产管理规范》YY/T 0033—2000		
洁净度级别	静态测试最大允许数（个/m³）		洁净度级别	静态测试最大允许数（个/m³）	
	≥0.5μm	≥5μm		≥0.5μm	≥5μm
100	3500	0	100	3500	0
1000	—	—	1000	—	—
10000	350000	2000	10000	350000	2000
100000	3500000	20000	100000	3500000	20000
300000	10500000	60000	300000	10500000	60000

3. 实验室洁净度要求

洁净实验室通过控制实验空间的布局方式、建筑围护结构、给水排水系统、气流组织、通风与气压、光照、温湿度等实现洁净效果。

（1）布局要求

为避免交叉污染问题，人流与物流在设计时应分开。

1）工作人员依次经过换鞋、更衣（脱外衣、洗手、穿洁净服）、风淋、缓冲间（手消毒、风干）后进入洁净实验室内；

2）物品则由传递窗的上部送入，经除尘、消毒处理后放入洁净实验室；

3）使用后的废弃物品则再次经由传递窗的下部送入，取出后分类置入特定垃圾箱内。这部分涉及的内容具体由第三章进行阐述。

（2）建筑围护结构

围护结构除开放实验区外为全密闭结构，不设窗户，全机械通风。

1）总原则为洁净室的内表面应当平整光滑、接口严密、无裂缝、无颗粒物脱落、避免积尘，便于有效清洁，并应耐清洗消毒。

2）洁净室门窗、墙壁、顶棚、地面结构和施工缝隙应采取密闭措施，外墙的窗应具有良好的气密性能，能防止空气的渗漏和水汽的泄漏。

3）洁净室的窗与内墙面宜平齐，不宜设置窗台，如有窗台时宜呈斜角，以防积灰并便于清洗。

（3）给水排水系统

1）纯水系统

① 洁净室纯水系统中纯水水质应符合中国国家实验室分析用水标准二级水标准；

② 当实验室需使用超纯水时，需用容器到洗涤灭菌间超纯水机盛装，超纯水不做管道输送；

③ 每层给水主管从水井内主体给水排水专业预留工艺给水主管水表之后接出，接至实验室的各个用水点，接至实验室的给水主管应设置倒流防止器。

2）废水处理

实验室废水需经过特殊处理方式才能进行排放。

① 实验室废水管应具有良好的降噪静声性能、耐化学腐蚀性能、耐热性能，并使用橡胶密封进行连接；

② 实验室废水应首先通过提升泵进入中和池，通过加入酸碱试剂，将废水的pH值调节至6～8；

③ 废水通过调节池提升泵进入"水解酸化池＋反硝化池＋好氧＋MBR膜（膜生物反应器）"单元，废水在该单元内进行COD（化学需氧量）、SS（悬浮在水中的固体物质）和BOD（生化需氧量）的去除；

④ 若生化出水仍不能达到出水标准的要求，后续应设置深度处理单元。

（4）气流组织形式

洁净实验室的气流组织形式主要包括两种：层流（Laminar Flow，单向流）、湍流（Swift Current，非单向流）。

1）层流（单向流）

① 垂直单向流

垂直单向流是高级别洁净室应用最广泛的一种气流流型。在洁净室内，高效空气过滤器（超高效空气过滤器）布置在整个顶棚，从送风口到回风口，气流流经途中的断面几乎没有什么变化，加上送风静压箱和高效过滤器的均压作用，使全室断面上的流速比较均匀。在工作区内流线单向平行，没有涡流。干净的气流不是一股或几股，而是充满全室断面。

所以这种洁净室不是靠掺混稀释作用，而是靠推出作用将室内脏空气沿整个断面排至室外，从而达到净化室内空气的目的。空气经架空地板回至循环风机，从而形成上送下回的垂直单向流流型。当房间宽度小于等于6m时，也可以在侧墙下部设回风口形成上送下侧回的气流流型，这种方式基本上也属于垂直单向流流型。单向流洁净室的气流模式如图5-32所示。

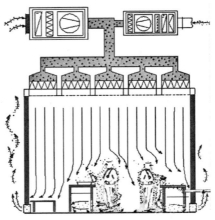

图5-32 "单向流洁净室"的气流模式

② 水平单向流

基本原理与垂直单向流方式相同，相区别的是其在一面侧墙满布高效过滤器送风口送风，相对侧墙处满布回风格栅回风。送入的洁净空气沿水平方向均匀流向回风墙。而垂直单向流方式是在顶棚布满高效过滤器送风。

2）湍流（非单向流）

非单向流洁净室靠送风气流不断稀释室内空气，把室内污染物逐渐排出，达到平衡。为了保证稀释作用达到很好的效果，重要的是室内气流扩散得越快越好。当一股干净气流从送风口送入室内时，能迅速向四周扩散混合，将气流从室内回风口排走，利用干净气流的混合稀释作用，将室内含尘浓度很高的空气稀释，使室内污染源所产生的污染物质均匀扩散并及时排出室外，降低室内空气的含尘浓度，使室内的洁净度达到要求。

非单向流洁净室的气流组织形式依据高效过滤器及回风口的安装方式不同而分为下列几类：顶送、侧下回；侧送、侧回；顶送、顶回，其中顶送、侧下回的气流组织形式是较为常用的形式。非单向流洁净室的气流模式如图5-33所示。

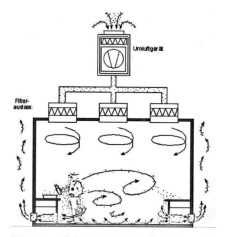

图5-33 "非单向流洁净室"的气流模式

（5）通风与气压

洁净室通风系统是控制整个实验室正压、负压的关键。

1）通风系统分类

洁净实验室的通风系统分为两类：一类是集中式；一类是分散式。

集中式一般用于多房间、多要求、集群式、多功能的洁净实验室，其优点是便于管理，远离噪声污染，降低成本；分散式空调通风系统，适用于单独实验室，或者小型洁净实验室，作用在于精细控制、针对性较强。

2）通风原理

洁净实验室采用组合式新风处理机组（MAU）＋高效送风口（HEPA）全送全排系统进行室内通风。

新风经过组合式新风处理机组处理后通过高效送风口送入室内，室内空气经过处理后排至屋面高空排放，气流组织为上送侧下排，排风管接至排风口。设置定向气流（由洁净区流向半污染区再到污染区），送风和排风均采取初、中、高效净化过滤，以达到要求的实验室净化等级。

3）气压控制

① 正负压的形成

实验室正负压的形成主要通过送风与排风实现。洁净区负压实验室排风先于送风开启以形成负压，排风后于送风关闭以保持负压；送风先于排风开启以形成正压送风，后于排风关闭以保持正压。同时通风管道内设静压和防倒灌装置。

② 压力控制要求

实验室内部操作物质若是有毒物质，实验室需形成负压环境，如果内部操作物质并非有毒有害物质，而实验室外部环境存在爆炸性物质，实验室需形成正压环境。洁净室正压值是指门窗在关闭的状态，洁净室内静压大于室外静压的数值，且不同级别的洁净室，静压差也不能小于5Pa，洁净区与室外的静压差，不能小于10Pa。实验室正压的目的在于保证洁净实验室不受或少受污染，这也是洁净度等级是否达到的重点。洁净实验室对于风速指标要求比较严格，空调系统必须满足参数要求并进行精确控制。

（6）光照要求

① 洁净室内应采用洁净室专用灯具，一般照明灯具为吸顶明装。如灯具嵌入顶棚暗装时，其安装缝隙应有可靠的密封措施。

② 无采光窗洁净室房间一般照明的照度标准值宜为200～500lx，辅助用房、人员净化和物料净化用室、气闸室、走廊等宜为150～300lx。

③ 洁净室内一般照明的照度均匀度不应小于0.7。

④ 缓冲间和操作间应装有紫外线杀菌灯（2～25W/m³）用于空气消毒，每次开灯照射时间为30min。

（7）温湿度

洁净室内温度宜控制在25±2℃，相对湿度控制在40%～60%。

4．洁净实验室工程实例

以深圳某项目为例，阐述说明如何基于前述洁净度要求打造合成生物学洁净实验室。

（1）布局方式

以该项目自动化实验室为例，实验室设置有消毒灭菌及卫生通过房间，且达到人流与物流分离，如图5-34所示。

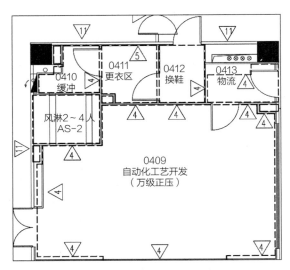

图5-34 某项目洁净室平面布局

① 实验人员依次通过换鞋区、更衣区、缓冲间，经过风淋后进入实验室；

② 实验物品则由专门的物流房间通道进入实验室。

（2）建筑围护结构

洁净室的围护结构均采用易于清洁、防霉、耐腐蚀、表面光滑不易积尘的装饰材料，以该项目DNA分析实验室为例：

① 隔墙采用轻钢龙骨洁净板隔墙（内填岩棉），岩棉密度≥120kg/m³；材料组成包括8mm硅酸钙板＋4mm洁净板，耐火极限大于1h。

② 地面采用同质透芯PVC地板（灰白色），厚度3mm，耐磨等级达到T级。整体优点为耐磨、耐腐蚀、易清洁，适用于洁净实验室环境。

③ 吊顶采用玻镁岩棉PVDF彩钢板，钢板厚0.5mm，整板50mm，表面平整光滑、无划痕、不积尘、耐腐蚀。

（3）给水排水系统

1）纯水系统

某项目合成生物平台纯水系统共分为三个，每个系统服务于不同楼层：系统一主要服务于地下室至三层；系统二主要服务于四～七层；系统三主要服务于九～十四层。

① 施工工艺

施工准备→材料入库前检验→使用前的检验→管道清洗、脱脂→预制加工→主干管安装→立管安装→二次配管→管道试压→管道吹洗→系统测试。

② 特殊工序

不锈钢管的切断：一般用管子割刀切割。注意固定管子时要在加紧管子处垫一层防护层，防止损坏不锈钢表面保护层。切割后要将端口用锉刀磨平，并用干净的棉布将端口擦干净。

不锈钢管道预制和安装：管内不许有杂物；装配预制的管道及部件要考虑便于焊接；要尽量减少固定焊口；焊接工艺宜采用氩弧焊。

焊接注意事项：为保护管子，焊工使用的榔头和刷子最好用不锈钢制作；焊接前应用酒精将管子对口端头擦洗干净；转动焊口最好在手动支架上进行；不锈钢管应在0℃以上进行焊接；焊缝处理用钢丝刷刷干净再进行抛光。

2）实验室废水处理

① 实验室清洗水和喷淋废水首先通过提升泵进入中和池，根据在线pH值检测数据选择加入酸碱试剂，将废水的pH值调节至6～8。

② 废水通过调节池提升泵进入"水解酸化池＋反硝化池＋好氧＋MBR膜（膜生物反应器）"单元，废水在该单元内进行COD（化学需氧量）、SS（悬浮在水

中的固体物质）和BOD（生化需氧量）的去除。

③ 生化出水仍不能达到出水标准的要求，后续设置深度处理单元，即芬顿氧化和石英砂活性炭过滤过程。

④ 芬顿氧化过程包括调酸、氧化、混凝、助凝和沉淀单元，酸化池内投加硫酸将废水的pH值调至2～4，氧化池内有催化剂并投加Fe^{2+}/H_2O_2，混凝池内投加PAC（聚合氯化铝），助凝池内加PAM（聚丙烯酰胺），沉淀池采用斜板沉淀池的方式去除水中的悬浮物。

⑤ 将沉淀池澄清液流入消毒池，消毒池经水泵通过石英砂过滤器、活性炭过滤器和紫外杀菌灯进行过滤消毒处理后达标排放；水解酸化池、反硝化池、好氧池、MBR膜池、芬顿反应池、混凝反应池、助凝反应池和斜板沉淀池的污泥进入污泥处理单元，污泥处理单元以叠螺机脱水为主，污泥处置后外运处理。

（4）气流组织

该项目合成生物学实验室同时采用了单向流及非单向流两种气流组织形式：

① 洁净实验室采用的气流组织方式为"上送下回"的单向流方式；

② 理化实验室采用的气流组织方式为"上送上回"的非单向流方式。

（5）空气压力梯度

以该项目细胞实验室为例，实验室内部保持空气正压，如图5-35所示。细胞室30Pa＞洁净走廊25Pa＞缓冲间20Pa＞更衣区10Pa＞换鞋/公共区0Pa，气流由洁净区向污染区流动，形成压力梯度。

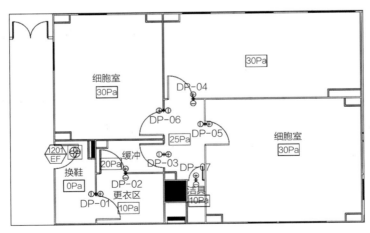

图5-35 某项目洁净室压差平面图

（6）光照

该项目合成生物平台手术室采用固定式LED全光谱平板净化灯，可实到有效防尘，满足实验室的洁净度要求（图5-36）。

图5-36 某项目洁净实验室内部照明

（7）温湿度

该项目细胞室的室内环境温度要求为22～24℃，湿度要求为60%～65%。

五、合成生物学实验室打造技术

本小节主要从实验室的概况、建设技术要点、工程实例等三个方面，对微生物发酵实验室、仪器分析实验室、生物安全实验室、细胞实验室、开放式实验区、自动化合成生物实验室等分别进行介绍。

1. 生物安全实验室

（1）生物安全实验室简介

生物安全实验室的建设应以生物安全为核心，确保实验人员的安全和实验室周围环境的安全，同时应满足实验对象对环境的要求。

生物安全实验室根据实验危害程度划分为四个等级，详见表5-2。

生物安全实验室分级　　　　　　　　　　　　　　　　　　表5-2

分级	危害程度	处理对象
一级 （BSL-1）	低个体危害，低群体危害	对人体、动植物或环境危害较低，不具有对健康成人、动植物致病的致病因子
二级 （BSL-2）	中等个体危害，有限群体危害	对人体、动植物或环境具有中等危害或潜在危险的致病因子，对健康成人、动物和环境不会造成严重危害，通常有有效的预防和治疗措施
三级 （BSL-3）	高个体危害，低群体危害	对人体、动植物或环境具有高度危险性，主要通过气溶胶使人传染上严重的甚至是致命疾病，或对动植物和环境具有高度危害的致病因子，通常常有预防治疗措施
四级 （BSL-3）	高个体危害，高群体危害	对人体、动植物或环境具有高度危险性，通过气溶胶途径传播或传播途径不明，或具有未知的、危险的致病因子。没有预防治疗措施

合成生物实验室主要为生物安全二级实验室（BSL-2），所以本小节着重对BSL-2实验室进行详细介绍。

（2）BSL-2实验室概况

BSL-2实验室即Bio Safety Laboratory-2，表示在此实验室内进行的实验所涉及的病原体和生物因子，其危害等级为Ⅱ级，即能够造成中等个体危害或有限群体危害。具体来讲，即能引起人或动物发病，但一般情况下对健康工作者、群体、家畜或环境不会引起严重危害的病原体。因此，实验室的建设标准，根据针对的实验对象，如病原体或室内生物因子的危害程度，相应地应提供生物安全防护水平为2级。

（3）BSL-2实验室技术要点

BSL-2实验室是通过实验室的布局空间设计及控制实验空间的技术参数，确保人员在处理病原微生物等实验材料时，不对人和动植物造成生物危害，不泄漏和污染环境。

1）布局要求

① 专业实验室应与办公区域隔离成相对独立区域；病原微生物实验室等尽量设在人员流动少的区域；

② 人员进出通道和物品通道分开，洁净物品与污染物品通道分开；

③ 不同类别和专业实验室宜独立设置，合理分区布局。

2）建筑要求

① 必须为实验室的安全运行、清洁和维护提供足够的空间；

② 墙壁、吊顶应光滑、易清洁、防渗漏并耐化学品腐蚀，地板应防滑；

③ 实验室的门应有可视窗，并达到适当的防火等级，最好能自动关闭。

3）环境指标要求

根据《生物安全实验室建筑技术规范》GB 50346—2011对BSL-2实验室环境规定了表5-3所列技术指标。

BSL-2实验室的主要技术指标   表5-3

序号	技术指标	技术要求
1	洁净度	无要求
2	最少换气次数	可开窗通风
3	与室外方向相邻相通房间的压差	无要求
4	温度	18～27℃
5	相对湿度	30%～70%
6	噪声	≤60dB（A）

续表

序号	技术指标	技术要求
7	最低照度	300lx

注：此为BSL-2实验室的最低技术指标。

4）安全性要求

如表5-4所示。

BSL-2实验室的安全性要求　　　　表5-4

要求	安全措施
一级屏障	1级、2级生物安全柜；实验室工作服；手套；面部保护措施（若需要）
二级屏障	防节肢和噬齿动物进入；开放的实验台；洗手池；高压灭菌锅；洗眼器；应急冲淋（必要时）；应急照明（备用电源）；带锁自动关闭门
操作	限制进入；生物危险警告标志；"锐器"安全措施；生物安全手册

5）防护设备配置

实验室安全防护设备主要包括以下几种：

① 生物安全柜

生物安全柜是能防止实验操作处理过程中某些含有危险性或未知性生物微粒发生气溶胶散逸的箱形空气净化负压安全装置。其广泛应用于微生物学、生物医学、基因工程、生物制品等领域的科研、教学、临床检验和生产中。如图5-37所示。

图5-37　生物安全柜

② 负压通风柜（罩）

负压通风柜（罩）主要功能是防治感染性检材在离心或开放性操作过程中感染性因子外溢导致环境污染或侵害实验人员。是一种有效的物理抑制设备，要求在负压罩排风口安装高效过滤器，以捕获感染性物质，防止病原性感染因子外泄。

③ 消毒喷雾装置

生物安全实验室消毒专用设备，主要使用甲醛、过氧化氢及过氧乙酸、环氧乙烷等消毒剂的喷雾消毒。消毒效果比紫外线消毒和手工擦洗消毒更好、更彻底，还可以减轻实验人员的劳动强度。实验室可根据条件及需要选配。

6）通风与气流要求

① 必须建立可使空气定向流动的可控通风系统（空调通风）。有特殊要求的可按净化要求进行送回（排）风系统设计，可以采用带循环风的空调系统。如果涉及化学溶媒、感染性材料操作和动物实验，则应采用全排风系统。

② 实验室内各种设备位置应有利于气流由"清洁"空间向"污染"空间流动，最大限度减少室内回流与漏流。

③ 空气净化系统应设置初、中、高三级空气过滤。

④ 新风口应安装防鼠、防昆虫、阻挡绒毛等保护网，且易于拆装。新风口应高于室外地面2.5m以上，尽可能远离污染源。

⑤ 气流组织应采用上送下排方式，送风口和排风口布置应使室内气流停滞的空间降到最低程度。

7）给水排水要求

生物安全实验室对给水没有特别的要求，但对于实验室排水有比较严格的规定，特别是实验室的废水排放必须符合环境保护要求。要求生物安全实验室设置独立的污水处理系统。

8）电力供应要求

应采取双路供电，不具备条件的应自备电源，应有不间断电源（UPS），保证生物安全柜、培养箱、冰箱等重要设备的正常运行。

（4）BSL-2实验室工程实例

以深圳某项目合成生物平台为例，后文各类实验室将分别进行实例介绍。

2．微生物发酵实验室

（1）微生物发酵实验室概况

微生物发酵实验是借助微生物在有氧或无氧条件下的生命活动来制备微生物菌体本身或者直接代谢产物或次级代谢产物的过程。

其基本工作流程，如图5-38所示。

（2）微生物发酵实验室技术要点

微生物发酵实验室是通过生物发酵系统设备，为生物研究培养出健康成熟的菌种，是微生物研究实验室的重要基础。

1）布局要求

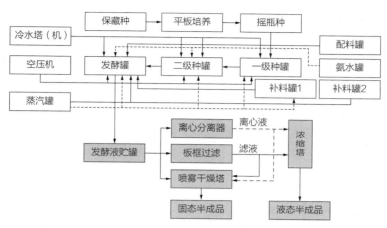

图5-38 发酵的基本流程

① 该实验室划分为三个区域，分别为湿地区、通用实验室和分析区；

② 采集室、准备间、分析室等应与发酵区相连，便于实验全过程操作；

③ 实验室发酵区一般独立于其他空间，以便对实验室进行彻底地消毒灭菌。

2）空间要求

① 面积要求：微生物发酵实验室需配备实验专用发酵罐，一台10L或30L的发酵罐，必须有2m×2.5m以上的建筑面积才能够满足使用和维护需要。

② 高度要求：应根据设备的总高度确定，设计应提前考虑并后期预留。发酵罐如图5-39所示。

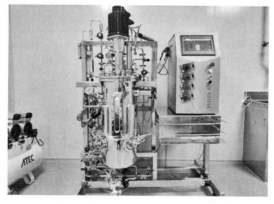

图5-39 发酵罐

3）建筑要求

① 微生物发酵实验区往往水量大且温度反复，要求存放空间易清洁、不易积尘、防霉防潮、耐腐蚀、便于消毒等；

② 发酵罐存在一定的爆炸危险性，要求隔墙采用混凝土墙或砌体墙。

4）排放要求

① 发酵罐排气（汽）管道在灭菌时有大量蒸汽排放，必须连接到室外的汽水分离器，不得在室内留排气口，否则在灭菌时可使室内湿度大幅度增加，不利于设备的维护；

② 排水地漏需水封，一来阻隔臭味，二来可以防排水沟内的少量蒸汽上泛。小型发酵罐的取样口和放料口一般可不设地漏，直接采用普通塑料桶进行接料。

5）动力配置对建筑要求

除了按设备安装说明书的要求给搅拌电机和仪器仪表配电外，还要分别配备四孔的380V和两孔、三孔的220V备用电源插座，以便维修及其他应用。所有电源插座都应配有密封盖，不用时盖上，以防溅水。

6）其他要求

微生物发酵实验室的通风、温湿度、光照等要求同第五章第三节第四项中"3. 实验室洁净度要求"。

（3）微生物发酵实验室工程实例

以深圳某项目为例，阐述说明如何基于前述技术要求打造微生物发酵实验室。

1）布局方式

图5-40为某项目微生物发酵实验室平面图。该实验室划分为三个区域，分别为湿地区、通用实验室和分析区，其中：

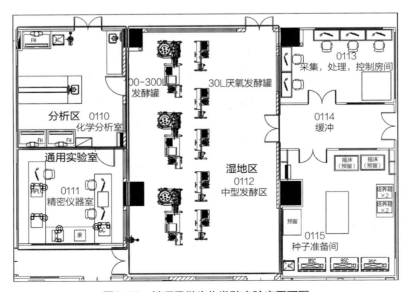

图5-40　某项目微生物发酵实验室平面图

① 湿地区用于安装实验所需的发酵罐；

② 通用实验室用于培养基的配置、细胞干重以及黏度的测定等操作；

③ 分析区用于发酵液的分析。

2）空间尺寸

该项目发酵室配置的发酵罐设备较大（最大容积达100～300L），房间建筑面积达113m²，房间净高大于4.5m，满足发酵罐存放及使用要求。

3）建筑围护结构

① 发酵区的墙面、吊顶采用PVDF彩钢板，单面喷涂PVDF材料，使其表面光滑、不易积尘、耐腐蚀、易于清洗；

② 地面采用双纤维环氧卷材（抗腐），厚度5mm，具有防滑、耐磨、防腐蚀、易于清洁等优点，适用于微生物发酵实验室；

③ 内隔墙采用200mm砌体墙，结构稳定性好，起到一定程度的防爆作用。

4）排放要求

该项目微生物发酵实验室内配有多个发酵罐，并设计配备有DN50地漏，同时采用DN75、DN100水平排水管进行污水排放。

5）动力配置

该项目微生物发酵室内每一套发酵罐设备对应的动力配置如图5-41所示。

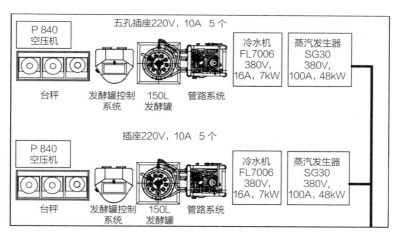

图5-41 某项目微生物发酵动力配置平面图

① 发酵罐及控制系统：五孔插座220V，10A，5个；

② 冷水机：380V，16A，7kW；

③ 蒸汽发生器：380V，100A，48kW。

6）其他配置

微生物发酵实验室的通风、温湿度、光照等同第五章第三节第四项的"4.洁净实验室工程实例"所述。

3. 细胞实验室

（1）细胞实验室概况

细胞实验室是负责单克隆抗体、HIV、体细胞等治疗制剂和诊断试剂，生产用细胞及牛血清等检验的专用实验室，并包括负责相应品种国家药品标准、一类新药和进口药品标准的技术审核、复核、修订或起草等，负责相应品种国家标准物质的研制、标定和分发；开展相应技术方法研究及技术人员培训。

细胞实验室主要由无菌操作室和准备室、洗涤灭菌间组成。

① 无菌操作室由换鞋区、更衣区、缓冲间和操作间四部分组成。

② 细胞准备室常设置在无菌操作细胞室外部，主要进行培养液及有关培养用的液体等的制备。一般放置离心机、水浴锅、定时钟表、普通天平及日常分析处理物。

③ 洗涤灭菌间（图5-42）一般需要单独设置，主要用于培养器皿的清洗、准备和消毒，洗涤灭菌室根据工作量的大小决定其房间大小，一般面积控制在 $30\sim50m^2$。在实验室的一侧设置专用的洗涤水槽，用来清洗玻璃器皿。一般设水池、落水架、中央实验台、高压灭菌锅、超声波清洗器、干燥灭菌器等。

图5-42　洗涤灭菌间

（2）细胞实验室技术要点

细胞实验室是通过控制实验空间的条件，在合适的温湿度、光照度、pH值、洁净度的环境下进行相关研究，防止微生物污染和有害因素的影响。

因准备室及洗涤灭菌间的特点较为常规，本小节后文主要以细胞实验室中的无菌操作室为例进行详细介绍。

1）布局要求

① 无菌室一般是在微生物实验室内专辟的一个小房间，面积不宜过大，约 $4\sim5m^2$，高2.5m左右即可；

② 无菌室外应设缓冲间、净化风淋间及更衣间，无菌室和缓冲间必须密闭；

③ 为防止交叉污染，应分别设置人员通道及物料运输通道，人员通道应按照洁净室通道要求严格执行。

2）建筑要求

① 实验室四周围护、吊顶和地面等平整、防滑、无缝隙、易清洁、不渗水、耐化学品和消毒剂的腐蚀；

② 整体结构密封、可靠，固定件齐全、有效，门窗开闭灵活，且整体结构应有合适的抗震和防火能力；

③ 所有门窗结构应采用防锈、防潮、易清洗的密封框架；

④ 无菌洁净室的窗应采用双层玻璃，洁净室和人员净化用室设置外窗时，应采用气密性能好的中空玻璃固定窗；

⑤ 房间高度应能满足工艺、卫生要求及设备安装、维护、保养的需要。

3）环境要求

① 杀菌要求：室内装备必须有空气过滤装置。无菌室和缓冲间都装有紫外线灯，无菌室的紫外线灯距离工作台面1m，工作台的台面必须处于水平状态。

② 洁净要求：无菌操作间的洁净度应达到10000级，室内温度保持在20～24℃，湿度保持在45%～60%，超净台洁净度应达到100级。无菌室应每月检查菌落数，在无菌室或超净工作台开启的状态下，100级洁净区平板杂菌数平均不得超过1个菌落，10000级的洁净室平均不得超过3个菌落，如超过限度，应对无菌室进行彻底消毒，直至重复检查满足要求为止。

4）照明要求

实验室应有充足的自然采光或人工照明，加工场所工作面的混合照度不应低于300lx，配料及灌装车间不应低于800lx。电气和照明总体设置规范合理，动力配电箱、照明器件、电子元件符合标准。

5）空气净化要求

① 通风系统、高效空气过滤器的安装应牢固，风向设计合理、防雨、防虫，符合气密性要求。

② 空调设备应符合恒温恒湿要求，通风换气次数合理，且便于安装、更换，维护后都应进行无菌处理。

（3）细胞实验室工程实例

以深圳某项目为例，阐述说明如何基于前述技术要求打造合成生物细胞实验室。

1）空间布局

细胞实验室外为无菌操作室，即由缓冲间、更衣区、换鞋区组成，如图5-43所示。

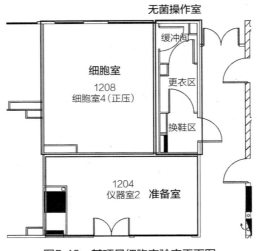

图5-43 某项目细胞实验室平面图

① 换鞋区、更衣区间位于培养室最外部，用于更换洁净的衣帽、鞋、口罩。放置消毒的防护服、衣帽柜、鞋柜。

② 缓冲间位于更衣区与操作室之间，目的是保证操作室的无菌环境，一般放置电冰箱、液氮罐、消毒好的无菌物品等。

③ 操作室（细胞室）位于内部，专用于无菌操作、细胞培养。

2）建筑结构

吊顶采用PVDF彩钢板；地面采用同质透芯PVC地板；隔墙采用轻钢龙骨洁净板，整体达到不吸水、表面光洁、无毒、防霉、耐腐蚀、易清洁的效果。

3）洁净度控制

① 细胞实验室的无菌室和缓冲间均安装有紫外线灯。

② 该项目的细胞室采用超净工作台提高局部区域的洁净度，占用空间小且净化效果很好。其原理是将室内空气经初过滤器初滤，由离心风机压入静压箱，再经高效空气过滤器精滤，由此送出的洁净气流以一定的均匀断面风速通过无菌区，从而形成无尘无菌的高洁净度工作环境。超净工作台如图5-44所示。

4）照明要求

细胞实验室的光照同第五章第三节第四项"4. 洁净实验室工程实例"所述。

5）空气净化

① 实验室安装有效的通风设备，其空气流向应从清洁区流向非清洁区，采用换气量大于3次/h的机械通风。

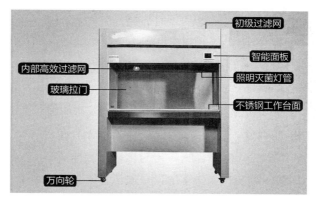

初级过滤网

智能面板

内部高效过滤网

照明灭菌灯管

玻璃拉门

不锈钢工作台面

万向轮

图5-44 超净工作台

② 通过控制空调设备的换气次数来调节室内的温湿度。

4. 仪器分析实验室

仪器分析实验室包含了多种分析法,根据分析的基本原理进行分类,主要有光学分析法、电化学分析法、色谱法和其他仪器分析法(图5-45)。常用的其他仪器分析方法一般包括质谱分析法和分析仪器联用技术。

图5-45 仪器分析实验室

本小节主要对质谱室、气相色谱-质谱联用仪室、液相色谱分析室进行介绍。

(1)仪器分析实验室概况

1)质谱分析室

质谱分析室主要是对纯有机物的定性分析,实现对有机化合物的分子量、分子式、分子结构的测定。分析样品可以是气体、液体、固体,主要设备有质谱仪、气相色谱-质谱联用仪(质谱室、气相色谱-质谱联用仪室虽为两个实验室,但其均属于质谱分析室,本小节统一进行介绍)。

质谱仪是利用电磁学的原理,使物质的离子按照其特征的质荷比来进行分离并进行质谱分析的仪器。缺点是对复杂有机混合物的分离无能为力。质谱仪因其利用电磁学的原理进行检测，对放置空间具有无振动无电磁干扰的要求。

气相色谱–质谱联用仪的原理是利用气相色谱和质谱两种技术来分离、鉴别和测量样品中的挥发性有机化合物。样品从取样口进入气相层析系统，气相色谱仪执行样品化合物的时间分离（滞留时间分离次序主要基于递增的化合物沸点），再被高能量的电子（70eV）轰击成为离子碎片。气流被导入质谱仪，质谱仪基于四级杆原理检测和鉴别淘析化合物，再与谱库对比来识别化合物。具有分离效率高、定量分析简便的特点。结合质谱仪灵敏度高、定性分析能力强的特点，两种仪器联用为气相色谱–质谱联用仪，可以取长补短，提高分析质量和效率。

2）液相色谱分析室

液相色谱分析室主要是对复杂的有机化合物进行高效率分离制取纯净化合物、定量分析和定性分析。仪器设备主要有：高效液相色谱仪，适宜于高沸点化合物、难挥发化合物、热不稳定化合物、离子化合物、高聚物等，从而弥补气相色谱仪的不足。

其原理是以液体为流动相，采用高压输液系统，将具有不同极性的单一溶剂或不同比例的混合溶剂、缓冲液等流动相泵入装有固定相的色谱柱。在柱内各成分被分离后，进入检测器进行检测。

（2）仪器分析实验室技术要点

仪器分析实验室是通过各种检测设备广泛地为科研和生产提供大量的物质组成、结构以至微区内时间或空间分布状态等方面的信息，一个精密的实验空间，能够减少实验仪器的误差，为实验提供准确的数据。

1）建筑要求

① 仪器分析区应与样品制备区紧邻，便于实验全过程的操作，同时应通过隔墙进行物理隔离，避免相互影响。

② 围护结构应具备光滑易清洁、不积尘、防霉、耐磨等特点。

2）温湿度要求

仪器分析实验室的温度要求为18～26℃，湿度要求为40%～50%，一般都可通过通风系统达到要求。其湿度要求较常规实验室不同，出现冷凝水时仪器不能使用，也可配备除湿机组进行湿度调控。

3）排风要求

质谱仪可能有汞蒸汽逸出，是需要排除有害气体的设备，因此质谱分析实验室除一般通风系统外还需考虑局部排风要求。当实验室某些区域产生有害物质，可采用局部排风方式，利用排风末端对其收集和排除。这种排风方式可以用较少的排风量即刻排走产生的有害物质，具有效率高、时间短、能量省、效果好的作用。局部排风方式主要有：万向排风罩（图5-46）、通风柜、高速离心机、排风台等设备。

图5-46　万向排风罩

4）动力系统要求

气相色谱-质谱联用仪通常使用EI源（电子轰击离子源，是最早也是应用最广泛的一种电离方式）。其电离能量较高，需要电离能高的气体作为载气，减少背景干扰。其载气有如下特殊要求：具有化学惰性、不干扰质谱图、不干扰总离子流的检测、高纯度等。气体纯度必须达到99.999%，并使用专用钢瓶灌装。载气纯度不够，或剩余的载气量不够时，会造成谱线丰度过大。根据所用载气质量，当气瓶的压力降低到几个兆帕时，应更换载气，以防止瓶底残余物对气路的污染。

仪器用气需要专业设计，从而保证气源供气充足和稳定。由于仪器长期不断电带气工作，需要保证气路系统带气切换不断气。一般采用二级减压供气方式，316LBA级不锈钢材质管路。气源采用钢瓶或者液氩的钢瓶。

（3）仪器分析实验室工程实例

以深圳某项目为例，阐述说明如何基于前述建设目标与要求打造合成生物学仪器分析实验室。

1）建筑布局

① 仪器分析实验室按功能分为样品制备区、仪器分析室和辅助功能区（图5-47）。

② 样品制备区与仪器分析室采用隔墙实现物理隔离。

③ 设置参观走廊，沿走廊采用玻璃隔墙，方便参观，减少对实验操作影响。

④ 吊顶采用微孔藻钙板（18mm厚），环保且美观，同时可释放负离子，平衡空气中湿度。

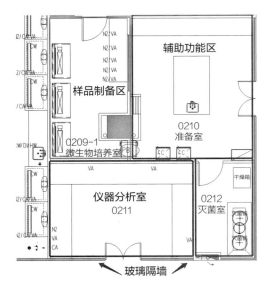

图5-47 某项目仪器分析实验室平面图

⑤建筑隔墙采用100mm轻钢龙骨洁净板，耐腐蚀、不积尘、易清洁。

⑥地面采用同质透芯PVC地板（3mm厚，耐磨等级T级），耐磨性能好。

2）温湿度

该项目仪器分析实验室内温度为22℃左右，湿度控制在50%左右，采用除湿机调控湿度。

3）排风系统

该项目仪器分析实验室除了通过常规的通风系统进行排风，局部还配备有万向排风罩、通风柜等设备。通风柜实物如图5-48所示。

图5-48 某项目仪器分析实验室通风柜

4）供气动力系统

该项目仪器分析室的供气系统采用两级减压的方式。供气经第一次减压，气体由15MPa降到1.5MPa以下，再输送到各用气设备；二级减压器安装在各用气实验室或用气点，方便控制仪器用气的输入压力，用气终端配有中压球阀和压力指示表。

供气管路的终端使用点预留方式：

① 在用气设备附近距地面1.2m处预留阀门；

② 用气点集中（如二氧化碳培养箱、边台等）设置设备带，如图5-49所示。

图5-49 设置设备带

③ 实验室中央台用气点预留在吊顶，至中央台用气点用软管连接。该方式系统相对灵活，方便扩容。

5. 开放式实验区

（1）开放式实验区概况

合成生物学实验室往往包含诸多同类型或类似的实验项目，为了在有限的楼层面积内最大化利用实验空间，通常设置有大型开放式实验区（图5-50）。同时该实验室布局形式对团队工作也有很好的促进作用，在开放式实验区工作的人员之间的交流更加便利，这对现今以团队工作为主要形式的工作模式十分有利。

图5-50 开放式实验区

（2）开放式实验区技术要点

1）布局要求

① 因开放式实验区实验功能类型较多，对应仪器设备多、人员配置需求大，故实验区的平面积需较大，通常为100m²左右，楼层允许的话可适当增大；

② 小型实验设备、实验装置等放置在房间四周，大型仪器台等设备放置在房间中央，以充分利用实验空间。

2）建筑要求

该类实验室面积大、仪器设备较为统一、实验功能繁杂，参观交流频繁，建筑设计考虑既满足实验需求又兼顾参观便利及易于清洁等要求。

① 吊顶类型应选用集成式，随时根据实验过程变化调整吊顶内的机电管线；

② 吊顶材料应尽量满足强度高、防水、防振、防尘、隔声、吸声、恒温等功能要求；

③ 隔墙建议选用透光率高、通透性好的玻璃隔墙，让隔断空间更具广阔性，让视野更透亮宽广，有利于参观区域的美观性，同时要满足防火要求；

④ 建筑地面应满足耐磨、易清洁、耐腐蚀、美观等特点。

3）环境要求

① 该实验区对温湿度无特殊要求，以满足实验人员舒适性为主，一般温度控制在15～25℃，湿度控制在70%以下；

② 实验区对洁净度无特殊要求，室内装饰材料尽量保证表面平整光滑、无裂缝、无颗粒物脱落、无积尘，便于有效清洁，并应耐清洗消毒。

4）通风要求

实验室通风应选用专门的通风设备，可采用单向流或非单向流两种气流组织形式，通过排风罩等装置进行排风。

5）排放要求

因实验室产生的废水通常带有腐蚀性、含污染物，所以对排水要求较高，排水应采用独立的污水处理系统，不能与常规排水混合，避免交叉污染，应该单独排放。

（3）开放式实验区工程实例

以深圳某项目为例，阐述说明如何基于前述技术要求打造合成生物学开放式实验区。

1）空间布局

开放式实验区空间布局如图5-51所示。

① 房间建筑平面面积大，达到300m²，便于设备交互使用及人员交流；

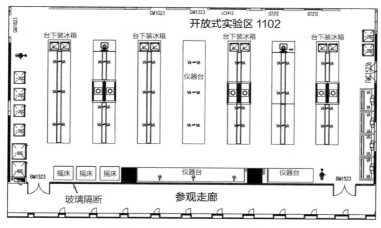

图5-51　某项目开放式实验区平面图

② 低温冰箱等小型设备沿房间四周放置，中央操作台等位于房间中央；

③ 房间隔墙邻走道处采用落地防火玻璃，通透性好，视野广阔，便于参观。

2）建筑围护结构

① 吊顶采用重型龙骨吊顶，其为现代化实验室镂空吊顶相结合的一种特殊吊顶。重型龙骨吊顶属于公用集成吊顶的一种类型，其在表面为镂空吊顶，同时其主次重型龙骨的不同组合搭配，可承受实验室功能柱悬挂，可集成气体管道、弱电管线、强电管线等，亦可根据后期实验功能变化增加调整主次龙骨，便于配合实验室内部灵活变化。吊顶结构如图5-52所示。

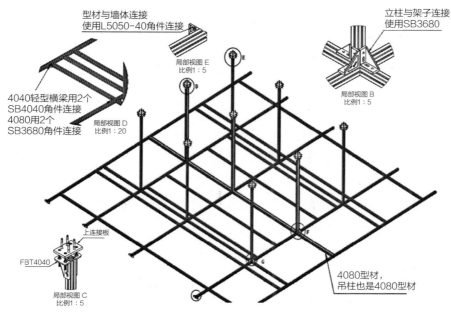

图5-52　某项目开放式实验区重型龙骨吊顶

② 建筑隔墙采用全钢双层6mm超白防火玻璃，这种玻璃本身含铁量仅是普通玻璃的1/10甚至更低，使其对可见光中的绿色波段吸收较少，看起来比普通玻璃杂色更少，颜色一致性好。同时，可见光透过率大于91%，透光率高，通透性好，视野透亮宽广，便于参观。开放式实验区玻璃隔断如图5-53所示。

图5-53 某项目开放式实验区玻璃隔断

玻璃隔断安装应注意：按设计要求进行预拼装；固定框架时，组合框架的立柱上、下端应嵌入框顶和框底的基体内25mm以上，转角处立柱嵌固长度也有一定要求；框架连接采用射钉、膨胀螺栓、钢钉等紧固时，其固件离结构边缘不得少于50mm；玻璃不能直接嵌入金属下框的凹槽内，应先垫抓丁橡胶垫块；玻璃装入后，凹梢两侧要嵌橡胶压条，从两边挤紧，防止玻璃移动，密封胶要均匀、饱满，注入深度约5mm，并随手用棉布将余胶抹干净。

3）实验环境

① 该实验区温度控制在20℃左右，湿度控制在60%左右；

② 实验区洁净度无特殊要求，实验台面光滑、平整、易清洁，地坪为PVC地板，耐磨、耐腐蚀、美观、易清洗。

4）通风措施

① 实验区送风主要通过上方的流风口进行，属于垂直单向流，详细介绍同第五章第三节"四、实验室的洁净度要求"。

② 实验区排风主要通过万向排风罩、通风柜进行，如图5-54所示。

5）排放措施

该项目开放式实验区采用独立的实验室废水处理系统，排水管暗藏于实验台下方，使用静音HDPE排水管，以及GMP不锈钢封闭式洁净地漏。实验废水排放至地下室负二层的污水机房，经处理后排至市政管道（废水排放及处理详见第五章第三节"四、实验室的洁净度要求"）。

图5-54　某项目开放式实验区排风设备

6. 自动化合成生物实验室

（1）自动化合成生物实验室概况

自动化合成生物实验室主要通过购置和自主研发的仪器和自动化设备共同构成的生产线来实现。与汽车生产线相似，一次性大投资的全自动生产线，存在产品线单一的局限性；由局部自动化模块充当"功能岛"，则具有灵活、可拓展、针对性强的优点。多种功能岛模块可以综合各种设备的特点，发挥系统集成的优势，从而有力应对合成生物学领域的持续技术创新。

合成生物技术自动化主要是通过一系列自动化合成系统来实现，包括：DNA（大片段）、病毒/噬菌体、细菌/真菌等自动化合成系统。

（2）自动化系统的设计与实现

合成生物实验室的自动化是通过大片段合成系统、噬菌体人工合成平台自动化系统、细菌基因组合成平台自动化系统、酵母基因组合成与改造自动化系统等四个系统实现，下文将分别作详细介绍。

1）大片段合成系统

① 系统定义

大片段合成是合成生物学发展的重要基础。未来合成生物学在人造生命、代谢工程、医学转化等领域的研发和应用拓展将带来大量的DNA合成需求。目前，依赖于劳动密集型的DNA合成产业模式，由于人力成本高、质量不稳定、管理运营成本高等问题，无法满足未来大规模、低成本和高效率的DNA合成需求。自动化及智能化的合成模式成为未来DNA合成的发展趋势。

为了参与国际合成生物学的竞争，赢得世界高通量合成生物学发展的高地，建立我国自有的大型DNA自动化合成中心尤为重要。

② 系统构成

大片段合成系统依据操作技术路线，按照实验功能划分为自动化合成和自动化验证两个平台。该系统按实验需求，分为6个模块，见表5-5。

大片段合成系统构成 表5-5

序号	模块	功能
1	Oligo DNA合成	载体构建、DNA片段拼接
2	DNA组装	DNA片段组装及检测
3	转化	微生物转化及培养
4	单克隆筛选	单克隆筛选及菌落检测
5	质粒提取	质粒提取
6	自动化验证	测序前样品制备，测序仪上机检测

③ 自动化的实现

大片段合成系统通过集成世界上已有的先进的DNA合成关键基础设备，整合了自动化微孔板架、自动化移液工作站、微量移液站、自动化培养箱、自动化离心机、自动化PCR仪、自动化检测酶标仪、自动化琼脂糖凝胶检测系统、封膜机、撕膜机、自动化克隆筛选仪、自动化质粒提取、测序仪、自动化冰箱，设备之间以机械手、机械臂和轨道将各个模块之间进行连接，在中央控制软件和系统集成软件的控制下，实现Oligo从Oligo合成仪的投入到基因产出的全自动化过程，最终实现DNA大规模、全自动化合成。

2）噬菌体人工合成平台自动化系统

① 系统定义

该系统以研究噬菌体生存必需基因、特定病原菌靶向攻击基因的功能为基础，以期人工合成出靶向特定病原菌，且最大程度上减少其副作用的噬菌体，用于临床抗细菌治疗。

噬菌体功能研究及筛选的流程复杂，且研究周期长，基因组合需大量的、高强度的劳动。因此，以实验流程的标准化和自动化来实现噬菌体研究、筛选的高效运行是迫在眉睫的。自动化系统不仅能实现工作流程的标准化，大大提高结果的可重复性，还能将工作人员从高强度的重复性劳动中解放出来，获得更多的时间对已有的数据进行分析，以及思考新的科学问题。

② 系统构成

噬菌体人工合成平台自动化系统按实验需求，分为7个模块，见表5-6。

噬菌体人工合成平台自动化系统构成　　　　表5-6

序号	模块	功能
1	酶切、酶链	载体构建、DNA片段拼接
2	转化	质粒转化、噬菌体基因组转化
3	微生物涂布挑选及培养	细菌噬菌体涂板，单克隆挑选微鉴物培养
4	核酸提取	基因组DNA、质粒、PCR产物纯化
5	核酸扩增	DNA扩增，基因序列大小验证
6	噬菌体颗粒制备	噬菌体DNA转变成噬菌体颗粒
7	病毒功能验证	打靶及合成的噬菌体抑菌曲线和一步生长曲线测定

③ 自动化的实现

噬菌体人工合成平台通过过滤装置形成无菌环境。该平台以光学台面为平台，整合了自动化培养箱、封膜机、撕膜机、耗材供给系统、PCR仪、珠式涂布仪、克隆仪、离心机、分液器、振荡培养箱、冰箱、实时定量PCR、纳米流式细胞仪、酶标仪、毛细管电泳仪、恒温室以及冷室，设备之间的连接以机械手、机械臂和轨道实现等模块为基础，不同模块相互衔接来完成噬菌体功能研究及筛选的全自动化操作。

3）细菌基因组合成平台自动化系统

① 系统定义

细菌的人工合成具有重大应用的科研价值，比如大肠杆菌是最常用的一种原核模式生物，其基因组DNA中有470万个碱基对，内含4288个基因，其遗传背景清晰，细胞质中的质粒常用作基因工程的载体。基因工程操作方便，培养条件简单，大规模发酵经济，合成全片段基因及其表达载体种类齐全。大肠杆菌是目前应用最广泛、最成功的表达体系，常作为高效表达的首选体系，是具有广泛应用前景的合成生物学系统。

② 系统构成

噬菌体人工合成平台自动化系统按实验需求，分为8个模块，见表5-7。

细菌基因组合成平台自动化系统构成　　　　表5-7

序号	模块	功能
1	Oligo设计与合成	自动化DNA大片段设计、拆分与合成
2	核酸扩增	DNA片段/质粒的组装、PCR检测
3	转化	微生物的化学法DNA转化

序号	模块	功能
4	微生物涂布、挑选及扩增	大肠杆菌、酵母菌等的涂板、单克隆挑选及培养
5	核酸提取	基因组DNA、质粒的提取纯化
6	酶切酶连	载体构建、DNA片段拼接
7	质粒及菌种保存	质粒及菌种保存
8	功能验证	定量表征合成菌株的基因表达、生物适应度和代谢产物

③ 自动化的实现

细菌基因组合成平台整合了高通量耗材供给站、高通量振荡培养箱、4℃冰箱、高通量非振荡培养箱、封膜机、撕膜机、离心机、毛细管电泳仪、2D扫码仪、开关盖机、酶标仪、普通PCR仪、荧光定量PCR仪、单克隆挑取系统、克隆接种及挑取系统、流式细胞仪、生长曲线测量仪、气相/液相色谱串联质谱仪等自动化设备，设备之间的连接以机械手、机械臂和轨道实现等模块的相互衔接实现自动化。通过模块的相互衔接，能够同时满足细菌基因编辑平台和细菌人工合成平台的运行。

4）酵母基因组合成与改造自动化系统

① 系统定义

酵母细胞是合成基因组的优良载体。从化学合成的寡聚核苷酸在生命体内组装成DNA序列需要大量的重复性平行组装工作，极大地限制了合成生物学的发展和应用。该系统不仅可以在酵母体内快速自动化组装任意外源基因组大片段，还可以对酵母进行基因组改造，对外源代谢途径进行自动优化，将引领酵母基因组合成领域的革命性进步，对经济社会永续发展、应对日益激烈的国际竞争与国家安全具有重大战略意义。

② 系统构成

酵母基因组合成与改造自动化系统按实验需求，分为7个模块，见表5-8。

酵母基因组合成与改造自动化系统构成　　　　　　　　表5-8

序号	模块	功能
1	Oligo设计与合成	自动化DNA大片段设计、拆分与合成
2	核酸扩增	DNA片段/质粒的组装、PCR检测
3	转化	微生物的化学法DNA转化
4	微生物涂布、挑选及扩增	大肠杆菌、酵母菌等的涂板、单克隆挑选及培养
5	核酸提取	基因组DNA、质粒的提取纯化

续表

序号	模块	功能
6	质粒及菌种保存	质粒及菌种保存
7	功能验证	定量表征合成菌株基因表达、生物适应度等

③ 自动化的实现

该系统的搭建主要依托液体工作站，整合了高通量耗材供给站、高通量振荡培养箱、−20℃冰箱、高通量非振荡培养箱、封膜机、撕膜机、离心机、毛细管电泳仪、2D扫码仪、开关盖机、酶标仪、普通PCR仪、荧光定量PCR仪、单克隆挑取系统、克隆接种及挑取系统、流式细胞仪、生长曲线测量仪、气相/液相色谱串联质谱仪等自动化设备，设备之间的连接以机械臂、机械臂和轨道实现，实现在酵母体内快速自动化组装任意外源基因组大片段，以及对酵母的基因组改造和外源代谢途径的自动优化。

（3）自动化合成生物实验室技术要点

自动化合成生物实验室对实验室的洁净度要求较高，属于洁净室。其技术要求同第五章第三节"四、实验室的洁净度要求"所述，此处不再赘述。

（4）自动化合成生物实验室工程实例

以深圳某项目为例，阐述说明如何基于前述技术要求打造自动化合成生物实验室。

1）建筑布局

自动化实验室通过一系列实验设备及仪器等形成自动化生产线，实验的环境要求通常为万级正压，为了保证实验室环境的洁净要求，应人流、物流分离。

① 实验人员通过换鞋、更衣、缓冲、风淋等功能房进入实验室内部；

② 实验物品则通过物流室进入实验室内；

③ 温度控制箱、培养箱等小型设备通常沿着房间四周布置；大型自动化操作实验平台布置在房间中部，如图5-55所示。

2）建筑围护结构

实验室围护结构内表面均采用平整、光滑、接口严密、无裂缝，且避免积尘、便于有效清洁、耐清洗消毒的装饰材料，具体如下：

① 吊顶采用玻镁岩棉PVDF彩钢板（A级），单面喷涂PVDF涂料，面朝室内，钢板厚度0.5mm，整板50mm厚，耐火极限≥1h；

② 地面采用灰白色同质透芯PVC地板（B1级），厚度2mm，耐磨等级为T级；防滑等级Bd、Bw；防滑性能$COF \geqslant 0.6$、$BPN \geqslant 60$；

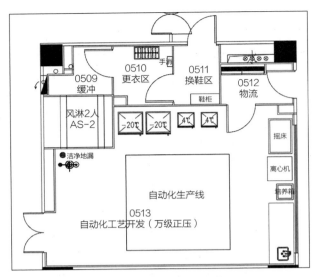

图5-55　某项目自动化合成生物实验室平面

③墙面采用100mm轻钢龙骨洁净板隔墙（内填岩棉、A级），包括8mm厚硅酸钙板＋4mm洁净板，耐火极限≥1h。

3）其他配置

自动化合成生物实验室的排水系统、通风、空气压力、温湿度等同第五章第三节第四项"4．洁净实验室工程实例"所述，此处不再赘述。

智慧科学园区打造技术

在现代智慧城市打造中，智慧园区已成为发展的主要方向，所以在科学园区发展过程中，必须切实加强互联网技术、物联网技术、云技术、大数据技术等，着力打造智慧化的科学园区。智慧科学园区的主要特征体现在"智慧"，一方面，它在现实的园区环境之外，综合应用各类新一代网络技术，加强园区内部的互动沟通和管理能力；另一方面，它更强调增强园区各方面的资源整合能力，共享数据资源，加以推广，为智慧科学园区的打造作支撑。智慧科学园区可以通过智能化的监测控制与管理系统，有效节省园区运行所需的能源和人工成本的消耗，提高工作效率、增强园区服务质量和建筑环境的利用率，保障整个科学园区安全、稳定、持久地发展。

第一节　智慧园区集成平台建设

一、智慧园区概述

1. 智慧园区建设的功能意义

智慧园区建设的功能意义在于切实保障园区安全，切实提高生产办公效率，切实提升能源管理与节能环保水平，促进科学、产业、工业园区的大数据收集与应用，最终提升园区品牌价值。智慧园区是智慧城市的一个组成部分，智慧园区的"智慧"特征并不局限于对园区内部的有效管理，而且要实现与智慧城市规划的高度融合，在交通、城管、电力、应急等各项方案中充分结合，以城市资源为依托，为智慧园区建设奠定坚实的基础。从过去社会经济发展的情况看，一个城市的经济命脉是商业发展，智慧园区、智能办公正是城市商业发展的源动力。

2. 智慧园区定义

随着以云计算、物联网、大数据、人工智能、5G等为代表的技术迅速发展和深入应用，智慧城市建设已成为全球发展的新趋势。而智慧园区作为建设智慧城市的落脚点，是当今发展数字经济的新理念和新模式，也是新型工业化建设的必然要求。智慧园区和传统园区相比较，具备迅捷信息采集、高速信息传输、高度集中计算、智能事务处理等能力。

智慧园区是运用新一代信息与通信技术，具备迅捷信息采集、高速信息传输、高度集中计算、智能事务处理等能力，深度融合人事物的有机生命体和可持续发展空间。

新一代信息与通信技术包括人工智能、区块链、云计算、大数据、物联网、机器人、智能终端和5G等技术。其中，以云计算、大数据、5G为代表的全新基础设施与人工智能、机器人、智能终端等全新解决方案相结合，为智慧园区建设奠定了技术基础。

二、智慧园区集成平台

1. 智慧园区集成平台概述

智慧园区集成平台，将原本孤立的周界、门禁、消防、车辆、楼宇、群控、配电等业务子系统统一接入、汇聚、建模，形成综合分析展示、集成联动和统一服务的能力。智慧园区集成平台集成多个智能化系统，如安防系统、办公系统、动环监控系统、电力监控系统、实验设备运行监控系统以及车辆管理系统等园区配套系统。智慧园区实现一站式运营，智能化子系统通过TCP/IP协议或HTTPS（REST API）协议与平台集成，进行数据互联。

智慧园区集成平台作为一个全面、可靠、先进、可扩展的园区大脑，在应用层上对园区内的智能子系统及应用子系统进行信息集成与数据集成，以"分散控制、集中管理"为指导思想，实现信息资源的共享与管理，提高工作效率，同时及时对全局事件作出反应和处理，提供一个高效、便利、可靠的管理手段。其主要功能表现在以下几个方面：

（1）智能子系统接入集成：将园区内各个分控平台及功能系统的数据采集、归集，使原来分散的、孤立的信息可以集中在同一个界面下进行浏览和监控。

（2）应用集成：将园区内的分散智能化子系统在统一的计算机平台和统一的人机界面环境进行有机互联和综合，以提高整体智能化程度，增强综合管理和防灾抗灾能力，实现优化节能管理，提供增值业务，提高工作效率，降低运营成本。

（3）信息集成与共享：在信息采集汇总的基础上，将相关数据沉淀下来，进行整合与分析，保存在服务器数据库中，用于整体数据展示及各个系统间的数据调用。

（4）信息互动：实现子系统间的互动，即系统联动。

（5）信息综合展示：汇总各方面数据加以整合与分析，对不同需求层次、不同管理目标、重点区域、重点设备进行智能化系统的亮点展示。

（6）数据挖掘和大数据分析：对园区内各系统运营的运行数据进行累积、挖掘和分析，为领导层决策提供重要依据。

2. 智慧园区集成平台架构

智慧园区集成平台主要包括物联网平台、视频云平台、GIS平台、定位平台等，且根据项目需要具有灵活扩展能力（图6-1）。各平台的主要功能特点如下：

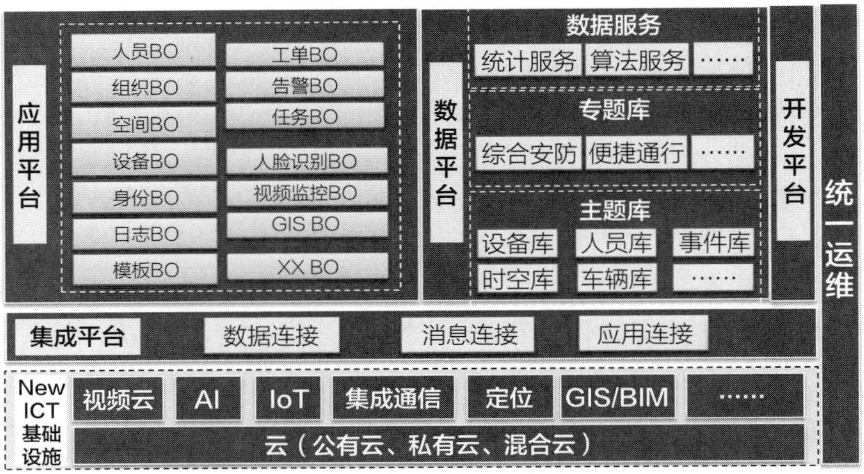

图6-1　智慧园区集成平台架构

（1）物联网平台：支持资产标签接入、安防子系统接入、楼宇系统接入，提供连接管理、设备管理和数据管理，为上层应用提供数据采集和逻辑控制服务。

（2）视频云平台：整合区域内所有IP摄像机，集摄像机接入、管理、存储、媒体转发于一体。通过视频全面云化，实现视频联网和资源共享。采用云化架构部署，根据业务场景弹性调度资源，支持多算法管理，通过有效的方法提升视频图像处理效率、资源利用率及业务协同能力。

（3）GIS平台：从空间维度整合各业务数据，形成园区一张图，满足客户多场景需求。

（4）定位平台：利用适用于园区的最优的指纹或蓝牙定位方案，实现园区内及室内的精确定位，同时借助GIS实现导航、设施查找等定位服务。

3. 物联网平台

（1）概述

物联网平台（简称"IoT平台"）是对园区各个物联子系统及应用子系统进行信息集成与数据集成的平台，以"分散控制、集中管理"为指导思想，实现信息资源的共享与管理，提高工作效率，及时对全局事件做出反应和处理，提供一个高效、便利、可靠的管理手段。系统采用"浏览器-服务器模式"系统架构，便于多用户浏览和远程监控。

（2）设计原则

物联网平台设计以稳定运行为主，适度超前，选用先进的、成熟的产品，同时在设计中考虑系统的开放性，以便于未来发展各子系统的互联和扩展；同时应考虑系统效率，加快响应速度，提高服务能力，为管理者提供高效、便利、安全的工作环境。

物联网平台设计主要遵循以下原则：

1）安全性的原则

设计与开发需符合软件行业开发安全标准；与终端设备、子系统、应用接口等交互需有报文加密及安全鉴权等机制；至少支持以设备和功能两个维度对用户或用户群组进行权限控制；需要对敏感数据进行加密处理；需提供针对突发型安全事件的紧急处理机制；可提供审计信息，操作日志用于异常定位追踪。

2）可拓展性的原则

具备水平拓展的能力；支持分布式部署；支持第三方系统和平台接入；各组件无单点故障，具备高可用性。

（3）开放性的原则

管理系统采用B/S架构，支持IE、FireFox、Chrome等主流浏览器访问；数据可以通过外部接口进行访问和调用；需支持云化部署。

（4）灵活性的原则

采用模块化松耦合设计，用户可以根据自己的需求灵活配置；支持多语言（中文、英文等）。

（5）系统架构

智慧园区系统以"分散控制、集中管理"为指导思想，采用面向服务编程，实现系统横向、纵向分割，达到高内聚低耦合的设计目的。

系统采用混合架构，整体分为IoT管理平台和IoT接入平台两部分。IoT管理平台采用B/S架构，IoT接入平台按照功能划分为数据采集、数据处理、数据上报和运维管理四部分。数据采集、数据处理和数据上报统称集成接入服务，各自采用独立服务架构，运维管理采用B/S架构，支撑与平台用户的交互。各服务、平台可统一部署，也可分别部署在多台服务器上，一套运维平台可管理多套数据集成接入服务，该设计考虑各组件无单点故障，具备高可用性的特点。

物联网平台的建设，考虑综合安防、楼宇、能耗等设备设施的数据采集、日志和安全传输外，进一步考虑设备管理、鉴权认证、故障诊断、联动规则、告警过滤和分析。

物联网平台总体架构可分为如下四个层次（图6-2）：

1）智能运营中心（IoC）：IoC实现具体应用功能，如安防管理、便捷通行、设施管理等。

2）IoT管理平台：IoT管理平台支持云化部署，主要负责设备管理、鉴权认证、故障诊断、联动规则、告警过滤和分析。同时将园区的安防、楼宇、能效设备以及其他传感器的数据、状态和经过分析和过滤过的告警上报给IoC上的各个应用。提供联动配置和规则响应，包括调用智能视频监控（IVS）的视频能力，支撑安防、楼宇以及园区应用的显示和控制。

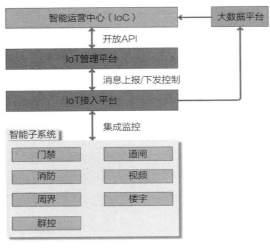

图6-2　物联网平台总体架构

3）IoT接入平台：IoT接入平台可部署本地物理机或云环境，主要是通过底层子系统接口（RS485、OPC、BACnet、ODBC、OBIX等），从BA系统、冷站群控系统、电能管理系统以及其他系统采集基础数据，并根据管理平台的设置，最终将数据上传至IoT管理平台和大数据平台。

4）智能子系统：主要指群控系统、楼宇系统、门禁系统、消防系统以及其他物联子系统。

4. 视频云平台

（1）系统架构

根据园区的组织和规模，可以采用单园区部署视频云，也可以采用总部园区＋分支园区的多级视频云部署。在各园区部署视频云，支持本园区摄像机的接入、实时浏览、录像回放、摄像机图片上传、图片检索、人脸比对、车辆比对、以图搜图、人脸布控、车辆布控等业务。同时，可支持人脸PAD对接，实现后端人脸识别开门。

视频云平台开放北向接口，园区应用可以调用视频云接口，在园区应用中集成摄像机实时视频、录像检索、录像回放、人脸识别、人脸检索布控、车辆检索布控等智能安防能力，与园区应用子系统结合，提升园区管理的效率和安全性，通过园区—脸通（闸机PAD）提升员工进出园区/楼宇的体验。

（2）功能特点

视频云平台系统功能由视频管理云组件和视频解析云组件两大部分组成（图6-3）。视频解析云组件通过智能分析代替人工检测视频中的关键信息，降低人力成本，提高效率。视频管理云组件是基于行业视频监控业务需求，结合视频云存储产品而定制开发的智能视频监控产品。视频管理云平台除了提供实时监控、云镜控制、录像存储、电子地图、电视墙、告警联动等功能满足基本监控需求外，还提供了多级多域管理、逐级转发和外域转发等高级功能，从而实现各级企业机构间的视频共享和联网，子机构通过视频管理云组件接入监控设备，上级机构通过视频管理云组件管理和查看下级机构的业务，同时各级机构可以通过与外域各级机构的第三方监控平台对接互联来查看对方机构的实况或录像。

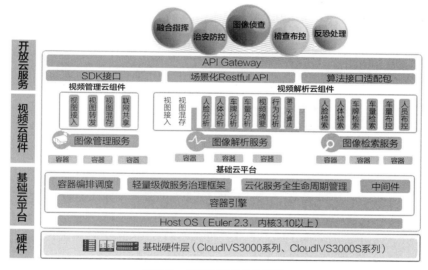

图6-3 视频云平台总体架构

5. GIS平台

（1）概述

GIS平台，是十分重要的空间信息系统。它是在计算机硬、软件系统支持下，对园区空间中的有关地理分布数据进行采集、储存、管理、运算、分析、显示和描述的技术系统。园区管理是一个立体空间的管理：既涉及大楼内场的管理，也有园区外场的管理。

在这个立体空间中，管理着众多的相对静态数据和动态变化的数据，包括：园区的建筑基础信息，水电管网等设施基础BIM信息，空调、水暖、消防等BA楼控信息，资产、人员、车辆管理等物业信息，园区的安全运行状态信息，ICT基础设施分布和使用信息，以及园区运营的绩效数据信息等。这些信息分别有不同的子系统载体，对于园区管理者而言，如何做到各子系统分散控制、集中管理，对园区的整体运行情况有全面的了解和感知，做到可察（物联感知）、可视（可见）、可管（管理到系统或者人）、可追溯，实现方便快捷地管理、有效地决策处置非常重要。

园区GIS平台是一个二维、三维一体化的服务平台，实现对园区空间静态数据的采集、储存、管理、运算、分析、显示，并支持与位置服务系统集成，实现室内的人员定位与导航基本功能，供上层应用如IoC等应用集成，实现统一视图的可视化的园区管理。突破以人工管理为主的常规园区管理模式，解决传统模式中信息孤立、流通不畅、缺乏综合分析、难以共享、应对突发事件反应迟缓、安全隐患较大等问题，实现物联网时代全面感知园区各种信息，让园区管理更加智能和便捷。

（2）系统架构（图6-4）

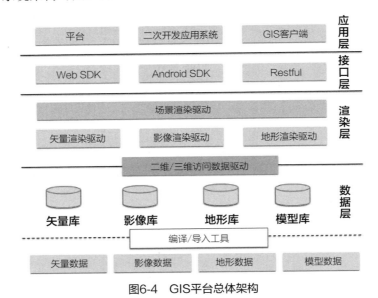

图6-4　GIS平台总体架构

1）数据层

建立场景数据库，数据类型可分为矢量、影像、地形和模型。对地形、矢量、影像数据，需要通过编译工具将原始数据转换成金字塔结构的三维数据文件。整个数据层采用服务的方式提供数据交换，可以跨平台部署在多种操作系统中。

2）渲染层

作为核心三维渲染部分，只在三维模型应用中存在，在三维视窗中负责三维要素的渲染，渲染层对象通过数据驱动检索驱动视野内需要渲染的数据，采用三维驱动渲染三维要素。实现园区三维空间视图。

3）接口层

接口层为应用层提供北向SDK二次开发包，包括Web SDK、Android SDK；南向提供Restful接口与大数据平台、位置平台进行对接获取空间地理数据以及动态位置服务数据。

4）应用层

应用层主要是指项目实施所涉及的应用系统。GIS平台提供GIS客户端，实现对二维、三维GIS的地图使用。支撑应用系统IoC平台应用，以及提供二次开发包供其他系统集成。

6. 定位平台

（1）概述

园区位置服务，根据不同场景需要，分为两种定位场景：主动定位和被动定位。位置服务平台，是平安、智慧园区的一个基础支撑平台。智慧的应用是基于位置提供智慧服务。对于园区内面向管理者，物业人员或保安的位置无法实时感知，在出现紧急事件时无法及时就近调度到相应的人员进行处理。而对于园区内的工作人员，在有突发事件发生时，没有准确清晰的位置描述，很难及时赶到现场处理。

位置服务分为室内定位和室外定位，室外定位一般都是空旷场地，场景比较简单，对于定位精度诉求也比较简单。而对室内定位，由于三维空间管理的设施设备、资源等复杂，需要更精确的位置定位描述人员的位置。定位算法在终端侧（嵌套在终端SDK）的称为主动定位，定位算法在服务器端侧的称为被动定位。

（2）系统架构

位置定位服务平台是将AP、蓝牙三角定位、指纹定位、地磁定位、PDR等定位技术融合在一起，实现高精度终端定位能力（图6-5）。位置定位服务平台主要包括：终端侧的SDK软件包，服务端的iVAS平台与定位引擎资源池，定位处理能力可以水平扩展。

1）室内定位的基础是周围AP、蓝牙等设备的信号以及地磁信息，终端定位SDK检测到周围定位数据与PDR数据后，将这些数据发给位置服务平台，位置服务平台结合地图路网信息进行位置计算，计算完成后再将结果返回给终端定位SDK。定位SDK与GIS SDK集成，GIS应用获取实时位置信息，然后结合导航引擎，即可实现基于地图的定位与导航业务。

2）室外定位依赖GPS、北斗等全球卫星导航系统。

室内室外定位切换过程中，室内定位信号与室外卫星信号都会获取，定位引擎根据定位算法计算，给出室内外的判断，实现室内外平滑切换。

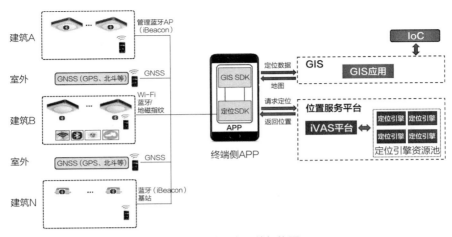

图6-5　定位平台系统架构图

3）终端定位SDK：获取定位数据，发起定位请求与接收定位数据。

4）AP（含iBeacon）：开启蓝牙通道，形成蓝牙信标点位。

5）AP（普通）：提供AP物理位置与MAC地址，AP正常启用时，周期性地向周围发射电磁信号，基于这些信号可以做RSSI的三角定位或指纹定位。

6）蓝牙（iBeacon）基站：提供蓝牙物理位置与UUID地址，蓝牙正常启用时，周期性地向周围发射蓝牙信号，基于这些信号可以做三角定位或指纹定位。

7）指纹定位：理论上任一空间位置的电磁场强信息、地磁信息都不一样，先在要定位的区域采集场强、地磁等指纹信息，然后在定位时将检测到的信息与指纹库进行比对，即可知道位置结果。

第二节　科学园区智能化系统

一、科学园区智能化概述

作为中国"科技创新的前沿阵地"和"科技自立自强的关键承载"，科学园区是继开发区、高新区、大学城、科技园之后的特定功能区域。科学园区主要是用于基础科学研究和应用科学研究，建设有重大、复杂、精密的科研设施和实验室，而科研设施运行、精密的科研实验对环境要求都很高，所以设计时要确保其功能、性能和安全的要求。

科学园区要建立AGV智慧转运系统、箱式物流传输系统等，以实现进行脑科学、合成生物学研究实验所需的物资运输智能自动化，减少运输过程中人与实验物资过多的交互性，一方面保护实验物资不被污染，另一方面减少人员的投入。

二、安防系统

1. 基本要求

科学园区作为国家重大科技研发创新基地,在安全防范上,应从功能使用方面划分多个安全规范级别,每个级别对应的区域有特定的安防要求。科学园区既要满足面向客户、来访人员参观,又要保证其内部的实验动物、科研装置以及实验数据、保存资料的安全。通过安防级别的划分进行合理布置,可以有效提高科学园区的整体安全性。

科学园区的安防系统主要包括门禁系统、访客管理系统、视频监控系统、人员轨迹定位系统、电子巡更系统、入侵报警系统、数字对讲系统等。安防系统对科学园区的重点区域进行实时视频监控,对实验室以及一些重要区域的出入口实施门禁管控,对可能发生入侵的场所实施报警管理。通过信息共享、信息处理和控制互联实现各子系统的集中控制和管理。安防系统对于安保运维人员及时发现警情和故障、快速处理并解决问题起着重要作用。

2. 系统架构

科学园区安防系统通常采用三级拓扑架构,首先由底端的监控设备,如人员定位基站、摄像机、可视对讲、门禁控制器,与接入交换机采用10G/40G链路进行连接,弱电间的交换机采用48口交换机(带POE),其次接入交换机与弱电机房的汇聚交换机进行连接,将数据等信息汇聚,汇聚交换机再连接到安防网核心交换机。由于安防系统的重要性,核心交换机会建立一层防火墙与互联网接入,采取以太网TCP/IP协议利用Internet/VPN或者专线接入互联网区,同时与总控中心相连。

整个园区通常会采用一套系统,方便运维管理,但实验区和配套园区办公采用物理方式进行隔离,将实验区和办公区分别管理,互不产生干扰。安防系统软件选择上要应支持多种接口协议,增加开放性以及可扩展性。

3. 视频监控系统

(1)视频监控系统架构

如图6-6所示。

(2)视频监控系统硬件

前端部分支持多种摄像机接入,在科学园区根据建筑装修格局采用半球摄像机、枪式摄像机,根据安全需求,特殊区域可以设置人脸识别摄像机,并且所有摄像机采用红外识别。

传输部分,前端网络摄像机采用POE以太网供电方式、由支持POE的以太网接入交换机集中供电。视频监控系统信号采用网络化传输,前端摄像机图像传输至各楼层弱电间，通信传输线缆均为六类非屏蔽4对双绞线，楼侧光弱电间内的交换机设备为具有POE供电功能的千兆网络交换机。整个数据中心的监控视频采用统一平台进行综合管理、统一调度。

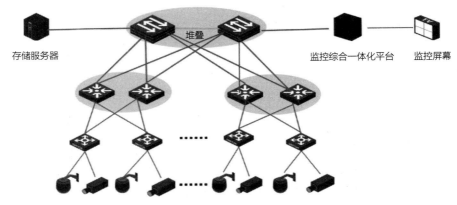

图6-6　视频监控系统架构图

4. 出入口管理系统

（1）出入口管理系统架构

如图6-7所示。

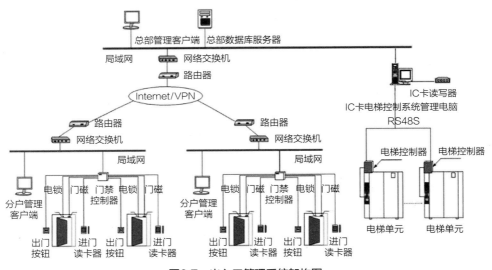

图6-7　出入口管理系统架构图

（2）出入口管理系统硬件

出入口管理系统采用实时联网控制的智能网络出入口控制系统。系统主要由系统主机及管理软件、门禁控制器、感应式IC读卡器、门磁、电锁及出入读卡器、人脸识别设备等组成，系统同时具有考勤、巡更、发卡、授权等管理功能。

三、设备机房动环监控系统

1. 基本要求

由于科研实验一般需要不中断地持续较长时间，同时需要运行各个专业设备系统来保证实验环境的稳定性，以及精密实验装置在实验期间也需要持续运行不能发生中断，因此建立设备机房动环监控系统，通过物联网等对机房的动力系统的运行状况和机房环境进行实时监控，提高科学园区各个专业系统设备的安全性、稳定性，保证整个实验空间环境的稳定性。设备机房动环监控系统通过利用计算机网络技术、数据库技术、通信技术、自动控制技术、传感技术等对设备机房网络、动力、环境等要素状态进行采集、监测和管理，并能对异常指标进行一种或多种途径的报警。

该系统主要监控内容为：柴油发电机、UPS及电池、供配电柜、防雷监控、漏水检测、温湿度监控、新排风机监控、氢气检测等。系统主要由现场传感器、检测设备、通信设备、上位机和软件组成。系统通过串联服务器连接设备专网（TCP/IP），将总线采集的现场数据信息上传至动环服务器（双机热备）。柴油发电机、UPS电源等应自身带监控系统，主要参数通过通信协议纳入监控系统。

（1）漏水检测

采用感应线缆将有水源的地方围起来，一旦有液体泄漏碰到感应绳，感应绳通过控制器将信号上传，及时通知有关人员排除。

（2）蓄电池检测

在科学园区电源区，动环监控系统通过UPS厂家提供的智能通信接口及通信协议在线监测UPS整流器、逆变器、旁路、负载、蓄电池组的单体电池压力、内阻、总电压、电池表面温度以及充放电电流等，以TCP/IP网络（以太网）或者串行口的方式上传实时数据，通过各楼栋的动力中心和运维中心的监视器进行监控。

（3）温湿度监控

机房关键位置安装液晶显示板温湿度传感器，遇到异常情况应立即开启警报信息。温湿度传感器不可以安装在设备热风口位置。温湿度传感器可以监测环境温湿度，液晶面板显示实时数值，借助总线将信号传入数据采集器中，开展远程监测，同时控制空调系统的阀门开关度实现远程调控。并与建筑设备监控系统进行联合调控，满足设备机房的温湿度要求。

2. 系统架构

动环监控系统对发电机、UPS等动力设备监控，并进行温湿度、漏水等环境监测，与门禁、消防、视频等系统联动控制。当发生报警时可以通过短信、电话、邮件、声光报警器进行报警通知（图6-8）。

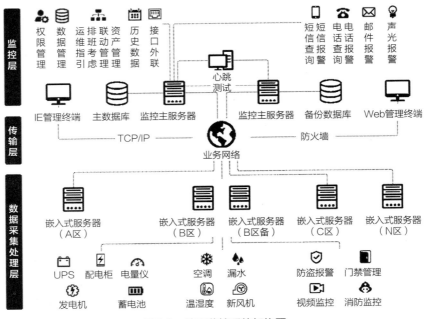

图6-8　动环监控系统架构图

四、实验设备运行监控系统

1. 基本要求

实验设备运行监控系统通过将物联网技术应用到实验室中大型、精密实验设备管理，进行实验设备使用人员的授权认证与设备的开关控制、运行状态与实验室环境参数的采集，实现了对实验室设备的动态监测与实验设备智能化管理。

科学园区主要是用于基础科学研究，其内部布置了大量的实验室。不同功能用途的实验室里面又放置了不同种类的精密实验设备，那么就需要建立实验设备运行监控系统，以实时监测实验设备的运行状态，实现实验室设备智能化管理。

实验设备运行监控系统基本要求如下：

（1）应采用集中监测方式，与视频监控室共用，便于管理；

（2）能够以三维图形显示实验设备的精确定位；

（3）能够实时监控实验设备的运行状态；

（4）能够通过网络与其他安防系统、消防系统等连接，集中控制管理；

（5）能够统计设备运行数据，分析、预测设备可能会出现的不安全状况。

2. 整体架构

实验设备运行管理系统整体架构（图6-9），采用分布式智能节点结构，由控制中心管理系统与终端控制节点两大部分组成。其中控制中心管理系统由一台服务器、协调器及其管理软件组成，主要负责实验设备数据库的管理以及对终端系统发送来的信息进行相应处理；终端系统主要由多个设备管理控制节点组成，通过读取IC卡卡号对实验人员进行身份识别，实现设备使用授权管理，同时该管理控制节点采集相应终端的环境参数，通过与控制中心的通信，实现对实验设备电源自动开启、实验室设备的状态与环境监测等一系列实验室智能化管理。

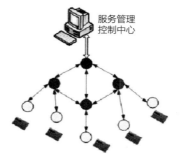

图6-9　实验设备运行管理系统架构图

（1）将每个设备管理控制节点与特定的实验室设备（如回旋加速器、电镜等）绑定，以实现控制中心管理服务器对该设备的实时监控与管理；

（2）多个设备管理控制节点与协调器组成Zig-bee网络，实现管理节点与控制中心管理服务器之间的无线通信；

（3）设备使用请求认证和授权：通过RFID读卡模块与电源继电器模块实现对人员身份认证和对设备的授权使用的控制；

（4）实验室异常情况监测：通过外接的温湿度传感器与烟雾传感器实现对设备运行环境参数的监测。

五、AGV智慧转运系统

1. 技术背景

AGV是自动导引运输车（Automated Guided Vehicle）的英文缩写。AGV智慧转运系统又称自动导引车传输系统、无轨柔性传输系统、自动导车载物系统，是指在计算机和无线局域网络控制下的无人驾驶自动导引运输车，经磁、激光等导向装置引导，沿程序设定路径运行并停靠到指定地点，完成一系列物品移载、搬运等作业功能，从而实现物品传输。AGV是以电池为动力源的一种自动操纵行驶车辆。本质上它为现代制造业物流提供了一种高度柔性化和自动化的运输方式。

AGV系统，是当今柔性制造系统和自动化仓储系统中物流运输的主要手段。作为一种无人驾驶工业搬运车辆，AGV在20世纪50年代得到了应用。1953年，美国Barren Electri公司制造了世界上第1台采用埋线电磁感应方式跟踪路径的自动导向车，也被称作"无人驾驶牵引车"。随着技术的进步和发展，AGV逐步演变为无轨系统。20世纪90年代，AGV进入了高智能化、数字化、网络化、信息化时代，自动化程度和灵活性更高。目前AGV系统广泛应用于汽车装配线、烟草企业、家电生产企业、电力企业、医院、特殊作业场合，在自动化仓库和柔性生产领域也有较多的应用（图6-10）。

图6-10　AGV自动导引运输车图

2. 技术特点

传统的物料运输系统主要由叉车、拖车、固定轨道车辆、传送带、各式提升机械等构成，运输效率低、设备灵活性差、安全性不高、对人员依赖程度高、人力成本高昂、人与物料交互性多。与传统的物料运输系统相比，AGV系统具有可靠性好，运输效率高，全自动运行，对物料适应性好，人力成本低，与其他信息化系统接口方便等优势。不同于传送带、叉车或其他物料搬运设施，AGV沿导引路径行走，可充分利用空间，减少占地面积。同时，借助于AGV的实时控制，可以减少延迟时间，精确控制库存量，并能够更加及时地响应需求。此外，采用AGV系统可以改善工作环境，避免产品在运输过程中的损坏，对库存控制及质量管理也有重要作用。

AGV系统主要特点有以下几方面：

（1）AGV以电池为动力，可实现无人驾驶的运输作业，运行路径和目的地可以由管理程序控制，机动能力强。而且某些导向方式的线路变更十分方便灵活，设置成本低。随着技术的进步，近年来出现了AGV的CPS非接触供电系统，无需电池但仅适用于磁轨模式。

（2）工位识别能力和定位精度高，具有与各种加工设备协调工作的能力，在通信系统的支持和管理系统的调度下，可实现物流的柔性控制。

（3）导引车的载物平台可以采用不同的安装结构和装卸方式，能满足不同产品运送的需要。因此，物流系统的适应能力强。动物实验室的转运车可根据各种不同的传输用途进行设计制作，这些转运车将由自动导车的载物平台驮着，沿着规定的路径运行。

（4）可装备多种声光报警系统，能通过车载障碍探测系统在碰撞到障碍物之前自动停车。当其列队行驶或在某一区域交叉运行时，具有避免相互碰撞的自控能力，不存在人为差错。因此，AGV系统比其他物料搬运系统更安全。

（5）与物料输送中常用的其他设备相比，AGV的活动区域无须铺设轨道、支座架等固定装置，不受场地、道路和空间的限制。AGV组成的物流系统不是永久性的，与传统物料输送系统在空间内固定设置且不易变更相比，该物流系统的设置柔性更强。

（6）AGV系统的优势还在于可传输质量达400kg的物品。AGV载重量可以根据需要设计，非常灵活，在工业领域4t以下的比较常见，但也可以看到能够载重100t的自动导引车。

（7）运行速度可达到平地最大20km/h，可以完成前进、后退、转弯、平移、自旋等多种方式操作；以轮式移动为特征，较之步行、爬行或其他非轮式的移动机器人具有行动快捷、工作效率高、结构简单、可控性强、安全性好等优势。

3. 技术原理

AGV（自动导引运输车）是指装备有电磁或光学等自动导引装置，能够沿规定的导引路径行驶，具有安全保护以及各种移载功能的运输车。AGV系统，即转运设备为自动导引运输车的智慧转运系统。

AGV系统一般包括4个层面：用户层、功能层、支撑层及数据层（图6-11）。数据层是AGV系统的基础，只有获取准确有效的数据才能确保AGV系统能够准确完成客户的运输任务；支撑层是AGV系统的主体，主要构成是以AGV小车为核心的设施设备，该层通过各种传感器收集AGV运行过程中的各种数据并将它们传递给数据层，接收终端传回的各种指令进行操作；功能层是AGV自动运输的处理中枢，通过接收各个传感器传回的数据进行智能分析，生成相应的指令，指挥AGV的不同工作行为。同时，用户可以通过更改不同的参数设置更改功能层的指令方向以实现不同的需求；用户层则可以理解为人工干预和监控的部门，用户可以根据需求的不同对各个环节进行设计。

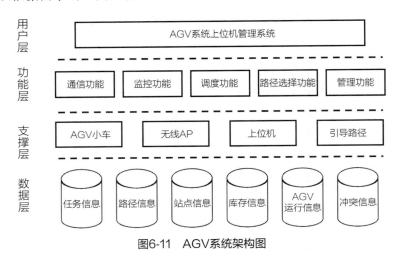

图6-11　AGV系统架构图

4. 技术要求

将AGV系统应用于动物饲养、实验等科研建筑，其主要方式为利用AGV智能运输小车、配套运输电梯等智能技术工具对动物饲养室、实验室产生的污物（装有污物的笼盒）和日常物资（盒底、盒盖、金属网、饮水瓶等）按设计的流线进行转运，从而实现动物饲养、实验物资的智能自动化运输，减少人员干预和投入。

AGV系统根据运输物资的是否洁净分为两套转运设备、两条运输流线（图6-12、图6-13），分别为污物转运设备、洁净转运设备，污物运输流线、洁净运输流线。其中污物运输设备包含污物AGV小车、污物电梯、转运车、流转工位、AGV小车充电设备；洁净运输设备包含洁净AGV小车、洁净电梯、转运车、流转工位、AGV小车充电设备。

为了保证AGV系统在动物实验建筑里面运输实验物品的功能实现正常，需要满足以下几点要求：

（1）无线网络

在AGV行走范围内必须部署无线内网，包含AGV要到达的所有部分，如清洗间、屏障前后区、电梯，且三部分处于同一网段网络、同一信号。宽带速度值≥100Mbits，信号强度要求≥-60dB·m，网络平均延时时间要求≤100ms。

（2）电梯

为了保证AGV小车正常通行，电梯开门净宽度≥2000mm，深度≥2000mm，电梯与地面间隙距离3cm以内，高度误差0.5cm以内。

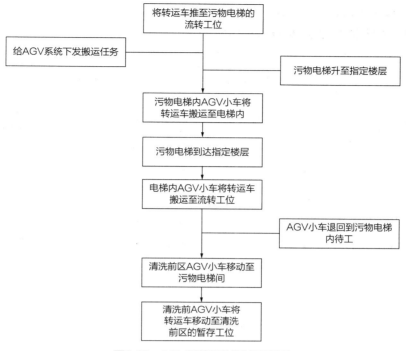

图6-12 AGV系统污物运输流程图

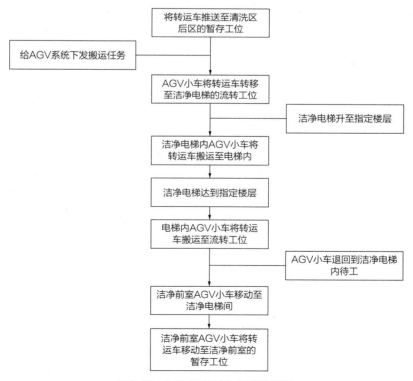

图6-13 AGV系统洁物运输流程图

（3）充电插座

通过在AGV待工工位上安装充电桩，以保证AGV小车能够及时得到能源补充，避免人工充电。具体要求为在清洗间和屏障前后区安装AGV充电桩，AGV充电用10A三孔插座，充电桩电压220V，功率1kW，安装高度300mm。

（4）监控布设

为了保证AGV小车运输实验物品整个过程的安全性，需要在AGV运输路线上安装摄像头，具体安装位置为清洗间和屏障前后区存放回收车、灭菌车和发放车的顶部吊顶上，以及AGV小车待转工位处，电梯箱内等。

（5）通道要求

为了保证AGV小车能正常按指定运输路线行走，对于AGV小车经过的通道尺寸要满足宽度≥2000mm，转弯处≥2000mm；同时AGV经过的通道中的门应为自动门或常开门，门的尺寸≥1500mm。

六、箱式物流传输系统

1. 技术背景

箱式物流传输系统是一种以传输带为动力，通过专属的传输箱体在垂直管井和水平传送带传送各种物品的一种物流传输系统，属于传统工业、仓储物流行业衍生而来的系统。箱式物流输送系统最初应用于烟草、邮政、图书、医药等物流自动化输送中，在国内也已经应用40多年。

2. 技术特点

箱式物流传输系统是一种将输送物资放入大容量周转箱，通过周转箱在物资输送起始站与物资输送目的站来回传递，以达到物资输送目的的新型智能物流输送系统。系统运行中，只需要工作人员将装有输送物资的周转箱放入起始站入口设备即可，周转箱将自动输送至目的站的设备处。整个过程无须人工操作输入起始站点，并且物流系统与科学园区智慧园区集成平台对接，实现物资输送信息化对接。

箱式物流传输系统有以下特点：

（1）解决不同楼层间内部大部分物品的传输。

（2）所传输物品均可实现全程追溯，避免安全隐患。

（3）可以实现多栋大楼之间的立体传输。

（4）减少交叉感染、人为错送。

（5）适用于大批量物品的有计划发送。

（6）大大提高效率，优化物品运送后勤管理模式，提高单位后勤管理水平。

3. 技术原理

箱式物流传输系统是通过搭建楼宇内自动化传输线，以周转箱为载体，将不同楼层区域连接起来，实现楼宇内的物品传输。主要由垂直输送分拣设备、水平输送设备、周转箱及物流信息控制系统四大部分组成。垂直输送分拣设备解决垂直方向上的物资输送和分拣；水平输送设备与垂直输送分拣设备对接，负责周转箱在楼层内的输送；周转箱是输送各种实验物品的公共载具；物流信息控制系统是整个箱式物流自动化系统的神经中枢，负责信息跟踪和调度监控。

（1）垂直输送分拣设备

垂直输送分拣设备具备周转箱垂直输送、按楼层分拣及空箱回收等功能。垂直输送分拣设备的升降缓存舱分上下两层，上层缓存实箱，下层缓存空箱。缓存舱具有周转箱自动排序功能，保证先出的周转箱紧邻层门。舱室上下层缓存与楼层的双层输送线自动接驳，使周转箱在舱室和输送线的上层交互，空箱在下层交互，两个作业层彼此独立。舱室单次最多缓存四箱实验物品，在信息系统的统一调度下，缓存舱快速升降到目的层与楼面输送设备接驳，上层实验物资周转箱自动送出，下层接驳楼层输送设备送来的空周转箱，实现楼层间实验物资全自动输送交接。楼层接驳设备可以是楼层的工作站，也可以将工作站延伸到楼层其他地点。

（2）水平输送设备

楼层的水平输送设备与垂直输送分拣设备对接，依据信息系统指令将接收的周转箱送到楼层目的工作站，水平输送设备可采用吊装或落地方式安装。

（3）周转箱

以周转箱为载具进行输送，外形有通用型和阶梯型两种结构，其输送接口尺寸标准统一。周转箱内部结构随输送物品不同有多种形式，具有广泛的适应性。每个周转箱都具有唯一身份标识的RFID和条码双标签，通过信息识别和跟踪，实现任意楼层间自动交互传输、与楼层输送线自动接驳、全程信息跟踪监控的功能。

（4）物流信息控制系统

物流信息控制系统分为三个层次，最上层是管理层网络系统，最下层是具体的物流设备，中间层是控制层网络系统。管理层网络系统包含物流信息、实验信息、财务信息，管理层网络系统承担这些信息的收集、存储、传递、统计分析、查询、报表输出及园区物流业务逻辑的处理。最下层是具体的物流设备，如垂直输送分拣设备、各层站输送设备、周转箱自动叠箱设备等。控制层网络系统位于管理层网络系统与物流设备之间的中间层，负责协调、调度、监控底层的各种物流设备，使底层物流设备可以执行园区物流业务流程，它是园区箱式物流自动化系统的指挥调度中心。

4. 技术要求

将箱式物流传输系统应用于合成生物学实验研究等科研建筑，其主要是利用自动存取仓储货架、自动存取机器人、跨楼层提升电梯、自动搬运AGV机器人等设备及相关配套软件系统，实现合成设施楼的物料自动化运输（图6-14）。

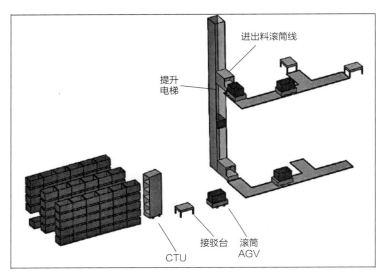

图6-14　箱式物流传输系统流程图

为了保证箱式物流传输系统在合成设施楼里面的运输实验物料的功能实现正常，需要满足以下几点要求：

（1）周转箱

采用塑料周转箱，其尺寸为600mm×400mm×300mm，单箱重量不小于40kg。

（2）运输流量

垂直物流每小时处理至少20箱物料箱。

（3）仓储

主仓储一般设置在一楼，仓储物料箱总体积不小于$25m^3$，室内净空高度不小于5m。

（4）CTU机器人

CTU机器人为多料仓位搬运AGV机器人，可以一次性将多个物料箱从货架上搬运走或是上料到货架上，采用二维码进行导航，可以自动避障和智能规划最佳行走路线，具体参数要求见表6-1。

CTU机器人规格参数表 表6-1

产品规格			参数要求
基本规格		尺寸	长≤1800mm 宽≤1000mm
		机械旋转直径	≤1750mm
		整机最大负载	≥300kg
		最低取货高度	≤450mm
		最高取货高度	≥4750mm
性能指标		最大运动速度	1.7m/s
		工作环境温度	0°～45°
		爬坡能力	2°

第七章

科学园区建设总承包管理

第一节　科学园区建设总承包管理特点

科学前沿的革命性突破越来越依赖于重大科技基础设施的支撑能力。现代科学研究在微观、宏观、复杂性等方面不断深入，学科分化与交叉融合加快，科学研究目标日益综合。由于科学领域越来越多的研究活动需要大型研究设施的支撑，因此，随着国家或地方的发展，越来越多的综合性科学园区工程应运而生。涉及前沿科学研究的工程项目通常有如下特点。

（1）工程规模大，工期紧

目前，国内的科学园区项目的建设目的除了提高自身的科研水平外，更多的也是以科研设施为核心，形成高新技术产业集聚型的综合区，对一个地区的发展规划具有重大意义。因此，科学园区项目一般均为国家或地方的重点关注项目，对项目建成投入使用有着急迫的需求，再加上科学园区本身就较为复杂，建设难度大，致使项目工期非常紧张。为保证项目建设进度，应从项目的组织架构、招采管理、施工部署等方面进行合理安排，保证项目顺利实施。

（2）专业多，管线量大，工艺复杂

越前沿的科学研究其配套的实验设施就越复杂。除了常规的建筑结构、水电风、消防、智能化、内外装饰、室外景观等专业外，还涉及洁净围护结构、核磁屏蔽、特殊进口设备等非常规施工内容，且各实验功能区内洁净度、微生物浓度、温度、湿度、噪声、照度、风速、压差、臭气污染物等各项环境控制要求高，与之对应的机电管线量也同步增大。而且前沿科研的发展日新月异，涉及核心实验的设备通常均由使用方自行采购安装，根据其实验自身或实验设备使用需求的变化，在施工过程中会产生大量的二次优化调整，给项目施工带来巨大的影响。核心实验区的二次深化管理，使用方设备的过程进场对接管理将成为科学园区项目技术管理的核心。

（3）调试验收复杂

聚焦前沿科学研究的科学园区通常需要依托于复杂、高端、精密的科研设备，在各专业系统调试验收的基础上，还需进行洁净区、核磁屏蔽区、各类进口设备、动物饮水等设备系统的调试，涉及环境影响、人员安全影响的项目还需进行环境影响评估、职业病评估等。如何组织开展调试验收工作将成为项目能否顺利交付的关键所在。

第二节　工期压力下的建造管理

一、组织管理

　　针对第一节中科学园区项目的特点，在组织框架的构建上较常规项目需进行一定调整（图7-1）。针对此类项目机电工程复杂、管线量大的特点，宜单独设置机电管理部，配置专业的机电工程师，协同建造部、技术部开展机电工程特别是实验室机电工程的专项现场与深化管理，协同商务部开展有关的招采管理工作，统筹机电设备的调试验收管理工作。针对管线量大且多个单位交叉的特点，机电管理部宜在技术部的统筹管理下，协同各有关分包单位组织BIM专项团队，对BIM的深化工作进行统一管理，由技术部统筹管理。

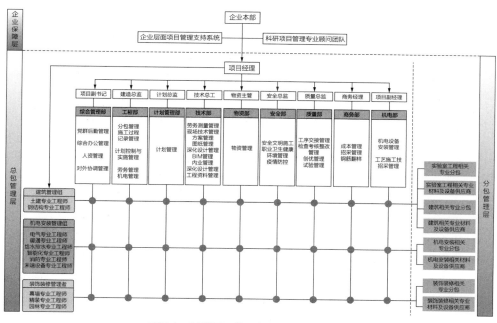

图7-1　科学园区总承包管理组织架构图

二、施工部署

1. 合理优化工期安排

　　从整体部署的角度，优化常规施工内容，为实验室工艺区预留更多的时间。实验室工艺区通常含有独立的机电系统，安装要求高，排布复杂，施工难度更大，装饰装修部分虽然墙体、吊顶以装配式为主，但房间内末端点位复杂，收边收口密封要求高，偏差精度要求高，交付要求更高，切不可随意压缩实验区域的施工周期。施工部署时应通过技术优化、合理穿插等措施缩短结构主体与二构的施工时间，做好幕墙工程的提前插入，封闭建筑外立面，尽早为实验室区域提供完整可靠的作业面（表7-1）。

科学园区作业面移交条件 表7-1

楼层	施工工序流程名称	工期	前置条件			
			合约条件	技术条件	资源条件	基础条件
N	主体结构施工，机电预留预埋，幕墙预理	10d	主体、幕墙、机电分包招标	图纸确认、幕墙、机电深化设计完成	主体、幕墙、机电劳动力、材料进场	测量放线，水电、垂直运输设备到位
N-1	墙柱模板拆除清理、覆膜养护	10d	—	墙柱拆模养护交底	拆模人员、混凝土养护人员、材料到位	混凝土达到拆模强度
N-2	螺杆眼洞口封堵、缺陷修补	10d	—	洞口修补要求交底	修补人员、机具等到位	混凝土达到拆模强度
N-3	满堂架拆除、楼层材料及垃圾清理	10d	—	拆模强度要求交底	拆架人员到位	混凝土达到拆模强度
N-4	层间止水、机电立管安装及吊洞	10d	—	层间止水方案交底	管道安装材料进场	垂直运输设备到位
N-5	砌体施工、卫生间蓄水试验	10d	砌体、工艺分包招标	墙体留洞图深化、卫生间构造做法确定	砌筑班组、砌块、防水材料进场	结构基层处理完成、轴线、标高确定
N-6	机电（工艺）水平管线安装、墙面配管及修补、墙面抹灰、腻子施工	30d	粗装修分包招标	工艺管综BIM深化完成、抹灰交底完成	装管及抹灰人员、管材、砂浆等材料进场	墙面基层处理完成
N-7	地面找平、幕墙龙骨、电梯轨道安装	15d	电梯分包招标	吊篮方案交底、电梯图纸深化完成	幕墙及电梯安装人员、龙骨、电梯轨道进场	场地清理、电梯井道移交、外架拆除
N-8	生物净化板、洁净板、玻璃阻断安装，幕墙施工，防火门、洁净窗安装	30d	隔墙、门窗厂家招标	门洞尺寸复核确定	墙体、门窗安装人员、墙板、门窗进场	基础处理、轴线定位
N-9	吊顶安装，地面砖、优力抗刚玉地坪施工，墙体饰面施工	15d	大宗材料招标	吊顶排布图确定	装修工、吊顶、墙地面饰面层等材料进场	墙地面基础处理完成
N-10	公区穿线、机电末端材料安装	10d	安装末端材料招标	末端材料参数确定	机电安装工、机电末端材料进场	机电末端点位完成
N-11	（实验室）设备安装	10d	实验设备招标	设备参数、设备运输路线确定	安装人员、设备进场	机电末端点位完成

在实验楼层内部，一是要优先施工主体机电与实验室机电共用的功能房间，保证楼层内的水电供应；二是要结合使用方的设备采购计划，优先组织相关设备所在的房间，预留整改时间。

2. 减少实验室区域的多单位交叉施工

实验室区域为一个完整的空间，主要包含了装饰、暖通、给水排水、电气、智能化五个专业，同楼层内的实验室区域宜由一家单位进行施工，同一系统也宜由一家单位进行施工，在施工部署时应尽可能避免实验室内同时存在多个单位进行作业，避免不同单位的推诿争议或相互作业内容的污染。

对于幕墙工程、消防工程、防火门窗等难以避免的作业面交叉，应按照实验工艺区与非工艺区对相关工作内容进行分类，以整栋楼或多层分批的方式进行工序作业面的交接。

三、招采管理

1. 招采计划管理

招采计划是进度控制的关键点之一，招采不及时会导致项目工序衔接混乱，无法安排现场施工，甚至造成返工拆改等后果，将严重影响项目整体施工进度。在项目开工前，完成主体结构劳务、临时工程、白蚁防治、智慧工地、电梯工程等单位的招标；基础施工阶段，完成机电工程、人防工程、钢结构工程、智能化工程、实验室工艺等单位的招标，主体施工阶段完成内外装饰单位的招标；装饰装修阶段完成景观绿化、标识标牌、泛光照明等工程的招标。

实验室工艺单位招采应提前，以便于提前与各方开展深化对接工作，实验工艺区域的功能性调整有可能会影响到局部机电系统及建筑结构的重大变化（表7-2、表7-3）。

项目招采计划 表7-2

序号	项目	招标周期（d）	招标完成时间
配套工程			
1	临建工程劳务	25	开工前一个月
2	临建板房供应安装	25	开工前一个月
3	智慧工地	25	开工前一个月
4	白蚁防治	25	开工前一个月
5	临水临电工程	25	开工前一个月
6	试验检测	25	开工前一个月

续表

序号	项目	招标周期（d）	招标完成时间
7	垃圾外弃	25	开工前一个月
8	CI工程	25	开工前一个月
实体工程			
1	土石方工程	40	土方作业前两个月
2	基坑支护工程	40	土方作业前两个月
3	桩基工程	40	桩基施工前两个月
4	人防工程	40	基础施工前一个月
5	防水工程	25	项目开工前一个月
6	钢结构工程	40	项目开工前两个月
7	土建工程（包含主体劳务、内外架体工程）	40	项目开工前一个月
8	幕墙工程	35	主体结构施工前一个月
9	精装修工程	35	二次结构施工前一个月
10	实验室工艺	50	项目开工前
11	机电安装	40	项目开工前一个月
12	智能化工程	35	项目开工前一个月
13	室外景观	30	室外景观施工前两个月
14	标识标线	30	标识施工前一个月
15	装配式工程（如有）	30	装配式认定前一个月

核心设备招采计划　　　　　　　　　表7-3

序号	设备	生产周期（d）	运输周期（d）
1	文丘里阀	120	45
2	动物自动饮水系统	120	45
3	分布式热回收系统	120	45
4	自动喷雾消毒设备	120	45
5	一体扰流除臭设备	120	15
6	污水处理系统	90	15
7	冷却塔	75	30
8	液氮罐	75	30
9	纯软水制备设备	75	30

2. 实验室区域招标界面管理

目前单个实验室项目的体量通常为1亿元左右，但随着规模的发展体量会越来越大。对于大体量的实验室项目应分区切割招标，避免单个专业分包无法满足建设需求。实验室工程建设包含了围护结构、暖通、强电、弱电、自控、给水排水、工艺气体、消防、装饰等多个专业，整体合约框架复杂，招标工作量大，对招标界面管理要求较高（表7-4）。

实验室工程参建单位　　　　　　　　　　　　　　　表7-4

单位类型	具体板块
常规专业单位	土建、机电、电梯、幕墙、精装、消防、泛光照明、景观园林等
实验室专项单位	防辐射工程、工艺气体工程、工艺给水排水工程、实验室废水处理、净化工程等
常规设备厂家	空调机、冷冻机、柴油发电机、冷却塔、燃气锅炉厂家等
实验室设备厂家	电子显微镜、冷冻光镜、回旋加速器、灭菌锅、洗笼机、动物自动饮水系统等

招标管理界面划分中应重视工艺区内的系统集成，尽量减少工艺区内的作业单位。工程界面主要根据实验室及其附属功能区进行工艺区及非工艺区的划分，同时不同楼层范围由不同的工艺单位施工。

（1）土建工程界面划分原则

主体劳务负责主体结构及非工艺区的二次结构墙体砌筑；工艺单位负责对应楼层工艺设计范围内的二次结构墙体砌筑，其中交界的墙体砌筑由工艺单位负责。

（2）装饰工程界面划分

工艺单位负责工艺设计图纸范围内的装饰装修内容，其中地上交界位置的墙体，其工艺一侧墙体装饰由工艺单位负责，非工艺一侧由主体单位负责。地下室机房的墙体、地面、吊顶、墙面装饰由工艺单位负责。

（3）机电安装界面划分

工艺单位负责对应楼层内除消防工程以外的综合管线、综合吊支架、设备夹层、马道、机电设备等机电安装工程及设计图纸工艺范围内的装饰工程，其中空调排风除臭系统包含从末端点位、水平风管、竖向风管到屋顶设备末端等全系统的施工内容，为排风楼层所属单位施工。

实验室项目最为核心的界面划分为机电系统的界面划分。工艺区域既有自身独立的系统，也有与主体机电混合使用的系统。单纯以楼栋、楼层划分会造成管理界面混乱，应当结合对应的专业与系统进一步深入划分。以某脑科学研究建设项目为例，首先依据专业划分梳理出所有的系统，判定其是否属于独立系统，再按照工艺房间与非工艺房间鉴别其涉及的楼层（表7-5）。暖通送风系统标识分配如图7-2所示，给水排水系统标识分配如图7-3所示。

某项目各系统划分标准　　　　　　　　　表7-5

系统	划分标准
暖通送风系统	按照每个房间的系统进行区分
暖通排风系统	每个楼层有单独的排风设备，排风除臭系统均为独立系统，从楼层排至屋面。排风系统从末端点位、水平风管、竖向风管到屋面设备末端等全系统的施工、验收、调试均由工艺分包单位施工
给水系统（强弱电类似）	（1）主体机电安装与工艺实验室以层间的主阀门作为界线。即大楼的主立干管及层间主阀门组由主体安装单位负责，阀组后支管及末端由工艺单位负责施工及分项调试，总体联合调试由主体机电安装负责。 （2）工艺单位负责工艺区设计图纸范围内层间阀门后的给水系统安装、验收及分项调试，并配合主体机电安装单位完成给水系统整体联合调试
排水系统（气体系统类似）	工艺分包负责工艺区内排水平管、立管系统安装、验收，实验室废水处理系统安装及分项调试，如分多个标段施工，由其中一家单位统筹负责完成排水系统整体联合调试

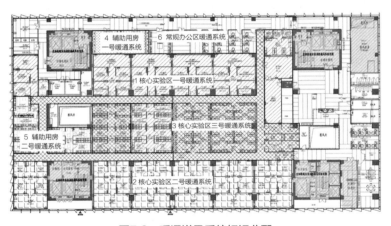

图7-2　暖通送风系统标识分配

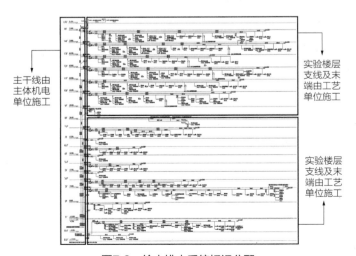

图7-3　给水排水系统标识分配

3. 海外设备采购管理

对于政府投资项目，在项目前期设计阶段要通过进口设备采购专家论证会，取得行业主管部门与建设单位的同意。

目前常规的国外进口设备采购模式主要为：国内代理机构、国外技术专员、采购方技术团队三方对接，并进行材料设备的选型及配套设施的完善。采购流程主要分为如下7个部分：

（1）下订单、签合同、国外生产（一般生产周期3个月左右）。

（2）国外生产完毕，通知发货。

（3）办理货物进口手续：① 收货人向货代提供进口全套单据；② 货代查清此货物由哪家船公司承运、哪家船代操作、在哪里可以换取提货单（小提单）；③ 进口单据包括带背书的正本提单或电放副本、装箱单、发票、合同（一般贸易）；④ 货代提前联系场站并确认提箱费、掏箱费、装车费、回空费。

（4）货物到达港口后进行报关（清关）：① 收货人如果有自己的报关行，可自行清关，也可以委托货代的报关行或其他有实力的报关行清关；② 报关资料包括带背书正本提单或者电放副本、装箱单、发票、合同、小提单；③ 海关通关时间一般为1个工作日以内（特殊货物为2~3个工作日）；④ 查验（海关抽查）。

（5）办理设备交接单：货代凭带背书的正本提单去船公司或船代的箱管部办理设备交接单。

（6）提箱：① 货代凭小提单和拖车公司的"提箱申请书"到箱管部办理进口集装箱超期使用费、卸箱费、进口单证费等费用的押款手续；② 押款完毕经船代箱管部授权后，到进口放箱岗办理提箱手续，领取集装箱设备交接单，并核对其内容是否正确。

（7）提货：货代或收货人凭小提单，联系拖车去船代指定的码头、场站提取货物。

第三节 复杂工艺下的技术管理

一、实验室工艺深化管理

实验室的使用功能复杂，设计院出具的图纸通常不具备直接按图施工的条件，需组织相关的专业厂家进行二次深化后方可进行施工。同时科研发展日新月异，设计初期的使用需求在施工阶段可能已经发生了较大的变化，因此，需要提前与使用方进行对接，确定对接人与对接方式，根据使用方意见尽早对不合理处进行调整，减少后期可能出现的返工与拆改，结合上述要求，实验室工艺的深化主要有以下三点：

（1）现有设计图纸的审核优化

现有设计图纸的审核优化重点在于：检查校正设计图纸中的错漏，重点施工部位结合拟定的施工措施进行技术性优化，对采购难度大或亏损大的材料或设备进行合理地优化调整，其目的在于保证施工过程顺利实施，保证项目效益。

（2）使用方提出的调整意见

大型科学园区的使用单位一般均为国内的知名团队，社会地位高，对于使用方提出的需求意见，即便是涉及拆改返工或效益亏损也难以直接拒绝，首先在沟通的过程中应注意一定的方式方法与沟通技巧，充分尊重对方的意见与想法，有选择性地甄别需求，施工方的回应应有充分的论证与数据支撑。科学园区提出的诉求通常有如下几类：射线防护类、人员安全类、生物安全类、装饰装修类、效率提升类。涉及安全防护等意见一般难以回绝，装饰装修类与效率提升类的意见可以结合实际情况与使用单位进行充分沟通。在满足使用方需求的同时，也可利用此契机推动部分设计优化，减少调整带来的工期与商务风险，达到共赢的目的。

（3）各专业系统的深化

除常规的管综设备深化外，针对实验室蒸汽系统、纯/软水制备系统、自动饮水系统、物流传输系统、AGV自动运输系统、设备夹层马道、UPS等专用特殊系统，均应组织专业厂家进行二次深化，并取得设计单位的认可，必要时应取得使用方的认可，避免建成后产生争议。

二、使用方自购设备的技术对接

1. 明确交付界面

科学园区通常有配套的实验设施工程项目，在建设过程中存在施工范围交叉重合、工程配合接口多且繁杂等问题，其中土建工程的机电安装、装饰装修工程与实验设施的二次安装、就位、系统接驳等联系紧密，是科学园区项目工程验收移交的关键。由于实验室工程的复杂性，存在多家参建单位在各个建设阶段履行不同的职责。施工交付界面和标准，在建设过程中需由各参建方共同确认。

在确认交付界面前，应对项目的合同条款及设计图纸范围做出充分统计与分析，特别是图纸上应注明由使用单位进场二次采购的设备、家具等。根据以上的各系统划分标准，对各个设施相关的系统进行界面形态分析，结合某建设项目的情况，相应界面形态状况如表7-6所示。

某项目脑科学平台界面划分表 表7-6

序号	专业	界面形态状况叙述
1	通风柜、生物安全柜	通风柜、生物安全柜：配套变风量阀、控制系统、气管、水、强电、网线预留
2	边台、中央台	边台、中央台预留：强电、气管、网线、水预留
3	功能柱、罐体、槽	功能柱、各类罐体、槽预留：按施工图设计预留或变更单指令预留到指定位置，末端是同质等径、阀门螺纹接口
4	自来水、纯净水	茶水间、卫生间预留：按施工图设计预留或变更单指令预留到指定位置，末端是同质等径、阀门螺纹接口
5	强电	（1）插座端：按照图纸设计和国家行业规范执行。 （2）预留、甩线端：按照图纸设计要求预留电缆线在指定位置，地面缆线预留长度不小于2m，吊顶内预留缆线不小于4m，墙面预留不小于1m，缆线保护、线头保护按行业规范标准执行，确保安全可靠。功能柱在验收前完成安装的，工艺施工方负责把缆线连通到最末端，完成功能柱开孔、封堵；验收时功能柱未安装的不予开孔，缆线预留到指定位置；其余后续工作不在工艺施工方范围，如需提供连接接驳需厂家另行支付费用。 （3）配电箱：按设计图纸和行业规范执行（实验设备用电从配电箱开关下端接驳至设备，由厂家完成）。 （4）地插端：按设计图要求和国家行业规范执行。 （5）桥架端：按设计图要求和国家行业规范执行。 （6）设备端：实验室设备接线由设备厂家完成
6	弱电	（1）插座端：按照图纸设计和国家行业规范执行。 （2）预留端：按照图纸或变更单要求执行。 （3）设备端：按图纸和设备安装界面划分范围完成设备的安装、接线、调试，按图纸、设备说明书、国家行业规范执行验收标准
7	气体	（1）气体终端：所有气体终端验收界面按图纸设计终端为截止点；终端与设备的连接材料、人工由设备厂家完成；对按图纸完成的终端在设备安装连接时还需要工艺施工方改造的，设备厂家需向工艺施工方另行支付费用。 （2）功能柱预留端：按照图纸设计要求预留管线在指定位置，吊顶内设置闸阀；功能柱在验收前完成安装的，工艺施工方负责把管线连通到最末端，完成功能柱开孔、封堵；验收时功能柱未安装的不予开孔，管线预留到指定位置；其余后续工作不在工艺施工方范围，如需工艺施工方提供连接，设备厂家需另行支付费用

序号	专业	界面形态状况叙述
8	结构装饰	（1）装饰结构：墙面、吊顶、地面、门窗验收交付界面按图纸要求和国家装饰规范标准执行。 （2）设备、管路墙面、吊顶、地面开孔、沟槽：项目验收时没有预留孔开孔提资单的，一律不做预备性开孔；验收后再行要求工艺施工方开孔，要求方应另行支付开孔和封堵费用；不经工艺施工方同意，任何人不得在围护结构上开孔或切割
9	通排风系统	通风柜、生物安全柜排风管：吊顶开孔封堵视验收设备到场情况确定，验收前设备未到，管孔不开，接口和风阀预留吊顶内，后期由设备厂家开孔、封堵，工艺施工方开孔、封堵需另行向设备厂家收取费用。设备已到现场的开孔、封堵由工艺施工方完成
10	蒸汽管、热水管、冷却水系统	（1）蒸汽管预留终端：按图纸设计要求预留或变更通知单要求预留到指定位置，闸阀、仪表、防护、固定端按设计标准执行，用汽设备接管安装由设备厂家完成。如需再次进行管道改造、增加，设备厂家需另行支付费用。非经工艺施工方许可，设备厂家不可随意改造管路、闸阀、仪表、保温、保护设施。 （2）热水管预留终端：按图纸设计要求预留或变更通知单要求预留到指定位置，闸阀、仪表、防护、固定支撑按设计标准执行，用水设备接管安装由设备厂家完成。如需再次进行管道改造、增加，设备厂家需另行支付费用。非经工艺施工方许可，设备厂家不可随意改造管路、闸阀、仪表、保温、保护设施。 （3）冷却水预留终端：按图纸设计要求预留或变更通知单要求预留到指定位置，闸阀、仪表、防护、固定支撑按设计标准执行，用水设备接管安装由设备厂家完成。如需再次进行管道改造、增加，设备厂家需另行支付费用。非经工艺施工方许可，设备厂家不可随意改造管路、闸阀、仪表、保温、保护设施
11	大型甲供工艺设备	实验设备、高压锅、洗笼机、烘干机、手术室吊塔无影灯等，及带主机/不带主机IVC的设备配水配电配汽通风，按图纸设计要求预留或变更通知单要求预留到指定位置，设备接驳安装由设备厂家完成。如需再次进行管道改造、增加，设备厂家需另行支付费用。后期由设备厂家开孔、封堵，工艺施工方开孔、封堵需另行向设备厂家收取费用。设备已到现场的开孔、封堵由工艺施工方完成。非经工艺施工方许可，设备厂家不可随意改造管路、闸阀、仪表、保温、保护设施
12	家具家电	（1）洗衣机、烘干机、冰箱，各种边台、中央台、角台、中央台功能柱、洗涤盆，大动物洗间洗涤池、架，手术室刷手池、台柜，台柜上所安装的开关、插座、各类终端，实验凳、椅、窗帘布等，使用方购置。 （2）办公桌椅、会议室桌椅、办公卡位、沙发、茶几、电脑、窗帘布等，使用方购置。 （3）接待茶歇的沙发、桌椅、台柜、橱柜、衣帽储柜等，冰箱、热水器、开水炉、微波厨具、咖啡器具、饮水机、台柜、槽、盆、电视机、投影仪等，使用方购置。 （4）饰品、挂画、绿植，CI标识，窗帘布等，使用方购置

2. 使用方自购设备进场管理

土建工程的责任主体单位通常与使用单位无任何合同关系，但科研设备采购及安装工程与土建工程施工密切结合，为使设备能精确安装，后期顺利运行，需提前介入土建工程安装，因此，应在项目前期签订有关的管理协议，明确各方的管理要求。协议中应明确设备进场的数量与时间，以及各设备的储存要求，并选择合适的储存场地。

项目建设单位的职责（包含建设、监理、施工等单位）：

（1）提供现场已有的垂直运输设备（电梯）、临水临电、临时道路、已有公共资源和现有生活临时设施等内容；

（2）负责整个施工场地的移交工作，协调使用单位设备进场与场内其他分包之间的交叉配合，确保正常有序施工；

（3）按使用单位要求完成设备进场前存储房间设计图纸施工内容，完善给水排水试压、外立面幕墙防水封闭、场地清理等工作；

（4）完善存储房间监控、门禁等安保措施；

（5）全力配合使用单位完善设备进场流程，协调场内条件满足设备进场安装及存储；

（6）总承包单位在设备进场前向使用单位移交存放房间的钥匙，并锁门清场。

使用单位管理职责：

（1）设备进场需服从项目统筹管理，并对设备的工程质量、安全负责，设备的安保及成品保护由使用单位负责；

（2）使用单位设备进场需满足深圳市相关防疫要求，配合土建工程项目防疫检查；

（3）使用单位设备进场安装及存放需注意对现场已完成的装饰、机电安装等工程进行保护；

（4）使用单位进场人员需按要求佩戴好安全用具，进场人员需规范自己的安全行为，进场前需做好安全技术交底；

（5）涉及用电工作需配备特种作业人员，需持有特种工人操作证件。

第四节　复杂系统下的调试及验收管理

一、调试管理

　　科学园区项目的机电系统是实现建筑功能的核心部分，施工完成后需对各系统进行调试运行，检查系统运行状况，主要设备是否正常运转，房间内参数是否满足原设计要求，对发现的问题及时进行调整，以便于项目顺利交付。

　　科学园区的调试主要分为五大板块：给水排水系统、空调系统、电气系统、智能化系统、消防系统、气体系统。调试时先进行设备单机调试，再进行联调联试（表7-7、图7-4）。

典型科学园区调试内容一览表　　　　表7-7

调试项目	调试内容	
	设备单机调试	单系统或系统调试
给水排水系统	各类给水水泵、排水水泵、补水水泵、加药设备、水处理设备、纯水设备等	给水系统、热水系统、排水系统、纯水系统、动物自动饮水系统、锅炉系统、雨水回收系统等
暖通系统	冷却水/冷冻水泵、送/排风机、新风机/空调机组、风机盘管、冷却塔、冷水机组、锅炉、文丘里阀、除臭设备等	通风系统、空调水系统、空调风系统、洁净空调系统、热回收系统、蒸汽系统、除臭系统、精密空调系统
电气系统	发电机、高低压配电柜、各类电源箱、双电源箱、电机设备、UPS电源调试、照明系统灯具调试	高低压配电系统、发电机系统、电气照明系统、电气动力系统、接地系统、UPS供电系统
智能化系统	UPS主机电池、区域控制器、交换机、存储器、光电设备、服务器、客户端设备、大屏幕、会议预约设备、停车场管理设备等	综合布线系统、计算机网络系统、信息发布系统、安全防范系统（视频监控、入侵报警、电子巡更）、一卡通管理系统（门禁、速通门、访客管理、消费系统）、停车场管理系统（含车位引导）、背景音乐及紧急广播、无线对讲、IPTV系统、多媒体会议、能耗管理、建筑设备管理、光纤入户及通信系统等
消防系统	消防泵、送/排风机、防烟风机、各类防火阀、气体灭火设备、自动报警设备	火灾报警系统、消防广播系统、应急照明疏散系统、防排烟系统、消火栓及喷淋系统、防护喷淋系统、气体灭火系统、泡沫灭火系统、消防电梯迫降
气体系统	空压机、各种气体制备设备、液氮系统设备	真空/压缩空气系统、特殊气体系统、液氮系统、消毒喷雾系统、汇流排系统

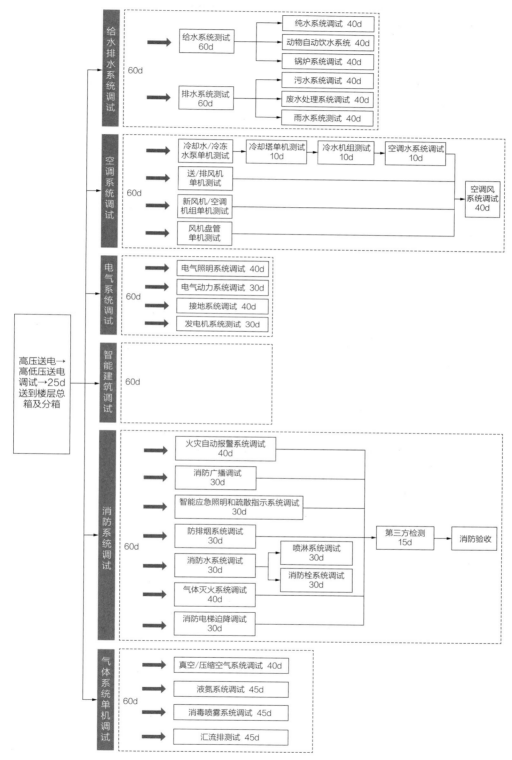

图7-4 某科学园区调试脉络图

二、系统调试管理

（1）优先对进口设备、系统进行调试。科学园区的系统中很多设备、构配件属于进口材料，维修更换周期长，在调试时应结合设备或构配件的采购周期提前开展相关的调试工作。

（2）做好同一系统内的多单位联调协调管理。实验室楼层除了其专用系统外，给水排水系统、电气系统多数共用主管道，在公用系统的调试中，总包单位应充分发挥协调管理作用，统筹安排调试计划，做好调试界面的移交。

（3）已调试完成的设备与系统应做好成品保护，重要设备与构件应安排专人每日巡检复查，避免损坏。

三、重要系统/设备调试管理

1. 洁净空间测试

洁净空间是实验室建设的核心，也是调试时的重中之重，洁净空间的测试内容如表7-8所示。

洁净空间测试内容 表7-8

序号	调试内容	调试目的	测试仪器
1	送风量及换气次数	通过测试洁净室的风量，计算出该室的换气次数，判定其是否符合设计洁净度对换气次数的要求	电子风量罩
2	静压差	通过测试洁净室与相邻房间、走廊、室外之间的静压差，对净化空调系统目前送、回、排风设置的合理性作出判定	差压仪
3	气流流型	通过目检被测洁净室内气流的运动状况，确认洁净室的气流形式能有效稀释或排替室内空气的悬浮污染物，从而防止室内的污染物积累	雾化器
4	已安装高效过滤器泄漏测试	通过对洁净室内已安装的高效过滤器进行PAO检漏，确认高效过滤器的完整性及其安装的密封性（因该项目测试时可能对洁净室造成一定程度的污染，应将其移至最后测试）	气溶胶发生器、气溶胶光度计
5	洁净度（悬浮粒子数）	通过对实验动物房洁净室（区）内≥0.5μm悬浮粒子数的测试，判别其洁净度等级是否达到设计洁净度的要求	激光尘埃粒子计数器

续表

序号	调试内容	调试目的	测试仪器
6	沉降菌	通过沉降菌的测试，确认实验动物房洁净室的微生物限度符合设计洁净度的标准要求	生化培养箱、电热恒温鼓风干燥器、不锈钢手提式消毒器、超净工作台
7	室内温度和相对湿度	确认空调净化系统调控温湿度的能力，以保证实验动物房洁净室内的温度和相对湿度达到生产工艺的要求	数字温湿度计
8	自净时间	用以确定实验动物房洁净室清除悬浮粒子污染的能力与速率	激光尘埃粒子计数器

2. 文丘里阀调试

某项目的实验室房间送、排变风量采用文丘里阀联动控制，其中送风阀调节房间换气量，排风阀追踪送风阀调节余风量以保障房间设定压力。

文丘里阀的调试原理：送风阀接房间温度传感器信号、湿度传感器信号，排风阀接房间压力传感器信号和门锁信号用以调整余风量。温度传感器信号、湿度传感器信号和房间压力信号通过相应网关传送给BA系统。

调试流程：

（1）变风量气流控制系统（VAV）相关安装工作完成，主要包括：文丘里阀及配套传感器安装完毕、气流控制布线全部完成。

（2）完成变风量气流控制系统（VAV）硬件、线路安装检查及验证。

（3）设备安装校核及验证：校核各设备安装位置、型号及安装质量。校核文丘里阀等设备现场安装。布线接线校核及验证：按照阀门位图及预先编制的接线图、表校核各设备布线、接线及安装质量。此验证工作为调试前的必要步骤，应保证在验证前相应区块内所有其他专业的安装都结束，这样是为了避免验证后其他专业施工对本系统产生影响而造成返工。

（4）阀门硬件调试及测试：系统相关安装、布线、接线工作完毕，全部通过校核验证。各有关配电箱通电检查完毕，具备连通条件，否则，需将相关配电箱断电。文丘里阀电源及相关控制线连接正常。文丘里阀现场设置正常。供电系统工作正常，具备通电条件。

（5）文丘里阀等设备的硬件调试及通电测试：按照预先编制的通电验证测试表校核各文丘里阀设备的电源、设置及初步动作是否正常（此验证工作为调试前的必要步骤，应保证在验证前相应区块内所有前期验证都基本结束，这样是为了避免验证后再次施工对本步骤的影响造成返工）。

（6）系统调试与测试：送排风机正常工作（保证阀门在150~750Pa的工作范

围）。在前述调试都完成且结果正常的前提下进行以下工作：在房间补风控制器设置参数，调节房间压力；测试系统相关联动功能；检测各网关线路上的阀门是否准确无误。

（7）PCI网关调试。系统相关安装、布线、接线工作完毕，全部通过校核验证。网关各线路阀门都完整准确。各有关配电箱通电检查完毕，具备连通条件，否则，需将相关配电箱断电。供电系统工作正常，具备通电条件。主要工作内容：下载程序到相应的网关，并设置网关参数；把阀门程序下载到网关内，设置好网关各项参数（IP地址需要BA提供）与BA系统对接好。网关给到BA的参数可选包括温度（AI）、湿度（AI）、压力（AI）、阀门报警状态（DI）、阀门风量反馈（AI）、房间占用时换气量设定（AO）、房间非占用时换气量设定（AO）、占用模式切换（DO）。BA系统功能测试：主要测试BA与网关的通信，以及阀门网络功能测试。

3. 热回收系统调试

开机前，设备厂家派遣该公司的调试工程师到项目现场进行开机调试工作，为期约2周，并现场检查以下条件是否具备：

① 配套系统

新风空调箱、排风空调箱可以正常开机运行；热泵机组可以正常开机，水温稳定；冷冻水/热水循环系统可以正常开机，水压稳定；BMS系统具备开机条件，可以实现与系统数据交换。

② 热回收系统

PLC控制柜正式供电完成时，勿用施工临时电，避免品质波动影响设备；根据PID图纸完成仪表接线，包括数据线和硬线，完成点对点测试，确保线路通畅；所有现场接线的标签完成；热媒管路试压完成，最大工作压力13bar，试验压力不小于1.5倍；热媒管路冲洗、钝化完成，此过程勿使用循环泵，避免管道内杂质损坏水泵；可以利用循环泵启动循环进行热媒溶液灌注，以利于排空气泡，此过程可能持续4～5d。

③ 远程访问

调试前1周，为每套系统提供6个静态IP地址；调试前1周，开放VPN，可以实现远程访问。

上述准备工作完成后，具体的调试步骤如下：

（1）系统检查

在任何系统开机工作之前，工程师应对照PID图纸逐一检查以下内容。

1）盘管及空调箱

逐一核对盘管安装是否正确，盘管表面有无损伤，设备铭牌是否与PID图纸一致，并查看空调箱的风机、风阀调试记录，确认空调箱可以正常启动（图7-5、图7-6）。

图7-5　完成冲洗灌注的空调箱

图7-6　安装完成的盘管

2）管路、循环泵

逐一核对盘管安装是否正确，阀门控制原件是否与PID图纸一致，是否有明显损伤，固定是否稳固。核对循环泵是否有损伤，供电、接管是否与PID一致，检查相关的施工过程文件是否有异常。

3）柜体接线

逐一核对柜体接线是否与PID图纸一致，是否有明显松动，固定是否稳固，线缆铭牌是否与PID一致，并检查安装单位的点对点测试记录等施工过程文件是否有异常（图7-7）。

图7-7　现场接线检查

4）仪表

逐一核对仪表位置、接线是否与PID图纸一致，是否有明显松动，固定是否稳固，铭牌是否与PID一致，并检查安装单位的点对点测试记录等施工过程文件是否有异常（图7-8）。

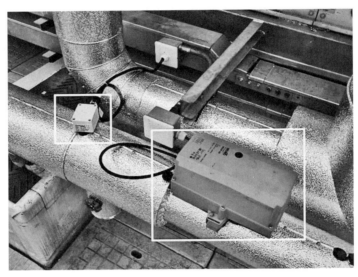

图7-8　仪表安装检查

（2）控制柜通电开启

控制柜通电之前必须再次检查是否达到开启条件，开启后让设备完成首次开机的自检，PLC可能会自行重启几次。

（3）循环泵开机

循环泵开机之前必须再次检查是否达到运转条件，通过控制柜的手动模式开启循环泵，检查是否有噪声、振动等异常。模拟发送不同控制信号，让循环泵运行在不同的工况，记录对应的参数，检查是否有异常（图7-9、图7-10）。

Pos. / Scope of services		Scope	status
3.1.4　Check power consumption pump 1			
	@ full speed		
rotation per minutes power consumption amperage pressure suction/discharge flow rate	2950min⁻¹ 22kW 38.0A 3.5/10.6bar 76'259l/h	Yes	OK
3.1.5　Check power consumption pump 2			
	@ full speed		
rotation per minutes power consumption amperage pressure suction/discharge flow rate	2950min⁻¹ 22kW 38.0A 3.5/10.6bar 76'259l/h	Yes	OK
3.1.6　Check for correct operation		Yes	remark
3.1.7　Check electrical connections		Yes	OK
3.1.8　Check engine smoothness and temperature rise		Yes	OK
3.1.9　Check initial pump venting		Yes	OK
3.1.10　Visual leak tightness check		Yes	OK
3.2　ERS-fittings			
3.2.1　Check for damaging and corrosion		Yes	OK
3.2.2　Visual leak tightness check		Yes	OK
3.3　Strainer			
3.3.1　Visual leak tightness check		Yes	OK
3.4　ERS-piping and expansion tank			
3.4.1　Check accessible piping for damaging, leak tightness and fixation		Yes	OK
3.4.2　Check cold and hot side insulation		Yes	OK
3.4.3　Check thermometers and pressure gauges for damaging and plausible indication		Yes	OK

图7-9　循环泵控制器　　　　　　　　　　　图7-10　循环泵调试记录

（4）水力平衡

每个热回收盘管的管路安装可能不一样，从而导致水头损失不同。水力平衡的目的是利用静态平衡阀或动态流量控制调节装置补偿管路损失，保障在系统收到100%控制指令时，每套盘管都获得审计的流量。

如图7-11所示，每个空调箱设计流量不同，需要在调试过程中找到与其分配阀对应的合适的水力平衡阀开启度，以达到设计流量，该工作由专业调试工程师完成。水力平衡完成后，该阀门的开启度被记录在调试报告中，将来客户可以据此自行恢复。

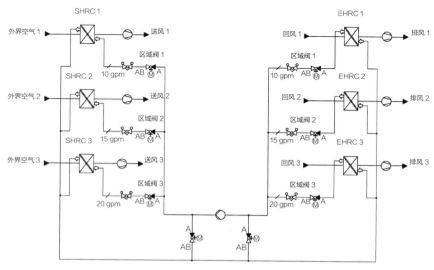

图7-11　典型PID图纸

（5）仪表点对点测试

测试工作包括信号发送、接受测试，测试前需要对照安装单位提供的施工过程文档，通过控制柜的手动模式向仪表发送所需指令，查看仪表是否正常，控制柜的反馈信号是否正常（图7-12）。

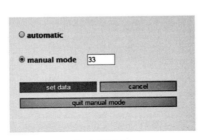
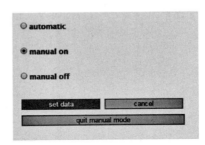

（a）模拟量 （b）数字量

图7-12 手动模式

（6）应急模块测试

控制柜配备了工业级"WAGO看门狗"模块，内置最基础的参数设定（图7-13）。在PLC意外停机的情况下仍然可以保障空调系统运行在安全模式，送风达到设定值的最低标准。逐一测试每个应急模块的功能，检查仪表响应是否正常，跳线是否与PID一致。

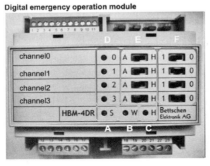

（a）四通道数字量"看门狗" （b）四通道模拟量"看门狗"

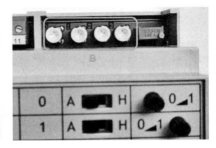

（c）数字量模块跳线触点 （d）模拟量模块跳线触点

图7-13 应急模块测试系统

（7）楼宇自控通信测试

系统的通信方式包括通过数据线、硬线连接两种方式，需要依照Datapoint逐一检查，并与PID比对是否有异常（图7-14）。

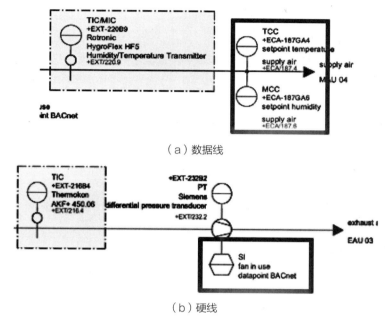

（a）数据线

（b）硬线

图7-14 通过数据线和硬线的通信信号

（8）模拟工况测试

通过手动触发的信号模拟室外气候变化和客户工况变化，主要目的是测试PLC程序运行是否正常，逐一测试以下功能并记录：根据排风侧每台设备可以回收的能量分配热媒量，使每个盘管都达到最大换热温差；根据新风侧每台设备需求量分配热媒量；根据送风温度与露点控制免费再热量与补热量，允许每台新风机运行在不同工况；根据热媒温度与排风露点控制冬季旁通量，避免排风热回收盘管冻结；控制热量在预热与再热盘管的分配，避免新风机盘管冻结；通过热媒流量平衡室外温度、排风温度和再热需求的关系，以减少补热量；只有当额外的循环泵动力需求小于临界能量回收时，循环泵流量才会增加；通过平衡排风侧热媒温度，以及室外参数与送风参数，减少红点的出现。

（9）开机调试总结

调试过程中发现的异常现象需要和项目其他部门（包括安装单位、楼宇自控单位、客户代表等）即时沟通，调试完成后出具报告，如实记录调试结果。针对调试过程中未解决的问题，厂家将配合相关部门跟踪完善。调试报告经各方签字确认后，完成开机调试。

4. 动物纯水、软水调试

（1）调试前准备工作：

1）进水参数要求

RO设备对进水及运行参数有一定的要求（表7-9、表7-10）。进水条件及工况的改变将导致本设备生产能力的改变。不符合要求的进水和工况可能导致膜元件的污染和损坏，如果本设备运行在非规范的生产条件下而导致设备性能受损，此种情况下设备不在质保范围之内。

进水参数表 表7-9

最小供水压	0.2MPa
最小供水量	$3m^3/h$
最大供水量（软化）	$8m^3/h$
供水温度	5~40℃
pH范围	5~8
溶解性总固体TDS	≤500mg/L
余氯	≤0.05mg/L
SDI	≤4
总铁	≤0.1mg/L
锰	≤0.05mg/L
COD	≤1.5mg/L
TOC	≤2mg/L

出水参数表 表7-10

序号	设备名称	型号	出水水质	产水量
1	软化机组	FST-RH-7T	硬度≤0.03mmol/L	$7m^3/hr$
2	纯水机组	FST-RO-DZ1000	电导率15μs·cm@25℃	$1m^3/hr$
3	纯水机组	FST-RO-DZ500	电导率15μs·cm@25℃ 余氯（2~3）×10^{-6}	$0.5~0.6m^3/hr$
4	纯水机组	FST-2RO-DZ500	电导率10μs·cm@25℃	$0.5~0.6m^3/hr$
5	全套系统说明	运行方式	PLC可编程控制＋全自动运行（并具备手动操作功能）	
6		供水方式	连续产出（24h运行）	

2）纯水设备操作运行

纯水设备的长期性能取决于正常的操作和平时操作管理。正常运行时阀门应处的运行状态如表7-11所示。

纯水设备运行状态　　　　　表7-11

名称描述	开关状态
总进水球阀	常开
进水电磁阀旁通阀	常闭
原水桶排放阀	常闭
原水泵进水阀	常开
软化水水箱排水阀	常闭
一级高压泵回流阀	微开
二级高压泵回流阀	微开
中间水箱排放阀	常闭
二级高压泵进水阀	常开
纯水箱排放球阀	常闭
一级浓水调节阀	慢慢调节，严禁关死
二级浓水调节阀	慢慢调节，严禁关死
超纯水桶排放球阀	常闭
软化水输送泵	常开
一级纯水输送泵1进水阀	常开
一级纯水输送泵2进水阀	常开
动物饮用水输送泵	常开

3）纯水设备运行准备

开机前，检查水源、电源是否接通；对预处理必须进行反、正冲洗，直至污水排尽；检查所有阀门，以确保阀门处于正确状态。

4）纯水设备预运行

打开精密过滤器前进水阀，将预处理水导入RO设备，打开精密过滤器排气阀，排尽精密过滤器内空气；将预处理水导入膜内，排尽膜内空气。

5）启动

将预处理水导入RO系统，观察进水压力达到0.2MPa后，打开冲洗开关，启动系统主机，调节进水调节阀至适当开度，开始对一级RO膜冲洗10min（初次使用应冲洗60min）。冲洗完毕后，将冲洗开关关闭。调节浓水调节阀，一般高压泵出口压力在0.7～1MPa（不得超过1.2MPa）。观察浓水、纯水流量计，一级纯水流量计不能超过2000L/h。一级浓水流量应大于一级纯水流量。二级纯水流量计不能超过1200L/h。二级浓水约小于纯水流量。设备第一次使用时，所制纯水应至少排放一定量后再收集利用。

6）纯水系统停运

如果反渗透系统正在运行，则打开"二级冲洗"开关，冲洗10～30s后关闭主机，反渗透系统进入关机前冲洗程序，冲洗完毕显示关机，关闭总电源开关。

（2）准备工作完成后，进行系统水压试验：

1）系统压力试验先决条件

① 管道系统已安装完毕；

② 管道系统热处理及无损检验已全部合格；

③ 管道系统支吊架已安装并与管道固定完毕；

④ 不允许参与试验的设备、部件隔离完毕；

⑤ 参与试验的设备、仪表已校验合格。

2）水压试验

① 回路系统安装完成后，将打压泵和回路连接进行水压试验，水压试验用水为自来水；

② 水压试验充水时，高点应充分排气，试验时应按照设计压力进行水压试验，进行全面检查，焊缝表面不允许有冒汗、渗漏现象，阀门和泵与管道的密封处不得有泄漏现象；

③ 水压试验过程中，如有泄漏等，不得带压操作，应缓慢卸压后修理，并重新试压；

④ 水压试验完成并卸压后，检查泵的转向是否正确。

调试完成后进行管道系统冲洗时，在各支管出口处安装50目过滤网，冲洗介质为自来水，过滤网检查无杂质为合格。

5. 污水处理设施调试

科学园区常见的污水处理调试项目如表7-12所示。

污水处理调试项目　　　　　　　　　　　　　　表7-12

序号	工艺程序	设备
1	应急池	应急池潜水泵
2	调节池	进水提升泵、潜水泵
3	芬顿及沉淀一体化运行设备	连接管道阀门、芬顿处理效果、沉淀效果
4	MBR膜池一体化运行设备	连接管道阀门、MBR膜处理效果
5	污泥脱水系统	压泥机及螺杆泵
6	加药系统	PAC、PAM、硫酸亚铁、双氧水等处理配比
7	在线监测	数据校准

污水处理设施的调试分为空载调试与负载调试。

（1）空载调试

1）检查水电情况，严格按照其设备说明及运行手册进行；

2）检查格栅安装尺寸、角度，开启格栅除污机进行空载试验，检查格栅空载运行情况；

3）检查水泵机组各处螺栓连接的完好程度，轴承中润滑油是否充足、干净，检查出水阀、压力表及真空表上的阀门是否处于合适位置，供配电设备是否完好；

4）鼓风机空载试车严格按其运行手册进行（回转风机加68号液压油；罗茨鼓风机加220号齿轮油），完毕后再与系统串联进行：打开曝气系统空气管路上的所有闸、阀门，首先逐台开启鼓风机，开启时先点动，点动检查正反转；后正式启动，记录各鼓风机运行参数，并检查空气管路各闸、阀门气密性。鼓风机进行并网试验，记录各鼓风机运行参数。

（2）负载调试

1）提升泵站：将进水渠道和泵前池注满水，启动机械格栅，检查格栅运转情况，检查闸、阀门开启是否灵活，启动进水泵，检查进水泵、止回阀（单向阀）是否运转正常，检查电磁流量计是否准确，检查格栅前后的液位差是否准确可靠，监测格栅、皮带输送机驱动电机的电流、电压以及轴温是否正常。

2）综合处理池：向池中注水至淹没曝气头高度并打开供气干管供气阀门，先少量打开综合处理池布气管路调节阀门。此时，开一台鼓风机，向综合池供气，根据曝气情况，逐个调整曝气量，然后继续向综合池注水，并逐渐开大空气管路调节阀，在综合处理池不同液位下，检查曝气情况是否均匀。直至进水达到设计水位，检查综合处理池池体有无渗漏，开启污泥回流泵或气提装置，检查各台回流泵或气提装置工作状况，检查综合池各闸、阀门是否严密不漏水。

3）加药装置：按照设备操作规范检验加药装置的工作情况、安装是否合适，控制系统和报警装置是否灵活可靠以及闸门启闭是否灵活。

四、污染影响类项目环境评估验收

污染影响类项目需在立项期间由相关专业单位做环境影响评估，并形成环境影响报告书（以下简称"环评报告"）。依据环评报告开展有关设计，并在施工过程中设置有关的环境验收监测设施。

建设项目竣工环境保护验收监测是指在建设项目竣工后依据相关管理规定及

技术规范对建设项目环境保护设施建设、调试、管理及其效果和污染物排放情况开展的查验、监测等工作，是建设项目竣工环境保护验收的主要技术依据。验收工作主要包括验收监测工作和后续工作，其中验收监测工作可分为启动、自查、编制验收监测方案、实施监测与检查、编制验收监测报告等阶段。

验收流程如图7-15所示。

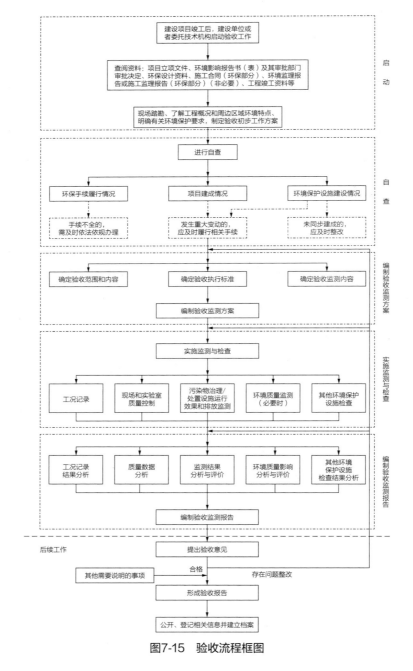

图7-15　验收流程框图

1. 环评验收关键注意事项

（1）环保手续履行情况

主要包括环境影响报告书（表）及其审批部门审批决定、初步设计（环保篇）等文件，国家与地方生态环境部门对项目的督查、整改要求的落实情况，建设过程中的重大变动及相应手续履行情况，是否按排污许可相关管理规定申领了排污许可证，是否按辐射安全许可管理办法申领了辐射安全许可证。

（2）项目建成情况

对照环境影响报告书（表）及其审批部门审批决定等文件，自查项目建设性质、规模、地点，项目主体工程、辅助工程、公用工程和依托工程内容及规模等情况。

（3）环境保护设施建设情况

1）建设过程

施工合同中是否涵盖环境保护设施的建设内容和要求，是否有环境保护设施建设进度和资金使用内容，项目实际环保投资总额占项目实际总投资额的百分比。

2）污染物治理/处置设施

按照废气、废水、噪声、固体废物的顺序，逐项自查环境影响报告书（表）及其审批部门审批决定中的污染物治理/处置设施建成情况，如废水处理设施类别、规模、工艺及主要技术参数，排放口数量及位置；废气处理设施类别、处理能力、工艺及主要技术参数，排气筒数量、位置及高度；主要噪声源的防噪降噪设施；辐射防护设施类别及防护能力；固体废物的储运场所及处置设施等。

3）其他环境保护设施

按照环境风险防范、在线监测和其他设施的顺序，逐项自查环境影响报告书（表）及其审批部门审批决定中的其他环境保护设施建成情况，如装置区围堰、防渗工程、事故池；规范化排污口及监测设施、在线监测装置；"以新带老"改造工程、关停或拆除现有工程（旧机组或装置）、淘汰落后生产装置；生态恢复工程、绿化工程、边坡防护工程等。

4）整改情况

自查发现未落实环境影响报告书（表）及其审批部门审批决定要求的环境保护设施的，应及时整改。

重大变动情况自查发现项目性质、规模、地点、采用的生产工艺或者防治污染、防止生态破坏的措施发生重大变动，且未重新报批环境影响报告书（表）或环境影响报告书（表）未经批准的，建设单位应及时依法依规履行相关手续。

2. 验收监测方案与验收监测报告编制

（1）验收监测方案编制目的及要求

编制验收监测方案是根据验收自查结果，明确工程实际建设情况和环境保护措施落实情况，在此基础上确定验收工作范围、验收评价标准，明确监测期间工况记录方法，确定验收监测点位、监测因子、监测方法、频次等，确定其他环境保护设施验收检查内容，制定验收监测质量保证和质量控制工作方案。

（2）验收监测方案内容

验收监测方案内容包括：建设项目概况、验收依据、项目建设情况、环境保护设施、验收执行标准、验收监测内容、现场监测注意事项、其他环保设施检查内容、质量保证和质量控制方案等。

（3）验收监测报告编制

编制验收监测报告是在实施验收监测与检查后，对监测数据和检查结果进行分析、评价后得出结论。结论应明确环境保护设施调试、运行效果，包括污染物排放达标情况、环境保护设施处理效率达到设计指标情况、主要污染物排放总量核算结果与总量指标符合情况，建设项目对周边环境质量的影响情况，其他环保设施落实情况等。

（4）报告编制基本要求

验收监测报告编制应规范、全面，必须如实、客观、准确地反映建设项目对环境影响报告书（表）及审批部门审批决定要求的落实情况。

（5）验收监测报告内容

验收监测报告应包括但不限于以下内容：建设项目概况、验收依据、项目建设情况、环境保护设施、环境影响报告书（表）主要结论与建议及审批部门审批决定、验收执行标准、验收监测内容、质量保证和质量控制、验收监测结果、验收监测结论、建设项目环境保护"三同时"竣工验收登记表等。编制环境影响报告书的建设项目应编制建设项目竣工环境保护验收监测报告，编制环境影响报告表的建设项目可视情况自行决定编制建设项目竣工环境保护验收监测报告书或表。

3. 验收监测技术要求

（1）工况记录要求

验收监测应当在确保主体工程工况稳定、环境保护设施运行正常的情况下进行，并如实记录监测时的实际工况以及决定或影响工况的关键参数，如实记录能够反映环境保护设施运行状态的主要指标。

（2）验收执行标准、污染物排放标准

1）建设项目竣工环境保护验收污染物排放标准原则上执行环境影响报告书（表）及其审批部门审批决定所规定的标准。在环境影响报告书（表）审批之后发布或修订的标准对建设项目执行该标准有明确时限要求的，按新发布或修订的标准执行。特别是排放限值的实施地域范围、时间，按国务院生态环境主管部门或省级人民政府规定执行。建设项目排放环境影响报告书（表）及其审批部门审批决定中未包括的污染物，执行相应的现行标准。对国家和地方标准以及环境影响报告书（表）审批决定中尚无规定的特征污染因子，可按照环境影响报告书（表）和工程《初步设计》（环保篇）等的设计指标进行参照评价。

2）建设项目竣工环境保护验收期间的环境质量评价执行现行有效的环境质量标准。

3）环境保护设施处理效率按照相关标准、规范、环境影响报告书（表）及其审批部门审批决定的相关要求进行评价，也可参照工程《初步设计》（环保篇）中的要求或设计指标进行评价。

（3）监测内容

1）环保设施调试运行效果监测：环境保护设施监测各种废水处理设施的处理效率、各种废气处理设施的去除效率、固（液）体废物处理设备的处理效率和综合利用率、用于处理其他污染物的处理设施的处理效率、辐射防护设施屏蔽能力及效果。若不具备监测条件，无法进行环保设施处理效率监测的，需在验收监测报告（表）中说明具体情况及原因。

2）污染物排放监测：排放到环境中的废水，以及环境影响报告书（表）及其审批部门审批决定中有回用或间接排放要求的废水、排放到环境中的各种废气，包括有组织排放和无组织排放、产生的各种有毒有害固（液）体废物，需要进行危废鉴别的，按照相关危废鉴别技术规范和标准执行，如厂界环境噪声、排污许可证规定的总量控制污染物的排放总量、场所辐射水平。

3）环境质量影响监测：主要针对环境影响报告书（表）及其审批部门审批决定中关注的环境敏感保护目标的环境质量，包括地表水、地下水和海水、环境空气、声环境、土壤环境、辐射环境质量等的监测。

4）监测因子确定原则：环境影响报告书（表）及其审批部门审批决定中确定的污染物，环境影响报告书（表）及其审批部门审批决定中未涉及但属于实际生产可能产生的污染物，环境影响报告书（表）及其审批部门审批决定中未涉及但现行相关国家或地方污染物排放标准中有规定的污染物，环境影响报告书（表）及其审批部门审批决定中未涉及但现行国家总量控制规定的污染物，其他影响环境质量的污染物，如调试过程中已造成环境污染的污染物，国家或地方生态环境部门提出的可能影响当地环境质量或需要关注的污染物等。

5）验收监测频次确定原则：为使验收监测结果全面真实地反映建设项目污染物排放和环境保护设施的运行效果，采样频次应能充分反映污染物排放和环境保护设施的运行情况，因此，监测频次一般按以下原则确定：

① 对有明显生产周期、污染物稳定排放的建设项目，污染物的采样和监测频次一般为2～3个周期，每个周期3次到多次（不应少于执行标准中规定的次数）。

② 对无明显生产周期、污染物稳定排放、连续生产的建设项目，废气采样和监测频次一般不少于2d，每天不少于3个样品；废水采样和监测频次一般不少于2d，每天不少于4次；厂界噪声监测一般不少于2d，每天不少于昼夜各1次；场所辐射监测运行和非运行两种状态下每个测点测试数据一般不少于5个；固体废物（液）采样一般不少于2d，每天不少于3个样品，分析每天的混合样，需要进行危废鉴别的，按照相关危废鉴别技术规范和标准执行。

③ 对污染物排放不稳定的建设项目，应适当增加采样频次，以便能够反映污染物排放的实际情况。对型号、功能相同的多个小型环境保护设施处理效率和污染物排放进行监测，可采用随机抽测方法进行。抽测的原则为：同样设施总数大于2个且小于20个的，随机抽测设施数量比例应不小于同样设施总数量的50%；同样设施总数大于20个的，随机抽测设施数量比例应不小于同样设施总数量的30%。

④ 进行环境质量监测时，地表水和海水环境质量监测一般不少于2d，监测频次按相关监测技术规范并结合项目排放口废水排放规律确定；地下水监测一般不少于2d，每天不少于2次，采样方法按相关技术规范执行；环境空气质量监测一般不少于2d，采样时间按相关标准规范执行；环境噪声监测一般不少2d，监测量及监测时间按相关标准规范执行；土壤环境质量监测至少布设3个采样点，每个采样点至少采集1个样品，采样点布设和样品采集方法按相关技术规范执行。

⑤ 对设施处理效率的监测，可选择主要因子并适当减少监测频次，但应考虑处理周期并合理选择处理前、后的采样时间，对于不稳定排放的，应关注最高浓度排放时段。

五、职业病评估

根据《国家卫生健康委办公厅关于公布建设项目职业病危害风险分类管理目

录的通知》，研究和实验发展项有如下几类项目需进行职业病危害评估。本节以某M734医学研究和试验发展工程项目为例说明如何进行职业病评估（表7-13）。

建设项目职业病危害风险分类管理目录 表7-13

行业编码	类别名称	严重	一般
M73	研究和试验发展		
M731	自然科学研究和试验发展		√
M732	工程和技术研究与试验发展		√
M733	农业科学和试验发展		√
M734	医学研究和试验发展		√

职业病危害评估流程分为三个阶段：职业病危害预评价、职业病防护设施设计和职业病危害控评效果评价（表7-14）。

职业病危害评估流程 表7-14

实施主体	阶段名称	对应实施阶段
建设单位	职业病危害预评价	可行性论证阶段
建设单位	职业病防护设施设计	施工前编制防护设施设计专篇
建设单位	职业病危害控评效果评价	竣工验收前或者试运行期间

职业病评估的主要要求为：

（1）建设项目职业病防护设施必须与主体工程同时设计、同时施工、同时投入生产和使用（以下统称建设项目职业病防护设施"三同时"）。建设单位应当优先采用有利于保护劳动者健康的新技术、新工艺、新设备和新材料，职业病防护设施所需费用应当纳入建设项目工程预算。

（2）建设单位对可能产生职业病危害的建设项目，应当依照相关办法进行职业病危害预评价、职业病防护设施设计、职业病危害控制效果评价及相应的评审，组织职业病防护设施验收，建立健全建设项目职业卫生管理制度与档案。

（3）建设项目职业病防护设施"三同时"工作可以与安全设施"三同时"工作一并进行。建设单位可以将建设项目职业病危害预评价和安全预评价、职业病防护设施设计和安全设施设计、职业病危害控制效果评价和安全验收评价合并出具报告或者设计，并对职业病防护设施与安全设施一并组织验收。

（4）建设项目职业病危害预评价报告应当符合职业病防治有关法律、法规、规章和标准的要求，并包括下列主要内容：

1）建设项目概况，主要包括项目名称、建设地点、建设内容、工作制度、岗位设置及人员数量等；

2）建设项目可能产生的职业病危害因素及其对工作场所、劳动者健康影响与危害程度的分析与评价；

3）对建设项目拟采取的职业病防护设施和防护措施进行分析、评价，并提出对策与建议；

4）评价结论，明确建设项目的职业病危害风险类别及拟采取的职业病防护设施和防护措施是否符合职业病防治有关法律、法规、规章和标准的要求。

（5）建设项目职业病防护设施设计应当包括下列内容：

1）设计依据；

2）建设项目概况及工程分析；

3）职业病危害因素分析及危害程度预测；

4）拟采取的职业病防护设施和应急救援设施的名称、规格、型号、数量、分布，并对防控性能进行分析；

5）辅助用室及卫生设施的设置情况；

6）对预评价报告中拟采取的职业病防护设施、防护措施及对策措施采纳情况的说明；

7）职业病防护设施和应急救援设施投资预算明细表；

8）职业病防护设施和应急救援设施可以达到的预期效果及评价。

（6）建设项目投入生产或者使用前，建设单位应当依照职业病防治有关法律、法规、规章和标准要求，采取下列职业病危害防治管理措施：

1）设置或者指定职业卫生管理机构，配备专职或者兼职的职业卫生管理人员；

2）制定职业病防治计划和实施方案；

3）建立健全职业卫生管理制度和操作规程；

4）建立健全职业卫生档案和劳动者健康监护档案；

5）实施由专人负责的职业病危害因素日常监测，并确保监测系统处于正常运行状态；

6）对工作场所进行职业病危害因素检测、评价；

7）建设单位的主要负责人和职业卫生管理人员应当接受职业卫生培训，并组织劳动者进行上岗前的职业卫生培训；

8）按照规定组织从事接触职业病危害作业的劳动者进行上岗前职业健康检查，并将检查结果书面告知劳动者；

9）在醒目位置设置公告栏，公布有关职业病危害防治的规章制度、操作规程、职业病危害事故应急救援措施和工作场所职业病危害因素检测结果；对产生严重职业病危害的作业岗位，应当在其醒目位置设置警示标识和中文警示说明；

10）为劳动者个人提供符合要求的职业病防护用品；

11）建立健全职业病危害事故应急救援预案；

12）职业病防治有关法律、法规、规章和标准要求的其他管理措施。

（7）有下列情形之一的，建设项目职业病危害控制效果评价报告不得通过评审、职业病防护设施不得通过验收：

1）评价报告内容不符合相关办法要求的；

2）评价报告未按照评审意见整改的；

3）未按照建设项目职业病防护设施设计组织施工，且未充分论证说明的；

4）职业病危害防治管理措施不符合相关办法要求的；

5）职业病防护设施未按照验收意见整改的；

6）不符合职业病防治有关法律、法规、规章和标准规定的其他情形的。

六、各专业验收

项目交付前必须通过各项质量验收，典型科学园区的验收项目如下，施工过程中应积极与当地政府相关部门对接沟通，明确验收流程、验收要求、完备相关资料，主要的验收项目如表7-15所示。

主要验收项目　　　　　　　　　　表7-15

序号	验收内容	分部分项工程	涉及单位
1	质量验收	基坑支护与土石方	属地质安监站、建设（代建）单位、监理单位、设计单位、施工单位、勘察单位
2		桩基础	
3		地基与基础	
4		主体结构	
5		屋面工程	质量安全检验检测研究院（特检所）、施工单位、监理单位、代建单位、设计单位
6		防雷工程	气象局（防雷办）、建设（代建）单位、监理单位、设计单位、施工单位
7		装配式工程	属地住房和城乡建设局、建设（代建）单位、监理单位、设计单位、施工单位
8		幕墙工程	建设（代建）单位、监理单位、设计单位、施工单位
9		室内装饰工程	
10		分户验收	

续表

序号	验收内容	分部分项工程	涉及单位
11	质量验收	建筑给水排水	建设（代建）单位、监理单位、设计单位、施工单位
12		通风与空调	
13		建筑电气	
14		智能建筑	
15		室外工程	属地质安监站、建设（代建）单位、监理单位、设计单位、施工单位
16	专项验收	消防工程	市属地住房和城乡建设局、建设（代建）单位、监理单位、设计单位、施工单位
17		绿建工程	属地住房和城乡建设局、建设（代建）单位、监理单位、设计单位、施工单位
18		燃气工程	燃气集团、燃气监理与施工单位
19		人防工程	属地住房和城乡建设局、建设（代建）单位、监理单位、设计单位、施工单位
20		规划工程	规划局、建设（代建）单位、施工单位
21		涉及国家安全事项	国家安全办事处、建设（代建）单位、监理单位、施工单位
22		海绵城市	海绵办、建设（代建）单位、监理单位、设计单位、施工单位
23		城镇排水与污水处理设施竣工验收备案	属地水务局、建设单位
24		对水土保持设施验收材料的报备	属地水务局、建设单位、水土保持咨询单位
25	特种设备安装监督检验	锅炉	特检所、建设（代建）单位、监理单位、设计单位、施工单位
26		液氮塔	
27		擦窗机	
28		电梯	

参考文献

［1］萧静宁. 脑科学概要［M］. 武汉：武汉大学出版社，1986.

［2］中国电子学会等. 2021全球脑科学发展报告［R］. 2021.

［3］MM Poo, JL Du, N Y Ip, et al. China Brain Project: Basic Neuroscience, Brain Diseases, and Brain-Inspired Computing [J]. Neuron, 2016, 92 (3) : 591-596.

［4］Hideyuki Okano, Erika Sasaki, Tetsuo Yamamori, et al. Brain/MINDS: A Japanese National Brain Project for Marmoset Neuroscience [J]. Neuron, 2016, 92 (3) : 582-590.

［5］Your Brain Expands and Shrinks Over Time—These Charts Show How [J]. Nature, 2022 (604) : 230-231.

［6］赵国屏. 合成生物学：开启生命科学"会聚"研究新时代［J］. 中国科学院院刊，2018，33（11）：1135-1149.

［7］Leduc S. The Mechanism of Life [M]. Whitefish: Kessinger Legacy Reprint, 1911.

［8］Gardner T S, Cantor C R, Collins J J. Construction of a Genetic Toggle Switch in Escherichia Coli [J]. Nature, 2000, 403 (6767) : 339-42.

［9］Cello J, Paul A V, Wimmer E. Chemical Synthesis of Poliovirus cDNA: Generation of Infectious Virus in the Absence of Natural Template [J]. Science, 2002 (297) : 1016-1018.

［10］R F Service. Designer Microbes Expand Life's Genetic Alphabet [J]. Science, 2014 (344) : 571.

［11］Cai T, Sun H, Qiao J, et al. Cell-free Chemoenzymatic Starch Synthesis from Carbon Dioxide [J]. Science, 2021, 373 (6562) :1523-1527.

［12］崔彤. 科研建筑设计的未来［J］. 当代建筑，2022（1）：4-5.

［13］黄家声，谭景春. 实验室设计与建设指南［M］. 北京：中国水利水电出版社，2015.

［14］中华人民共和国国家标准. 实验动物设施建筑技术规范GB 50447—2008［S］. 北京：中国建筑工业出版社，2008.

［15］中华人民共和国行业标准. 科研建筑设计标准JGJ 91—2019［S］. 北京：中国建筑工业出版社，2019.

［16］中华人民共和国国家标准. 公共建筑节能设计标准GB 50189—2015. 北京：中国建筑工业出版社，2015.

［17］中华人民共和国国家标准. 实验动物 环境及设施GB 14925—2010. 北京：中国标准出版社，2010.

［18］中华人民共和国国家标准. 电磁屏蔽室工程技术规范GB/T 50719—2011. 北京：中国计划出版社，2011.

［19］中华人民共和国国家标准. 电离辐射与辐射源安全基本标准GB 18871—2002. 北京：中国标

准出版社，2002．

［20］中华人民共和国国家标准．放射治疗机房的辐射屏蔽规范 第1部分：一般原则GBZ/T 201.1—2007．北京：人民卫生出版社，2007．

［21］蒲慕明．意义非凡的脑科学［N］．人民日报，2020-10-07．

［22］中国脑计划与中国神经科学的未来［N］．知识分子，2018-02-07．

［23］刘志阳．充分释放综合性国家科学中心的创新力［N］．光明日报，2022-07-20．

［24］文业清．发育生物学研究所建筑设计［J］．建筑学报，1984（1）：19-23．

［25］中国建筑学会．建筑设计资料集：第4分册［M］．北京：中国建筑工业出版社，2017．

［26］王晓梅，杨小薇，李辉尚，等．全球合成生物学发展现状及对我国的启示［J］．生物技术通报，2022：1-11．

［27］Dai Z, Lee A J, Roberts S, et al. Versatile Biomanufacturing through Stimulus-responsive Cell-material Feedback [J]. Nature Chemistry Biology, 2019 (15) : 1017-1024.

［28］Si L, Xu H, Zhou X, et al. Generation of Influenza A Viruses as Live but Replication-incompetent Virus Vaccines [J]. Science, 2016, 354 (6316) : 1170-1173.

［29］黄家声，谭锦春．实验室设计与建设指南［M］．北京：中国水利水电出版社，2011．

［30］张贻娣．疾病预防控制中心设计研究［D］．深圳：深圳大学，2019．

［31］刘静珊．现代综合医院动物实验中心［D］．西安：西安建筑科技大学，2014．

［32］中华人民共和国国家标准．实验动物 环境及设施GB 14925—2010［S］．北京：中国标准出版社，2010．

［33］瞿飞，吴鹏，张柯．医院大型医疗设备机房布局及防护设计探讨［J］．工程建设，2019，51（10）．

［34］曾锋．医用回旋加速器设备机房设计分析［J］．中国医院建筑与装备，2008（10）：28-31．

［35］李哲．大型医疗设备机房建设案例分析［J］．中国建筑金属结构，2021（10）：134-135．

［36］徐清月．西安地区现代综合医院核医学科建筑设计研究［D］．西安：西安建筑科技大学，2021．

［37］郭振玺，张斌，豆瑞发，等．高端电子显微镜实验室环境设计与建设技术要点［J］．电子显微学报，2021，40（1）：78-89．

［38］文业清．发育生物学研究所建筑设计［J］．建筑学报，1984（1）：62-65．

［39］郝晓赛，干颖滢，龚宏宇．医院建筑设计研究与实践［J］．建筑实践，2022（1）：16-32．

［40］沈崇德，朱希．医院建筑医疗工艺设计［M］．北京：研究出版社，2018．

［41］刘强，韩震宇，刘欢．AGV自动运系统设计［J］．自动化技术与应用，2019，38（5）：41-44．

［42］李陈武，翟大庆．AGV智能运输系统发展现状与技术需求分析［J］．中国高新科技，2022（1）：82-83．

［43］张彦坡，刘浩，杨国锋．5G时代下的智慧园区关键技术与展望［J］．中国新通信，2022，24（8）：27-29．

［44］刘培．打造智慧化科技园区的浅见［J］．中国住宅设施，2017（8）：48-49．

［45］陈浩成．论中国智慧园区建设的研究和探索［D］．北京：北京工业大学，2018．

［46］徐艳艳. 物联网时代智慧化园区建设方案的研究［D］. 西安：长安大学，2014.

［47］钱池进. 现代医院物流传输系统的特点及配置［J］. 中国医院建筑与装备，2018，19（10）：72-74.

［48］蒲兴. 医院建筑物流系统规划设计研究［D］. 深圳：深圳大学，2019.

［49］肖岳. 智慧园区建设的研究与探索［D］. 上海：上海交通大学，2012.

［50］王国锋，沈惠梁. 智慧园区综合管理平台建设要点［J］. 浙江建筑，2022，39（1）：79-82.